INTRODUCTION

A LA

GÉOMÉTRIE SUPÉRIEURE,

Par M. HOUSEL,

ANCIEN ÉLÈVE DE L'ÉCOLE NORMALE, PROFESSEUR
DE MATHÉMATIQUES.

PARIS,

GAUTHIER-VILLARS, IMPRIMEUR-LIBRAIRE

DU BUREAU DES LONGITUDES, DE L'ÉCOLE IMPÉRIALE POLYTECHNIQUE,

SUCCESSEUR DE MALLET-BACHELIER,

Quai des Augustins, 55.

—

1865

SOLUTIONS DÉVELOPPÉES

DE

300 PROBLÈMES

QUI ONT ÉTÉ PROPOSÉS DANS LES COMPOSITIONS MATHÉMATIQUES
POUR L'ADMISSION

AU GRADE DE BACHELIER ÈS SCIENCES

DANS DIVERSES FACULTÉS DE FRANCE,

PAR I.-L.-A. LE COINTE, S. J.,

PROFESSEUR A L'ÉCOLE PRÉPARATOIRE SAINTE-MARIE, A TOULOUSE.

VOLUME IN-8, AVEC FIGURES DANS LE TEXTE. — PRIX : 6 FR.

AVERTISSEMENT.

En publiant cet Ouvrage, notre but a été d'offrir aux Élèves un recueil de problèmes très-variés se rapportant aux différentes branches des Mathématiques élémentaires, et sur lesquels ils puissent s'exercer utilement pour une sérieuse préparation au Baccalauréat ès Sciences.

Nous avons cru devoir donner les solutions de ces problèmes avec assez de développements pour que les Élèves puissent les étudier eux-mêmes, et les exposer ensuite au tableau, dans les classes, en présence du Professeur, et aussi pour qu'ils apprennent par là à résoudre facilement les autres problèmes du même genre qui doivent leur être proposés fréquemment, en vue de leur préparation.

Dans les solutions des problèmes numériques, nous avons mis les unités de mesure en évidence, en les introduisant dans les équations, afin d'habituer les Élèves à marcher d'une manière plus sûre dans les calculs que nécessitent ces solutions ; car nous avons remarqué bien souvent que, faute de prendre cette précaution, ils commettaient des erreurs assez notables.

Comme, dans les solutions des problèmes concernant les Mathématiques élémentaires, il y a certains nombres ou expressions numériques qui se rencontrent fréquemment, nous avons jugé à propos, en vue de faciliter les calculs, de donner, dans l'introduction, près de deux cents nombres usuels calculés avec beaucoup de décimales.

Dans cet Ouvrage, indépendamment des solutions développées des trois cents problèmes spécifiés par son titre, nous traitons aussi un certain nombre d'autres questions relatives aux Mathématiques exigées pour le Baccalauréat ès Sciences, et dont la plupart concernent la théorie des maxima et des minima.

Observation importante.

Lorsque dans un problème il était proposé de calculer une quantité inconnue, à un dixième, ou à un centième, ou à un millième près, etc., nous avons toujours établi la solution comme si cette quantité devait être calculée avec une erreur relative moindre qu'un dixième, ou un centième, ou un millième, etc.

CHEZ LE MÊME LIBRAIRE.

BABINET, Membre de l'Institut (Académie des Sciences), et **HOUSEL**, Professeur de Mathématiques. — **Calculs pratiques appliqués aux sciences d'observation.** In-8 avec 75 figures dans le texte ; 1857........ 6 fr.

CHASLES, Membre de l'Institut. — **Traité des Sections coniques**, faisant suite au **Traité de Géométrie supérieure.** *Première partie.* In-8 avec 5 planches gravées sur cuivre et contenant 133 figures ; 1865.... 9 fr.
La deuxième partie, qui est sous presse, se vendra de même séparément.

DIEN. — **Atlas céleste**, contenant plus de 100,000 Étoiles et Nébuleuses. In-folio de 26 planches gravées sur cuivre, dont trois doubles, avec une *Introduction* par M. *Babinet*, Membre de l'Institut ; 1864.
   Prix : Cartonné, toile pleine........................ 35 fr.
     Relié avec luxe, demi-chagrin.................... 40 fr.
Les personnes qui ont déjà les 15 cartes antérieurement publiées pourront se compléter en payant 1 fr. 50 c. chaque carte simple et 3 fr. chaque carte double.

DUHAMEL, Membre de l'Institut. — **Des Méthodes dans les sciences de raisonnement.** In-8 ; 1865............................. 2 fr. 50 c.

GOURNERIE (Jules de la). — **Traité de Géométrie descriptive.** In-4, publié en *trois Parties*, avec Atlas de 150 planches ; 1860-1862-1864. 30 fr.
 Chaque Partie se vend séparément.................... 10 fr.
La 1re *Partie*, avec Atlas de 52 planches, contient quatre Livres qui sont consacrés : 1º à la ligne droite et au plan ; 2º au cône, au cylindre et aux surfaces de révolution ; 3º aux projections cotées ; 4º aux perspectives axonométrique, monodymétrique, isométrique et cavalière. Les deux premiers Livres contiennent tout ce qui est exigé pour **L'ADMISSION A L'ÉCOLE POLYTECHNIQUE.**
La 2e *Partie*, avec Atlas de 52 planches, comprend le cinquième Livre relatif à la détermination des Ombres sur les figures géométrales, axonométriques et cavalières, et les sixième et septième Livres consacrés aux Surfaces développables et gauches.
La 3e *Partie*, avec Atlas de 46 planches, comprend les huitième, neuvième et dixième Livres, qui contiennent les principales propositions de la théorie de la courbure des surfaces avec leurs applications aux arts graphiques et les constructions relatives aux surfaces hélicoïdes et topographiques. Elle est terminée par une **Table analytique des trois Parties.**
Les deux dernières Parties sont le développement du **COURS DE GÉOMÉTRIE DESCRIPTIVE** actuellement professé à **L'ÉCOLE POLYTECHNIQUE.**

HIRN (G.-A.), Membre honoraire de la Société des Sciences naturelles de Zurich. — **Théorie mécanique de la chaleur.** *Première partie, Exposition analytique et expérimentale.* Deuxième édition entièrement refondue. In-8 grand raisin, avec planche ; 1865.................. 9 fr.
La deuxième partie, contenant l'Historique et l'Exposition philosophique, paraîtra à la fin de l'année et se vendra séparément comme la première partie.

OGER (**F.**), Professeur d'Histoire et de Géographie, Maître de conférences au Collège Sainte-Barbe. — **Cours d'Histoire générale** à l'usage des Lycées, des Candidats à l'École militaire de Saint-Cyr et des Aspirants aux Baccalauréats ès Lettres et ès Sciences, rédigé conformément aux programmes officiels.
 Ire PARTIE. — **Histoire ancienne et Histoire du moyen âge jusqu'en 1328.** In-8 ; 1863.. 3 fr. 50 c.
 IIe PARTIE. — **Histoire du moyen âge et des temps modernes** depuis l'avénement des Valois jusqu'à la paix de Westphalie (1328-1648). In-8 ; 1864.. 3 fr. 50 c.

PAUL (de), Professeur à l'École municipale Turgot. — **Géométrie élémentaire, théorique et pratique.** Première partie : Géométrie plane, suivie
d'un Exposé élémentaire du *Lever des Plans* et de l'*Arpentage*. In-18 sur
jésus, avec 154 figures dans le texte; 1865.............. 2 fr. 50 c.

*Cet ouvrage, rédigé surtout en vue des applications à l'industrie, fait
partie du Cours complet d'Enseignement industriel publié sous la direction
de M. Marguerin, directeur de l'École municipale Turgot, à Paris.*

PONCELET, Membre de l'Institut. — **Traité des Propriétés projectives
des figures.** Ouvrage utile à ceux qui s'occupent des applications de la
Géométrie descriptive et d'opérations géométriques sur le terrain. 2ᵉ édition, 1865. 2 beaux volumes in-4 d'environ 400 pages chacun, imprimés sur carré fin satiné, avec de nombreuses planches gravées sur
cuivre... 40 fr.

*Le Iᵉʳ volume vient de paraître; il contient non-seulement toute la ma-
tière du volume unique de la 1ʳᵉ édition, mais encore des Annotations nouvelles dont l'étendue et le nombre sont justifiés par leur importance au
point de vue historique et à celui des doctrines.*

*Le IIᵉ volume, qui est sous presse, paraîtra dans le courant de l'année.
Il contiendra, entre autres :* Théorie générale des centres de moyennes
harmoniques. — Théorie générale des polaires réciproques, Principe de réciprocité polaire et Applications diverses des relations métriques ou descriptives. — Analyse des transversales et Applications.

*Le Iᵉʳ volume ne se vend pas séparément; toutefois on peut se le procurer
dès à présent au prix de 20 fr., à la condition de s'engager à prendre le
IIᵉ volume, au même prix de 20 fr., dès qu'il paraîtra.*

*Le IIᵉ volume pourra être vendu séparément aux personnes qui ont déjà
le volume unique de la 1ʳᵉ édition.*

ROUCHÉ (**Eugène**), Professeur au Lycée Charlemagne, Répétiteur à
l'École impériale Polytechnique, et **DE COMBEROUSSE** (**Charles**),
Professeur au Collége Chaptal, Répétiteur à l'École Centrale. — **Traité de
Géométrie élémentaire,** conforme aux Programmes officiels, renfermant
un très-grand nombre d'exercices et plusieurs appendices consacrés à
l'exposition des principales méthodes de la Géométrie moderne. In-8, avec
figures dans le texte; 1864. PREMIÈRE PARTIE (*Géométrie plane*). 4 fr.

Chaque Partie se vend séparément.

En se bornant aux parties imprimées en caractères ordinaires, le lecteur aura à
sa disposition un Traité entièrement conforme aux *Programmes officiels*. Les Candidats aux Écoles spéciales trouveront dans les parties en petit caractère d'utiles
développements. Enfin, les *Appendices* qui terminent les différents Livres sont consacrés à l'exposition des nouvelles méthodes géométriques.

Nous avons indiqué, pour les Élèves studieux, un très-grand nombre d'*Exercices*
classés par paragraphes.

La seconde Partie de ce Traité (*Géométrie de l'espace et Courbes usuelles*) paraîtra
prochainement.

RUCHONNET (**Ch.**), Professeur Agrégé à l'École Polytechnique suisse. —
Exposition géométrique des propriétés générales des Courbes. In-8
avec 2 planches; 1864.............................. 3 fr. 50 c.

IMPRIMERIE DE GAUTHIER-VILLARS, SUCCESSEUR DE MALLET-BACHELIER.
Paris, rue de Seine-Saint-Germain, 10, près l'Institut.

INTRODUCTION

A LA

GÉOMÉTRIE SUPÉRIEURE.

V

C.

41796

INTRODUCTION

A LA

GÉOMÉTRIE SUPÉRIEURE,

Par M. HOUSEL,

ANCIEN ÉLÈVE DE L'ÉCOLE NORMALE, PROFESSEUR DE MATHÉMATIQUES.

PARIS,

GAUTHIER-VILLARS, IMPRIMEUR-LIBRAIRE

DU BUREAU DES LONGITUDES, DE L'ÉCOLE IMPÉRIALE POLYTECHNIQUE,

SUCCESSEUR DE MALLET-BACHELIER,

Quai des Augustins, 55.

1865

(L'Auteur et l'Éditeur de cet Ouvrage se réservent le droit de traduction.)

TABLE DES MATIÈRES.

CHAPITRE PREMIER.

TRANSVERSALES.

CHAPITRE II.

RAPPORT HARMONIQUE, POLAIRES.

CHAPITRE III.

POLAIRES DANS LE CERCLE ET LES CONIQUES.

CHAPITRE IV.

PUISSANCE DES POINTS, AXES RADICAUX.

PRÉFACE.

On sait que les théories de l'ancienne Géométrie, telles que les expose le Traité de Legendre, sont devenues insuffisantes pour résoudre une foule de questions que les élèves sont appelés à traiter. Le but que nous nous proposons est d'exposer, avec les développements nécessaires, les méthodes modernes qui deviennent alors indispensables. Pour cela, nous n'avons pu mieux faire que de prendre pour base de notre travail le *Traité de Géométrie supérieure* de M. Chasles, en cherchant à vulgariser cet ouvrage, si important pour la science, mais qui n'a pas été écrit en vue des examens et des concours.

La tentative que nous faisons n'est pas nouvelle : la plupart des Traités de Géométrie récemment publiés contiennent un appendice où sont résumées les propriétés des transversales, des polaires, de l'involution, etc. Plusieurs de ces suppléments nous ont été utiles, et, sans doute, nous n'aurions pu aussi bien réussir dans les mêmes conditions. Mais l'obligation de réunir, dans un volume qui ne fût pas trop étendu, toutes les théories de l'ancienne et de la nouvelle Géométrie, contraignait les auteurs à restreindre, plus qu'ils n'auraient voulu, le nombre des pages réservées aux méthodes qui sortaient de l'enseignement classique.

Le Traité de M. Chasles est entièrement fondé sur le rapport anharmonique : en effet, un grand monument a besoin d'unité; mais un élève, aux prises avec une question difficile, frappe à toutes les portes pour demander une solution, sauf à la démontrer autrement une fois qu'il l'aura trouvée. Aussi avons-nous rappelé les idées dont M. Poncelet a tiré un si grand parti; non-seulement les projections et la perspective, mais le principe de continuité, si utile dans bien des recherches.

La fécondité des méthodes modernes s'étend à l'Analyse aussi bien qu'à la Géométrie. Nous avons fait voir qu'elles suppléaient parfois à l'impuissance des calculs habituels : mais, pour rattacher les uns aux autres, nous avons démontré, par les coordonnées ordinaires, que l'homographie se ramenait à l'homologie et celle-ci à la perspective.

Toutes ces nouvelles théories trouvent de nombreuses applications dans l'étude des sections coniques : nous avons, en particulier, exposé un théorème très-général de Steiner sur les foyers de trois coniques. Mais nous regrettons de n'avoir pu être guidé, dans cette partie de notre ouvrage, par celui que M. Chasles vient seulement de publier sur ces courbes.

Tout en relevant l'importance des méthodes modernes, nous n'avons point prétendu exclure celles qui sont connues depuis les *Éléments* d'Euclide (*) : ainsi nous avons démontré, par des raisonnements purement élémentaires, les contacts du cercle des neuf points.

Nous terminons par un chapitre relatif à la rotation des figures, et qui n'est plus exclusivement consacré à la Géométrie pure. Cependant, comme aucun principe n'est emprunté à la Mécanique proprement dite, on ne doit pas se faire scrupule d'employer ces considérations de mouvement, qui ne s'appliquent pas seulement à la recherche des tangentes, mais à plusieurs questions difficiles à résoudre par toute autre méthode.

(*) Nous ne parlons ici que de ses *Éléments*, car les anciens, et Euclide en particulier, connaissaient plusieurs des théories que nous appelons modernes. (*Voir* l'ouvrage de M. Chasles sur les *Porismes d'Euclide.*)

CHAPITRE VIII.

CENTRES DE SIMILITUDE OU D'HOMOTHÉTIE.

CHAPITRE IX.

CONTACTS D'UN CERCLE AVEC TROIS AUTRES.

CHAPITRE X.

THÉORÈMES ET PROBLÈMES SUR LE TRIANGLE.

CHAPITRE XI.

SYSTÈMES DE POINTS EN LIGNE DROITE.

CHAPITRE XII.

DROITES MOBILES, TRIANGLES HOMOLOGIQUES.

CHAPITRE XIII.

FIGURES HOMOLOGIQUES.

CHAPITRE XIV.

FIGURES HOMOGRAPHIQUES ET CORRÉLATIVES.

CHAPITRE XV.

THÉORÈME DE PASCAL, ETC.

CHAPITRE XVI.

THÉORÈMES DE NEWTON ET DE CARNOT.

CHAPITRE XVII.

AUTRES PROPRIÉTÉS DES CONIQUES.

CHAPITRE XVIII.

CONSTRUCTION DES CONIQUES.

CHAPITRE XIX.

ROTATION DES FIGURES.

PLANCHES I, II, III, IV, V, VI, VII, VIII.

ERRATA.

Page   7, ligne 13, *au lieu de* B′ de OA′, *lisez* B′ sur OA′.

Page   15, ligne 14, *au lieu de* $\frac{1}{p} + \frac{1}{p}$, *lisez* $+ \frac{1}{p} + \frac{1}{p'}$.

Page   22, ligne 27, *au lieu de* A et B, *lisez* C et B.

Page   22, ligne 29, *au lieu de* AB, *lisez* CB.

Page   62, ligne 26, *au lieu de* seconde, *lisez* première.

Page   63, ligne   2, *au lieu de* b et c, *lisez* b et c'.

Page 202, ligne   8, *au lieu de* $\frac{d}{\beta^2}$, *lisez* $\frac{d}{\beta}$.

INTRODUCTION

A LA

GÉOMÉTRIE SUPÉRIEURE.

CHAPITRE PREMIER.

TRANSVERSALES.

I. — Principe des signes.

1. On sait que si l'on regarde comme positifs les segments comptés sur une direction, de gauche à droite, par exemple, ceux qui seront comptés de droite à gauche sur la même direction se prendront comme négatifs.

Mais il importe que les signes relatifs de ces segments soient indiqués dans les formules où ils figurent. On y parvient en admettant que la notation BA n'exprime pas seulement la distance absolue des points B et A, mais signifie encore que la droite qui les joint est parcourue de B vers A.

Ainsi la notation AB représente la même distance absolue, mais comptée en sens contraire ; donc

$$AB = - BA \quad \text{ou} \quad AB + BA = o.$$

D'après cette convention, les formules de la Géométrie auront la même généralité que celles de l'Algèbre.

Ce principe sera fréquemment appliqué, non-seulement dans ce chapitre, mais dans tout le cours de cet ouvrage.

II. — Triangle coupé par une droite.

2. *Une transversale détermine sur un triangle six segments tels, que le produit de trois segments non consécutifs est égal au produit des trois autres.*

Il se présente deux cas, suivant que la transversale rencontre ou ne rencontre pas le triangle. Dans le premier cas (*fig.* 1), cette droite coupe deux côtés du triangle ABC et le prolongement du troisième ; dans le second (*fig.* 2), elle coupe les prolongements des trois côtés : du reste, la même démonstration s'applique aux deux figures.

Du sommet C menons au côté AB une parallèle qui coupe la transversale en G. Les triangles semblables AEF, CEG donnent $\dfrac{AF}{CG} = \dfrac{AE}{CE}$, et cette proportion est vraie, même pour les signes. En effet, si nous considérons, dans la *fig.* 1, les droites AF et CG, nous observerons qu'elles sont comptées sur des parallèles, c'est-à-dire sur la même direction et de sens contraire : donc, d'après le principe des signes (1), le premier rapport $\dfrac{AF}{CG}$ sera négatif ; ensuite il est évident que le second rapport $\dfrac{AE}{CE}$ sera aussi négatif.

Dans la *fig.* 2, on reconnaîtra de même que ces deux rapports sont positifs ; donc la proportion subsiste toujours.

De même, les triangles BFD, CGD donneront

$$\frac{CG}{BF} = \frac{CD}{BD}.$$

Multipliant ces proportions, on trouve

$$\frac{AF}{BF} = \frac{AE}{CE} \cdot \frac{CD}{BD},$$

ou bien

$$AF.CE.BD = BF.AE.CD,$$

ce qui démontre le théorème.

3. Afin de voir comment la règle des signes s'applique à la formule précédente, il faut observer que chaque segment est compté à partir d'un sommet du triangle ; remarquons alors que cette formule s'écrit de la manière suivante :

$$\frac{AF}{BF} \cdot \frac{BD}{CD} \cdot \frac{CE}{AE} = +1.$$

Nous indiquons ainsi que le produit de ces trois rapports est toujours positif.

4. Réciproquement, si trois points D, E, F, pris respectivement sur les côtés BC, AC, AB d'un triangle, sont tels, que l'égalité précédente soit satisfaite, ces trois points seront en ligne droite.

En effet, soit F′ le point où la droite DE coupe AB ; on aura, pour cette transversale,

$$\frac{AF'}{BF'} = \frac{AE}{CE} \cdot \frac{CD}{BD},$$

ce qui, joint à l'équation supposée, donnera

$$\frac{AF'}{BF'} = \frac{AF}{BF} = \frac{AE}{CE} \cdot \frac{CD}{BD}.$$

Ainsi, à ne considérer que les valeurs absolues des rapports, les points F et F′ coïncident ou bien sont les deux points qui divisent dans un rapport donné la distance AB. Mais cette dernière hypothèse est inadmissible, car des deux rapports $\frac{AF}{BF}$, $\frac{AF'}{BF'}$, celui qui est relatif au point compris entre A et B est négatif, tandis que l'autre est positif ; il faut donc que F′ se confonde avec F.

III. — Droites menées d'un point aux côtés d'un triangle.

5. D'un point O pris sur le plan d'un triangle ABC (*fig.* 3, 4 et 5), si l'on mène aux sommets des droites qui coupent respectivement aux points D, E, F les côtés AB, AC, BC, on détermine sur ces côtés six segments qui donnent la même égalité que les précédents, sauf le signe.

Le point O peut avoir trois positions : 1º dans l'intérieur du triangle (*fig.* 3) ; 2º dans un angle A, mais au delà du triangle (*fig.* 4) ; 3º dans un angle opposé par le sommet à un de ceux du triangle (*fig.* 5). Du reste, la démonstration est toujours la même.

Le triangle ABD et la transversale CF donnent (2)

$$AF.BC.DO = AO.DC.BF.$$

De même, le triangle ACD, coupé par BE, donne

$$AO.DB.CE = AE.CB.DO.$$

Multipliant ces deux équations, nous supprimerons de part et d'autre le produit DO.AO ; nous effacerons aussi BC d'un côté et CB de l'autre : mais comme ces deux quantités diffèrent par le signe (1), il reste

$$AF.DB.CE = - DC.BF.AE.$$

Afin de faire encore partir tous les segments des sommets du triangle, nous écrirons BD au lieu de DB et CD au lieu de DC, ce qui change les signes des deux membres et n'altère pas l'équation. Nous aurons donc

$$\frac{AF}{BF} \cdot \frac{BD}{CD} \cdot \frac{CE}{AE} = - 1.$$

6. Réciproquement, si cette relation est satisfaite pour les segments que déterminent sur les côtés d'un triangle trois droites passant par les sommets, ces droites se couperont en un même point.

En effet, soit O le point d'intersection de AD et de BE, et F′ le point où CO rencontre AB ; on trouvera, comme ci-dessus (4),

$$\frac{AF'}{BF'} = \frac{AF}{BF},$$

et l'on en conclura, de même, que F′ et F se confondent.

7. Les mêmes *fig.* 3, 4, 5 donnent encore la relation suivante :

$$\frac{OD}{AD} + \frac{OE}{BE} + \frac{OF}{CF} = 1.$$

En effet, menons ON parallèle à AB et ON parallèle à AC jusqu'à la rencontre de BC. Considérant la *fig.* 3, on obtient facilement, par des triangles semblables,

$$\frac{OD}{AD} = \frac{OM}{AB} = \frac{MN}{BC}, \quad \frac{OE}{BE} = \frac{NC}{BC} \quad \text{et} \quad \frac{OF}{CF} = \frac{MB}{CB},$$

ou bien

$$\frac{OF}{CF} = \frac{BM}{BC}.$$

Ajoutant ces égalités, on trouve

$$\frac{OF}{CF} + \frac{OD}{AD} + \frac{OE}{BE} = \frac{BM + MN + NC}{BC} = 1.$$

En faisant directement le même calcul sur la *fig.* 4, on aura une égalité où le rapport $\dfrac{OD}{AD}$ sera seul négatif. Au contráire, d'après la *fig.* 5, ce rapport sera seul positif.

Mais il sera facile de constater, en considérant ces figures, que ces changements de signes sont des conséquences nécessaires du principe que nous avons établi en commençant, et que l'égalité

$$\frac{OD}{AD} + \frac{OE}{BE} + \frac{OF}{CF} = 1$$

est générale dans toutes les circonstances.

IV. — Surfaces déterminées par les transversales.

8. Les *fig.* 3, 4 et 5 donnent la formule

$$\frac{AOE}{BOD} \cdot \frac{COD}{AOF} \cdot \frac{BOF}{COE} = 1.$$

En effet, comme les surfaces des triangles qui ont un angle égal ou supplémentaire sont entre elles comme les produits des côtés qui comprennent cet angle, on a

$$\frac{AOE}{BOD} = \frac{OA \cdot OE}{OD \cdot OB};$$

de même,

$$\frac{COD}{AOF} = \frac{OC \cdot OD}{OF \cdot OA}, \qquad \frac{BOF}{COE} = \frac{OB \cdot OF}{OE \cdot OC}.$$

Multipliant et réduisant, on a la relation indiquée.

9. Cette égalité nous ramène à la formule n° 5,

$$\frac{AE}{CE} \cdot \frac{CD}{BE} \cdot \frac{BF}{AF} = -1,$$

car les triangles AOE et COE sont entre eux comme leurs bases AE et CE; il en est de même pour COD et BOD, pour BOF et AOF; donc, en tenant compte des signes de ces bases, on retrouvera la formule connue.

10. Les mèmes figures donnent aussi

$$\frac{OD}{OA} = \frac{BOD}{BOA} = \frac{COD}{COA},$$

d'où

$$COD.BOA = BOD.COA.$$

Dans la *fig.* 3, cela revient à

$$COD.(BOF + AOF) = BOD.(COE + AOE).$$

De même,

$$AOE.(BOD + COD) = COE.(BOF + AOF),$$

et

$$BOF.(COE + AOE) = AOF.(BOD + COE).$$

Ajoutant et réduisant, puis divisant d'un côté par le produit

$$AOE.COD.BOF,$$

et de l'autre par le produit

$$BOD.AOF.COD,$$

égal au premier (**8**), il reste

$$\frac{1}{AOE} + \frac{1}{COD} + \frac{1}{BOF} = \frac{1}{BOD} + \frac{1}{AOF} + \frac{1}{COD}.$$

On trouvera de même, pour la *fig.* 4,

$$\frac{1}{COD} + \frac{1}{BOF} - \frac{1}{AOE} = \frac{1}{BOD} + \frac{1}{COE} - \frac{1}{AOF},$$

en ajoutant les égalités

$$COD.(AOF - BOF) = BOD.(AOE - COE),$$
$$AOE.(BOD + COE) = COE.(AOF - BOF),$$
$$BOF.(AOE - COE) = AOF.(BOD + COD).$$

Enfin, la *fig.* 5 donnera

$$COD.(BOF - AOF) = BOE.(COE - AOE),$$
$$AOE.(BOD + COD) = COE.(BOF - AOF),$$
$$BOF.(COE - AOE) = AOF.(BOD + COD).$$

Additionnant les deux dernières équations, retranchant la première, simplifiant et divisant comme pour le premier cas, on trouve

$$\frac{1}{\overline{COD}} + \frac{1}{\overline{AOE}} - \frac{1}{\overline{BOF}} = \frac{1}{\overline{BOD}} + \frac{1}{\overline{AOF}} - \frac{1}{\overline{COE}}.$$

11. Si l'on se contente de combiner deux à deux les trois égalités que nous venons d'écrire pour chacune des figures, on trouvera, dans tous les cas, la relation

$$\frac{\overline{COE}}{\overline{COD}} = \frac{\overline{ABE}}{\overline{ABD}}$$

et les deux autres analogues.

12. Soit l'angle AOA′, coupé en B et B′ par une seconde transversale qui rencontre la première AA′ au point M; il pourra se présenter trois cas, suivant que B et B′ seront sur les côtés mêmes de l'angle donné (*fig.* 6), sur les prolongements de ces côtés (*fig.* 7), ou bien le point B, par exemple, sur le prolongement de OA, et B′ de OA′ (*fig.* 8).

On a toujours

$$\frac{\overline{MOA}}{\overline{MOB}} = \frac{\overline{OA}}{\overline{OB}}, \quad \frac{\overline{MOA'}}{\overline{MOB'}} = \frac{\overline{OA'}}{\overline{OB'}},$$

d'où

$$\frac{\overline{MOA}.\overline{MOA'}}{\overline{MOB}.\overline{MOB'}} = \frac{\overline{OA}.\overline{OA'}}{\overline{OB}.\overline{OB'}}.$$

D'un autre côté,

$$\frac{\overline{AOA'}}{\overline{BOB'}} = \frac{\overline{OA}.\overline{OA'}}{\overline{OB}.\overline{OB'}},$$

donc

$$\frac{\overline{AOA'}}{\overline{MOA}.\overline{MOA'}} = \frac{\overline{BOB'}}{\overline{MOB}.\overline{MOB'}}.$$

Dans la *fig.* 6,

$$\overline{AOA'} = \overline{MOA} + \overline{MOA'} \quad \text{et} \quad \overline{BOB'} = \overline{MOB} + \overline{MOB'};$$

il reste donc

$$\frac{1}{\overline{MOA}} + \frac{1}{\overline{MOA'}} = \frac{1}{\overline{MOB}} + \frac{1}{\overline{MOB'}}.$$

Dans la *fig.* 7,

$$\overline{AOA'} = \overline{MOA'} - \overline{MOA}, \quad \overline{BOB'} = \overline{MOB} - \overline{MOB'},$$

ce qui donne

$$\frac{1}{\overline{MOA}} - \frac{1}{\overline{MOA'}} = \frac{1}{\overline{MOB'}} - \frac{1}{\overline{MOB}}.$$

Enfin, dans la *fig.* 8,

$$AOA' = MOA + MOA', \quad et \quad BOB' = MOB - MOB',$$

ce qui donne

$$\frac{1}{MOA} + \frac{1}{MOA'} = \frac{1}{MOB'} - \frac{1}{MOB}.$$

V. — Théorème de Carnot.

13. Quand une transversale, menée dans le plan d'un polygone ABC … (*fig.* 9), rencontre ses côtés consécutifs en des points $a, b, c, \ldots$, on a la relation

$$\frac{a\,A}{a\,B} \cdot \frac{b\,B}{b\,C} \cdot \frac{c\,C}{c\,D} \cdots = +1,$$

dans laquelle on observe la règle des signes (1).

Nous allons démontrer que, si le théorème est vrai pour un polygone de n côtés, il l'est pour un polygone d'un côté de plus. En effet, le théorème étant supposé vrai pour le polygone AB … E de n côtés, on a l'équation

$$\frac{a\,A}{a\,B} \cdot \frac{b\,B}{b\,C} \cdots \frac{e\,E}{e\,A} = 1.$$

Formons un polygone d'un côté de plus, en remplaçant le côté EA par deux autres EF et EA. On a, dans le triangle AEF, coupé par la transversale,

$$\frac{e\,A}{e\,E} \cdot \frac{e'\,E}{e'\,F} \cdot \frac{f\,F}{f\,A} = 1.$$

Cette équation, multipliée membre à membre par la précédente, donne la formule

$$\frac{a\,A}{a\,B} \cdot \frac{b\,B}{b\,C} \cdots \frac{f\,F}{f\,A} = 1,$$

relative à un polygone de $n + 1$ côtés.

Donc, pour prouver que le théorème est général, il suffit de rappeler qu'il est vrai pour un triangle (2). Ce théorème est un cas particulier d'une proposition que nous verrons plus tard (427).

14. Le signe positif du second membre de cette formule

montre que ceux des rapports $\dfrac{a\mathrm{A}}{a\mathrm{B}}$, $\cdots$, qui sont négatifs, sont toujours en nombre pair, c'est-à-dire que :

Une transversale, menée dans le plan d'un polygone, rencontre chaque côté en un point situé sur le côté lui-même ou sur son prolongement, et il y a toujours un nombre pair de côtés qui sont rencontrés sur eux-mêmes.

VI. — Relations entre les sinus des angles formés par les transversales.

15. Si par les sommets d'un triangle ABC (*fig.* 10) on mène trois droites quelconques qui rencontrent les côtés opposés en trois points a, b, c, on a la relation

$$\frac{a\mathrm{B}}{a\mathrm{C}}\cdot\frac{b\mathrm{C}}{b\mathrm{A}}\cdot\frac{c\mathrm{A}}{c\mathrm{B}}=\frac{\sin a\mathrm{AB}}{\sin a\mathrm{AC}}\cdot\frac{\sin b\mathrm{BC}}{\sin b\mathrm{BA}}\cdot\frac{\sin c\mathrm{CA}}{\sin c\mathrm{CB}},$$

dans laquelle s'observe la règle des signes.

Chaque rapport de segments, tel que $\dfrac{a\mathrm{B}}{a\mathrm{C}}$, a le même signe que le rapport de sinus correspondant, $\dfrac{\sin a\mathrm{AB}}{\sin a\mathrm{AC}}$. Cela tient à ce que, si les points B et C sont du même côté ou de côtés opposés relativement au point a, les angles $a\mathrm{AB}$ et $a\mathrm{AC}$ sont aussi comptés du même sens ou de sens opposés par rapport à la droite Aa; ils sont donc, ainsi que leurs sinus, de même signe ou de signe contraire.

Cela posé, il suffit de démontrer que les deux membres de l'équation sont égaux numériquement.

Or, on a

$$a\mathrm{B}=\frac{\mathrm{AB}\sin a\mathrm{AB}}{\sin a},\qquad a\mathrm{C}=\frac{\mathrm{AC}\sin a\mathrm{AC}}{\sin a};$$

donc

$$\frac{a\mathrm{B}}{a\mathrm{C}}=\frac{\sin a\mathrm{AB}}{\sin a\mathrm{AC}}\cdot\frac{\mathrm{AB}}{\mathrm{AC}}.$$

De même,

$$\frac{b\mathrm{C}}{b\mathrm{A}}=\frac{\sin b\mathrm{BC}}{\sin b\mathrm{BA}}\cdot\frac{\mathrm{BC}}{\mathrm{BA}},\qquad \frac{c\mathrm{A}}{c\mathrm{B}}=\frac{\sin c\mathrm{CA}}{\sin c\mathrm{CB}}\cdot\frac{\mathrm{CA}}{\mathrm{CB}},$$

et ces trois égalités, multipliées membre à membre, donnent l'équation qu'il s'agit de démontrer.

16. Si a, b, c étaient en ligne droite, on sait (2) que

$$\frac{a\mathrm{B}}{a\mathrm{C}} \cdot \frac{b\mathrm{C}}{b\mathrm{A}} \cdot \frac{c\mathrm{A}}{c\mathrm{B}} = +1.$$

On aurait donc aussi

$$\frac{\sin a\mathrm{AB}}{\sin a\mathrm{AC}} \cdot \frac{\sin b\mathrm{BC}}{\sin b\mathrm{BA}} \cdot \frac{\sin c\mathrm{CA}}{\sin c\mathrm{CB}} = +1.$$

17. Si les droites Aa, Bb, Cc se rencontraient en un seul point, on sait (5) que l'on aurait

$$\frac{a\mathrm{B}}{a\mathrm{C}} \cdot \frac{b\mathrm{C}}{b\mathrm{A}} \cdot \frac{c\mathrm{A}}{c\mathrm{B}} = -1.$$

Donc aussi l'on aurait alors

$$\frac{\sin a\mathrm{AB}}{\sin a\mathrm{AC}} \cdot \frac{\sin b\mathrm{BC}}{\sin b\mathrm{BA}} \cdot \frac{\sin c\mathrm{CA}}{\sin c\mathrm{CB}} = -1.$$

18. Si d'un point O on mène des rayons aux sommets d'un polygone ABC...E (*fig.* 11), les sinus des angles que ces rayons feront chacun avec les deux côtés adjacents auront entre eux la relation

$$\frac{\sin \mathrm{OAB}}{\sin \mathrm{OAE}} \cdot \frac{\sin \mathrm{OBC}}{\sin \mathrm{OBA}} \cdots \frac{\sin \mathrm{OEA}}{\sin \mathrm{OED}} = \pm 1;$$

le signe étant + ou —, selon que le nombre des sommets du polygone sera pair ou impair.

Admettant encore l'égalité précédente pour le polygone ABC...E de n côtés, nous allons la démontrer pour le polygone ABC...EF qui a un côté de plus. Le triangle EFA donne, ainsi que nous l'avons vu (17), la relation

$$\frac{\sin \mathrm{OAE}}{\sin \mathrm{OAF}} \cdot \frac{\sin \mathrm{OFA}}{\sin \mathrm{OFE}} \cdots \frac{\sin \mathrm{OEF}}{\sin \mathrm{OEA}} = -1,$$

qui, multipliée par la précédente, donne

$$\frac{\sin \mathrm{OAB}}{\sin \mathrm{OAF}} \cdot \frac{\sin \mathrm{OBC}}{\sin \mathrm{OBA}} \cdots \frac{\sin \mathrm{OEF}}{\sin \mathrm{OED}} \cdot \frac{\sin \mathrm{OFA}}{\sin \mathrm{OFE}} = \mp 1.$$

Il suffit donc de rappeler que le théorème est vrai pour un triangle; c'est ce que nous avons reconnu au n° 17.

19. L'équation prouve qu'il y a toujours un nombre pair ou impair de rapports, tels que $\dfrac{OBC}{OBA}$, qui auront le signe —, selon que le nombre des côtés du polygone est pair ou impair. Donc, d'après ce que nous avons dit (15) sur les signes des sinus, on en conclut cette proposition :

Si d'un même point on mène à tous les sommets d'un polygone des rayons dont les uns seront situés dans les angles eux-mêmes (ou dans leurs opposés au sommet) et les autres dans les suppléments des angles,

Le nombre des rayons situés dans les angles (ou leurs opposés) sera pair ou impair, selon que le nombre des angles du polygone sera pair ou impair.

VII. — APPLICATIONS.

20. *Un triangle étant inscrit dans un cercle, si, d'un point quelconque de la circonférence, on mène des droites qui fassent, dans le même sens de rotation, des angles égaux avec les côtés du triangle, les pieds de ces droites seront sur une même ligne droite.*

Pour comprendre ce qu'on entend par le sens de rotation, il suffit de concevoir, dans la *fig.* 12, qu'une même droite occupe successivement les positions Oa, Ob, Oc, en tournant autour du point O de a en c, et de remarquer que les angles OaC, ObC, OcA, égaux entre eux, sont du même côté de la ligne tournante.

Cela posé, observons que les triangles AOc, COa sont semblables comme ayant, par construction, l'angle $AcO = OaC$, et de plus $OCa = OAc$, puisque ces deux angles sont suppléments de OAB; donc

$$\frac{Ac}{Ca} = \frac{OA}{OC}.$$

De même, les triangles AOb, BOa sont semblables, car les angles OAb, OBa ont tous deux pour mesure la moitié de l'arc CO; de plus, $ObA = OaB$ comme suppléments d'angles égaux : donc

$$\frac{Ba}{Ab} = \frac{OB}{OA}.$$

Enfin, puisque les angles $O c \mathrm{B}$, $O b \mathrm{C}$ sont égaux, et que $c \mathrm{BO}$, $b \mathrm{CO}$ ont pour mesure la moitié de l'arc AO, les triangles $O c \mathrm{B}$. $O b \mathrm{C}$ sont encore semblables, et

$$\frac{\mathrm{C}b}{\mathrm{B}c} = \frac{\mathrm{OC}}{\mathrm{OB}}.$$

Multipliant ces rapports, on trouve

$$\frac{\mathrm{A}c}{\mathrm{B}c} \cdot \frac{\mathrm{C}b}{\mathrm{A}b} \cdot \frac{\mathrm{B}a}{\mathrm{C}a} = 1,$$

ce qui démontre la proposition (4).

Il faut observer, en effet, que la règle des signes se vérifie sur le produit des rapports

$$\frac{\mathrm{A}c}{\mathrm{B}c}, \quad \frac{\mathrm{C}b}{\mathrm{A}b}, \quad \frac{\mathrm{B}a}{\mathrm{C}a}.$$

Comme cas particulier, nous observerons que, *si d'un point de la circonférence on abaisse des perpendiculaires sur les côtés d'un triangle inscrit, les pieds de ces perpendiculaires sont en ligne droite.*

21. L'autre théorème réciproque, démontré au n° 6, fait reconnaître les circonstances où trois droites passant par les sommets d'un triangle se coupent en un même point.

Pour les *hauteurs*, il suffit de comparer deux à deux des triangles semblables ayant successivement comme angle commun chacun des angles du triangle : les côtés disparaîtron comme lignes auxiliaires.

Pour les *bissectrices*, il faut se rappeler que chacune de ces droites divise le côté opposé en segments proportionnels aux côtés adjacents.

Pour les *médianes*, ainsi que pour les *droites qui joignent les sommets aux points de contact du cercle inscrit*, la relation est évidente.

CHAPITRE II.

RAPPORT HARMONIQUE, POLAIRES.

I. — DIVISION HARMONIQUE.

22. On dit que trois quantités a, b, c, telles que $a > b > c$, sont en relation *harmonique* lorsque l'on a

$$\frac{a - b}{b - c} = \frac{a}{c}.$$

La quantité b s'appelle alors *moyenne harmonique*, et l'on trouve, d'après la définition,

$$b = \frac{2\,ac}{a + c},$$

ce qui donne aussi

$$\frac{1}{a} + \frac{1}{c} = \frac{2}{b}.$$

On appelle quelquefois *rapport harmonique* la quantité $\dfrac{a}{c}$.

Cette relation est connue de temps immémorial; Apollonius de Perge en fait un usage fréquent dans son *Traité des coniques :* cependant, le mot *harmonique* n'est pas employé dans cet ouvrage et se trouve pour la première fois dans Pappus.

Les longueurs des cordes qui donnent les trois notes de l'accord parfait majeur, *ut, mi, sol*, sont représentées respectivement par les nombres $1, \frac{4}{5}, \frac{2}{3}$, et il est facile de reconnaître que ces trois nombres vérifient la relation indiquée pour a, b, c.

23. *Quatre points pris sur une même droite forment un système harmonique quand le produit des deux parties extrêmes est égal à celui de la ligne du milieu par la ligne totale.*

Ainsi les quatre points A, C, B, D (*fig.* 13) forment un système harmonique si l'on a

$$AC . BD = AD . CB.$$

On voit que les segments sont pris, comme cela doit être, de manière à donner le même signe de part et d'autre.

Pour voir que cette propriété, qui peut servir de définition à la division harmonique, s'accorde avec les notions précédentes, il suffit de vérifier que cet accord a lieu si l'on pose

$$AD = a, \quad AB = b, \quad AC = c;$$

on verra aussi facilement que l'on peut également prendre pour point de départ l'autre extrémité D, c'est-à-dire poser

$$DA = a, \quad DC = b, \quad DB = c.$$

24. On considère le premier et le troisième point, le second et le quatrième, comme *conjugués deux à deux :* ainsi A et B sont conjugués entre eux, de même que C et D. On dit alors que la droite AB est *divisée harmoniquement* en C et D, ou bien CD en A et B.

25. Nous avons trouvé (**23**) la formule

$$\frac{AD}{BD} = \frac{AC}{CB}.$$

Si le point D est à l'infini, les droites AD et BD ne différeront que d'une quantité négligeable par rapport à chacune d'elles : donc

$$\frac{AD}{BD} = 1.$$

Alors il reste AC = CB ; d'où résulte ce théorème :

De deux points divisant harmoniquement l'intervalle de deux autres, si l'un est à l'infini, l'autre est au milieu de la distance des points donnés.

26. *La moitié d'une droite AB est moyenne proportionnelle entre les distances du milieu M de cette droite aux deux points C et D qui la divisent harmoniquement (fig.* 13).

Pour vérifier cet énoncé, il suffit de transformer l'égalité

$$AD.CB = AC.DB$$

de manière à n'y laisser que les quantités

$$AM = MB, \quad MC \text{ et } MD.$$

Cette formule s'écrit

$$(AM + MD)(AM - MC) = (AM + MC)(MD - AM).$$

Développant et réduisant, on trouve en effet

$$\overline{AM}^2 = MD.MC, \quad \text{ou bien} \quad MD = \frac{\overline{AM}^2}{MC}.$$

On obtient donc ainsi une solution du problème suivant :

Connaissant l'un des points C *suivant lesquels une droite* AB *est divisée harmoniquement, trouver le point* D, *conjugué de* C.

On verra plus loin (162) la solution du problème suivant :

Trouver deux points qui divisent harmoniquement deux segments en ligne droite.

Mais quant au problème actuel, où l'on donne un seul segment avec un troisième point dont on cherche le conjugué harmonique, on en trouvera une solution plus simple à la fin du n° 42.

27. En comparant la formule

$$\frac{1}{p} + \frac{1}{p} = \frac{1}{\frac{1}{2}R}$$

des miroirs sphériques avec l'équation

$$\frac{1}{a} + \frac{1}{c} = \frac{2}{b}$$

du n° 22, on voit que l'objet et l'image divisent harmoniquement le rayon du miroir.

Dans une ellipse ou une hyperbole, comparant encore la distance $\dfrac{a^2}{c}$ du centre au pied d'une directrice, avec la formule

$$MD = \frac{\overline{AM}^2}{MC}$$

du n° 26, on reconnaîtra que l'axe focal est divisé harmoniquement par un foyer et le pied de la directrice correspondante.

II. — FAISCEAUX HARMONIQUES.

28. On dit que quatre droites partant d'un même point forment un *faisceau harmonique* lorsqu'elles divisent harmoniquement une transversale quelconque.

Celles de ces droites qui passent par les points conjugués de la transversale sont dites *conjuguées harmoniques* deux à deux.

Cette définition suppose démontrée la proposition suivante :

Si quatre droites partant d'un même point divisent harmoniquement une transversale, elles divisent aussi harmoniquement toute autre transversale, même non parallèle à la première.

Mais nous allons conclure cet énoncé comme conséquence évidente d'un théorème qu'il faut maintenant démontrer.

29. *Étant données les trois droites* OA, OB, OC (*fig.* 14), *si, d'un point quelconque* C, *pris sur une d'elles, on mène une droite* GCE *telle, que les portions* GC, CE *comprises dans les angles* AOC *et* BOC *soient égales, et que du point* O *on mène* OD *parallèle à* GE, *une transversale quelconque* ABCD *sera divisée harmoniquement.*

En effet, les triangles AGC, AOD donnent

$$\frac{GC}{OD} = \frac{AC}{AD};$$

de même CEB, OBD donnent, en considérant les signes,

$$\frac{OD}{CE} = \frac{BD}{CB}:$$

multipliant ces égalités et observant que GC = CE, il reste

$$AC.BD = AD.CB,$$

ce qui constitue la division harmonique (23).

30. Non-seulement la proposition du n° 28 se trouve ainsi démontrée, mais on résout aussi le problème suivant :

Étant données trois droites OA, OB, OC *d'un faisceau harmonique, trouver la droite* OD *conjuguée avec l'une* OC *de ces trois droites.*

Cela revient en effet à diriger la droite GCE pour que l'on ait GC = CE ; or, d'après une construction connue, il suffit de mener CF parallèle à OA jusqu'à la rencontre de OB en F, de prendre FE = OF et de joindre EC.

On trouve ainsi une seconde solution du problème indiqué au n° 26 : pour diviser harmoniquement la droite AB, et trouver le conjugué D du point donné C, on pourra joindre A, B, C à un point quelconque O, et trouver OD comme il vient d'être dit.

D'après ce que nous avons vu sur les points conjugués, il est clair que deux droites conjuguées entre elles alternent avec les deux autres : mais il faut observer que les quatre droites s'étendent de part et d'autre du point O ; ainsi, la transversale aurait pu rencontrer la droite OD du côté de OD' (*fig.* 14).

31. On peut considérer, comme donnant une direction limite des transversales, une droite telle que GCE, parallèle à un des côtés du faisceau : alors le point D, conjugué de C, est à l'infini, et $GC = CE$.

Cela revient à ce que l'on a déjà vu (**25**).

32. Nous reviendrons plus tard sur les propriétés du rapport harmonique, considéré comme cas particulier du rapport que nous appellerons *anharmonique.*

Cependant nous allons chercher, dès à présent, les relations qui doivent exister entre les coefficients angulaires des équations de quatre droites pour qu'elles fassent un faisceau harmonique. Comme il ne s'agit que des angles, nous prendrons l'origine O au sommet du faisceau que nous couperons par une droite $MA_1A_2A_3A_4$, parallèle à Oy (*fig.* 15).

Les équations des quatre droites étant respectivement

$$y = a_1 x, \quad y = a_2 x, \quad y = a_3 x, \quad y = a_4 x,$$

si nous prenons $x = OM$, nous aurons

$$a_1 x = MA_1, \quad a_2 x = MA_2, \quad a_3 x = MA_3, \quad a_4 x = MA_4.$$

La relation harmonique est

$$A_1 A_4 . A_2 A_3 = A_1 A_2 . A_3 A_4,$$

en prenant toutes les quantités positives. Observant que

$$A_1 A_4 = MA_4 - MA_1, \ldots,$$

et supprimant de part et d'autre x^2, il reste l'équation cherchée,

$$(a_4 - a_1)(a_3 - a_2) = (a_2 - a_1)(a_4 - a_3).$$

Développant et réduisant, on a aussi

$$(a_1 + a_3)(a_2 + a_4) = 2(a_1 a_3 + a_2 a_4).$$

33. Si l'une de ces quatre droites, telle que OA_2, coïncide avec l'axe des x, d'où $a_2 = 0$, il restera

$$(a_1 + a_3) a_4 = 2 a_1 a_3.$$

Si, de plus, l'axe des y est la direction conjuguée avec l'axe des x, on aura

$$a_4 = \infty ;$$

d'où

$$a_1 + a_3 = 0 \quad \text{et} \quad a_3 = - a_1.$$

Ainsi, deux droites représentées par $y = mx$ et $y = - mx$ sont conjuguées entre elles, et font un faisceau harmonique avec les axes.

III. — Pole et polaire relativement a un angle.

34. *Étant donnés un point* A *et un angle* COD (*fig.* 14), *si l'on mène de ce point une infinité de transversales à cet angle, le lieu géométrique des points conjugués de* A *sur toutes ces transversales, relativement aux points où elles coupent l'angle donné, est la droite* OB *conjuguée de* OA.

En effet, il est évident, d'après ce que nous avons vu n°s 29 et suivants, que le point B, qui divise harmoniquement avec A la droite CD, est sur la ligne OB, conjuguée de OA, relativement à l'angle COD ; cela tient à ce que la direction de la transversale est arbitraire.

D'après cela, on dit que le point A et la droite OB sont le *pôle* et la *polaire* l'un de l'autre, relativement à l'angle COD.

35. Par conséquent, si l'on donne les coordonnées x', y' d'un point quelconque A_2 (*fig.* 15), il sera facile de trouver l'équation de la polaire de ce point, relativement à l'angle $A_1 O A_3$ dont les côtés sont représentés par $y = a_1 x$ et $y = a_3 x$.

Il suffira d'écrire, dans les formules du n° 32, $a_2 = \dfrac{y'}{x'}$, et ces formules nous donneront le coefficient angulaire a_4 de la polaire cherchée.

Si l'on demandait réciproquement le pôle d'une droite passant par le sommet de l'angle, ce problème serait indéterminé, car on pourrait prendre indifféremment tous les points de la ligne conjuguée avec la droite donnée.

Enfin, si l'on demande le pôle d'une droite quelconque relativement à un angle donné, on doit considérer le sommet de cet angle comme le pôle demandé; cela tient à ce que les polaires de tous les points de cette droite passent par ce sommet.

36. Pour construire la polaire d'un point donné relativement à un angle, nous renverrons à la construction déjà indiquée (30).

Du reste, nous trouverons bientôt une autre méthode pour résoudre ce problème (40).

IV. — THÉORÈMES SUR LES POLAIRES.

37. Les *fig.* 16 et 17, sur lesquelles nous allons établir quelques propositions, présentent des ressemblances et des différences qu'il faut d'abord indiquer.

Quatre points A, B, C, D étant sur un même plan, si aucun d'eux n'est dans l'intérieur du triangle formé par les autres, ces points font un quadrilatère convexe ABCD (*fig.* 16) dont les côtés opposés AD et BC, AB et DC se coupent aux points O et O″, tandis que les diagonales AC et BD se coupent en O′; mais les points O et O″, où se rencontrent les côtés, pouvant être considérés comme des sommets, la droite OO″ sera considérée comme une troisième diagonale. L'ensemble de ces côtés et de ces diagonales s'appelle un *quadrilatère complet*.

38. Au contraire, il peut arriver qu'un des points, D, soit à l'intérieur du triangle ABC formé par les trois autres (*fig.* 17); nous indiquons encore par O, O′, O″ les points où AD, BD, CD coupent les côtés BC, AC, AB.

Les autres notations de ces figures seront choisies de telle manière que ce qui va suivre puisse s'appliquer généralement à l'une comme à l'autre.

39. Considérons, dans ces figures, l'angle COD et le point O″: sur les droites O″BA, O″CD, prenons respectivement les points E″ et F″, conjugués de O″, pour diviser harmoniquement les distances AB, CD. On sait (34) que E″F″ sera la polaire de O″ relativement à COD, et passera par conséquent au sommet O.

Tout ce que nous venons de dire sur les divisions harmoniques de AB et de CD, en prenant O pour sommet, s'appliquerait encore à ces mêmes divisions en considérant O′ comme sommet du faisceau : donc E″F″ passe aussi en O′, c'est-à-dire que OO′ est la polaire de O″, relativement à COD et à CO′D.

40. On en conclut une méthode nouvelle et très-souvent employée pour construire la polaire d'un point relativement à un angle.

Du point O″ *menez à l'angle* COD *deux sécantes qui coupent cet angle aux points* C *et* D, B *et* A ; *joignez* AC, BD, *qui se coupent en* O′ : *la droite* OO′ *est la polaire demandée.*

41. Indiquons par E et F les points où O′O″ coupe BC et AD, par F′ et E′ ceux où OO″ coupe BD et AC ; on peut faire les observations suivantes :

Nous avons vu (39) que OO′ était la polaire de O″ relativement à l'angle COD, que nous pouvons aussi indiquer par EOF ; on a reconnu semblablement que la même droite OO′ est la polaire du même point O″ relativement à l'angle E′O′F′ ou CO′D.

De même, OO″ est la polaire de O′ par rapport aux angles EOF et E″O″F″, et O′O″ est la polaire de O relativement aux angles E′O′F′, E″O″F″.

42. *Toutes les droites des fig.* 16 *et* 17 *sont divisées harmoniquement* [excepté les lignes ponctuées dont il ne sera question que plus tard (43)].

La droite AB étant, par hypothèse, divisée harmoniquement aux points E″, O″, le faisceau de quatre droites ayant son sommet en O divisera de même les autres droites EF, CD, BD et AC.

Ensuite, O″O′ étant la polaire de O par rapport à l'angle E″O″F″, la droite E″F″ sera divisée harmoniquement en O et O′ ; il en sera donc de même pour les droites BC et AD, coupées par le faisceau O″.

Enfin, la droite BC étant divisée harmoniquement aux points O, E, on pourra donner à cette division, au lieu du point O″, le point O′ pour sommet ; alors la droite F′E′, dont il restait à parler, sera aussi divisée harmoniquement comme transversale du faisceau O′.

Comme cas particulier de cette proposition, nous remarquerons l'énoncé suivant, relatif à la *fig.* 16 :

Une diagonale d'un quadrilatère complet est divisée harmoniquement par les deux autres. On en conclut encore une manière de *trouver sur une droite OO″ le conjugué harmonique E′ d'un troisième point F′* (*fig.* 16 et 17).

Soit pris arbitrairement le point B; sur F′B prenons le point quelconque D que nous joindrons à O et O″, ce qui coupe en A et C les droites BO″, BO; la ligne AC coupe OO″ en E′.

43. Nous démontrerons aussi que *les points E, E′, E″ sont en ligne droite*. En effet, les quatre droites E′E″, E′B, E′O″, E′A (parmi lesquelles on n'a pas tracé E′B) forment un faisceau harmonique de sommet E′, puisque AB, ainsi qu'on vient de le voir, est divisé harmoniquement aux points O″ et E″. Donc une autre droite, telle que BC, sera aussi divisée harmoniquement par ce faisceau au point O et au point où E′E″ coupe la direction BC: ainsi ce dernier point n'est autre que E.

Ce théorème peut s'énoncer de la manière suivante :

Les polaires d'un point D, *relatives aux angles d'un triangle* ABC, *rencontrent respectivement les côtés opposés en trois points situés en ligne droite.*

Pour le voir, il suffit d'observer que AE est la polaire du point D relativement à l'angle BAC. En effet, si l'on mène de ce point des sécantes O″C, O′B jusqu'à la rencontre des côtés de cet angle, et que l'on joigne encore ces points de rencontre par les droites O′O″, CB qui se coupent en E, on sait (40) que le point E sera sur la polaire, qui sera par conséquent AE.

De même, BE′ et CE″ seront les polaires du même point D relativement aux autres angles B et C du triangle ABC; mais ces droites AE, BE′, CE″ ne sont pas tracées sur les *fig.* 16 et 17.

44. La droite AB étant divisée harmoniquement en O″ et E″, la droite O′B est la polaire de A relativement à l'angle O″O′O. Par conséquent, la droite O″O doit être coupée sur cette polaire par la sécante E″F (40); il en résulte que les points E″, F′, F sont *en ligne droite*.

Par la même raison les lignes E′F″F et EF′F″ seront droites; mais ces trois directions n'ont pas été tracées pour ne pas compliquer les *fig.* 16 et 17.

V. — APPLICATIONS.

45. Dans la *fig.* 14, si OC était la bissectrice de AOB, il est clair que la droite GCE, menée de telle manière que GC = CE, serait perpendiculaire à OC, ainsi que OD parallèle à GC : donc OD diviserait en deux parties égales le supplément de l'angle AOB. Mais les droites OC et OD sont conjuguées harmoniques (30) ; on a donc le théorème suivant :

Les bissectrices d'un angle et de son supplément forment, avec les côtés de cet angle, un faisceau harmonique.

Et réciproquement :

Dans un faisceau harmonique, si deux droites conjuguées sont perpendiculaires, elles sont bissectrices des angles supplémentaires que font les autres droites.

46. Soit A un point quelconque pris sur une circonférence qui a DD′ pour diamètre (*fig.* 18), et soit B, C un système correspondant de deux points qui divisent harmoniquement DD′. L'angle DAD′ étant droit comme inscrit dans un demi-cercle, on voit, par le théorème précédent, que AD sera la bissectrice de BAC et AD′ celle de BAE, supplément de BAC ; ainsi, étant connu un des points B et C, il sera facile de trouver l'autre.

Nous ne répéterons pas ici la démonstration connue de Géométrie élémentaire par laquelle on démontre les proportions $\frac{AB}{AC} = \frac{BD}{DC} = \frac{D'B}{D'C}$, que nous écrivons ici en observant la règle des signes ; cependant nous en conclurons le théorème suivant :

Le lieu géométrique des points A tels, que le rapport des distances de ces points à deux points fixes A et B soit constant, est une circonférence ayant pour diamètre la distance de deux points D et D′ qui divisent harmoniquement AB.

Le système de ces points D et D′ sera déterminé par la valeur donnée du rapport $r = \frac{BD}{DC} = \frac{D'B}{D'C}$.

47. Si l'on mène du point A′ (*fig.* 19) des transversales A′BC, A′DE à l'angle BAC, on sait (40) que le point O où se coupent BE et CD est sur la polaire AO de A′. Soit encore A′GO′ une autre sécante menée du point A′ : le point F où se coupent GE et DO′

sera encore sur cette polaire, ainsi que le point I où se coupent BO′ et GC. Il en serait de même pour toutes les autres transversales menées du point A′.

Ainsi, *les points O, F, I,..., sont en ligne droite avec* A.

Ce théorème subsiste encore si le point A′ est à l'infini. Alors BC, DE, GO′,..., *sont parallèles.*

48. Cette considération permettra de résoudre le problème suivant :

Joindre un point donné au sommet inaccessible d'un angle donné.

Supposons d'abord (*fig.* 19) le point donné O dans l'intérieur de l'angle BAE, donné par ses côtés BD, CE, mais dont le sommet A est supposé inaccessible; nous mènerons de ce point O deux sécantes croisées DOC, BOE, de manière que le point A′, où se couperont CB et ED, soit dans les limites de la figure, ce qui exigera un certain tâtonnement si le point est près de la bissectrice de l'angle donné. Du point A′, menons une nouvelle transversale qui coupe BD en G et CE en O′; joignons DO′ et GE qui se rencontrent en F, la droite OF sera la ligne demandée et passera en A.

Si, au contraire, le point donné O′ est extérieur à l'angle donné BA′E, nous mènerons, d'un point quelconque A, la droite AO′ qui coupe les côtés de l'angle en E et en C, ainsi que AG qui les coupe en D et B; nous joindrons DC, BE qui se rencontrent en O; du point A, nous mènerons AO qui sera coupé en F par DO′. Enfin, joignons EF qui coupe AB en G, la droite O′G sera la ligne demandée qui passera en A′.

49. Cette solution n'exige que l'emploi de la chaîne et des jalons, mais avec l'équerre d'arpenteur le problème se résout plus simplement.

Soient BF, CE (*fig.* 20) les côtés d'un angle dont le sommet inaccessible A doit être joint au point donné O. Il suffira, par le point O, de mener perpendiculairement à ces côtés les lignes BE, CF, enfin d'abaisser sur BC la perpendiculaire OD qui sera la droite demandée (21).

Cette même construction permet de résoudre le problème suivant : *Du sommet inaccessible d'un angle donné* BAC. *mener une perpendiculaire sur une droite donnée* BC.

50. *Mener la bissectrice d'un angle dont le sommet est inaccessible.*

Coupons cet angle BAC par la droite quelconque BC (*fig.* 21), et soit O le point où concourent les bissectrices des angles ABC, ACB : on sait (21) que ce point O est sur la bissectrice de BAC. On pourrait en trouver un second point en menant toute autre sécante que BC; mais soit B′C′ parallèle à BC, B′O′ à BO et C′O′ à CO, il est clair que O′ sera aussi sur la ligne cherchée qui sera OO′.

51. *Prolonger, au delà d'un obstacle, une droite dont deux points sont visibles.*

Soient B et C ces deux points (*fig.* 19), et cherchons un point A′ de la droite BC au delà d'un obstacle que nous supposerons exister à partir du point B. Du point quelconque A, menons deux droites AB, AC, et prenons sur chacune de ces lignes les points D et E choisis arbitrairement, mais d'une manière convenable pour la figure; joignons BE, CD qui se coupent en O et menons la droite AO. Soit encore G pris arbitrairement sur AB, et joignons GE qui coupe AO en F; enfin, menons DF qui coupe AC en O′ : les droites ED, O′G se couperont en A′ qui sera, d'après ce qu'on a vu (40), sur la direction de CB.

On aurait de même un autre point et tant d'autres points qu'on voudrait de la direction de cette ligne.

Cette construction est remarquable parce qu'elle s'applique au cas où B et C sont inaccessibles; en effet, il suffit de poser des jalons dirigés vers ces points dont on n'est pas obligé d'approcher plus près que le point O. De plus, rien n'exige que du point A′ on puisse voir B et C, ni réciproquement.

Lorsque l'un des points B est accessible (*fig.* 22) et que l'on peut se servir de l'équerre d'arpenteur, il suffit de mener sur BC une perpendiculaire BA de longueur convenable, de prendre sur AA′, perpendiculaire à AB, une distance suffisante AA′ et d'élever sur AA′ la perpendiculaire A′B′ = AB; alors il est clair que B′C′, perpendiculaire à A′B′, est le prolongement de BC.

Ici encore rien n'exige que les portions BC et B′C′ de cette droite soient visibles l'une pour l'autre.

CHAPITRE III.

POLAIRES DANS LE CERCLE ET LES CONIQUES.

I. — PROPRIÉTÉS QUI DÉFINISSENT LA POLAIRE.

52. Si l'on mène d'un point donné une sécante quelconque à un cercle, le lieu géométrique des points conjugués harmoniques avec le point donné, relativement aux points d'intersection avec la circonférence, est une droite qu'on appelle la *polaire* du point donné, considéré comme *pôle*.

On voit que cette définition de la polaire, par rapport à un cercle, est la même que celle qui a été donnée à propos d'un angle (34), mais elle exige de même une démonstration.

53. *Si d'un point* O *on mène à une circonférence* C *une sécante qui la coupe en* D *et en* E, *on demande le lieu géométrique des points* M *où concourent les tangentes menées en* D *et en* E (*fig.* 23 *et* 24). La perpendiculaire CF sur le milieu F de DE coupe en M la tangente MD; on a

$$R^2 = CM \cdot CF;$$

mais les triangles rectangles CMP, CFO sont semblables, comme ayant l'angle C commun; donc

$$\frac{CM}{CO} = \frac{CP}{CF} \quad \text{et} \quad R^2 = CP \cdot CO, \quad \text{ou} \quad CP = \frac{R^2}{CO}.$$

Ainsi la perpendiculaire abaissée du point M sur le diamètre qui passe en O est indépendante de la direction de la droite OED; il en résulte que *cette perpendiculaire est le lieu géométrique lui-même*. L'égalité $R^2 = CP \cdot CO$ est écrite conformément à la règle des signes (1), car le premier membre étant positif, le second doit l'être aussi : or, les points O et P, placés sur une même droite, sont du même côté du point C, ce qui tient à ce que l'angle C, commun aux triangles semblables, est aigu.

On voit, par la même formule, que ces points O et P sont

réciproques l'un de l'autre, c'est-à-dire que si O vient à la place de P, en même temps P viendra à la place de O.

54. Nous démontrerons bientôt que cette droite MP est la *polaire* du point O, mais nous pouvons dès à présent considérer les trois cas qui peuvent se présenter d'après les différentes positions du pôle.

Si ce pôle O est en dehors du cercle (*fig.* 23), il est clair que *la corde de contact* HH′ *est une portion de la polaire;* d'ailleurs, on connaît directement, pour une tangente OH, la relation

$$CP.CO = \overline{CH}^2 = R^2.$$

Si le pôle était en A sur la circonférence, c'est-à-dire si l'on avait CO = R, la formule donnerait aussi CP = R. Ainsi *la tangente serait la polaire demandée.*

Enfin, si CO < R (*fig.* 24), la formule montre que CP > R; dans ce cas, la polaire est extérieure au cercle.

55. Dans la formule $R^2 = CO.CP$, observons que C est le milieu du diamètre AB; nous en conclurons (26) que les points O et P (*fig.* 23 et 24) divisent harmoniquement ce diamètre AB.

Cela posé, pour faire voir que la perpendiculaire MP sur AB est la polaire de O, telle que nous l'avons définie (52), il reste à prouver que le point G, où elle coupe la sécante quelconque ED, est conjugué harmonique du point O, relativement aux points E et D de la circonférence.

En effet, nous avons vu (46) que le cercle décrit sur AB comme diamètre était le lieu des points tels, que le rapport de leurs distances aux points O et P, qui divisent harmoniquement ce diamètre, fût constant; donc

$$\frac{EO}{EP} = \frac{DO}{DP}, \quad \text{ou bien} \quad \frac{PE}{PD} = \frac{OE}{OD}.$$

Appliquant cette dernière forme d'égalité au triangle EPD en même temps que le théorème de Géométrie élémentaire qu'on a rappelé au n° 46, on voit que la droite OP divise en deux parties égales, dans la *fig.* 23, le supplément EPK de l'angle EPD, et dans la *fig.* 24 l'angle EPD lui-même. Au contraire, MP, perpendiculaire à OP, divise également, d'un côté l'angle EPD, de l'autre son supplément EPK ; mais, dans les deux figures, les droites perpendiculaires PO, PM forment toujours avec les droites PE, PD, dont elles divisent les angles en parties égales, un faisceau harmonique (45), et les points O et G divisent harmoniquement la distance ED.

56. La seconde définition que nous avons donnée de la polaire (53) ne semble pas générale, parce que le point M du lieu ainsi obtenu, étant au concours de deux tangentes, ne pourrait jamais se trouver dans l'intérieur du cercle, comme cela doit être cependant pour les points situés entre H et H′ (*fig.* 23). Mais remplaçons cette définition par l'égalité $CP = \dfrac{R^2}{CO}$, qui en résulte immédiatement, et nous aurons toute la généralité désirable : en effet, tout ce qu'on a vu au n° 55 découle de cette égalité, et le point intérieur G (*fig.* 23), conjugué de O pour la division harmonique de ED, sera le point du lieu situé sur cette direction.

II. — Théorèmes sur les polaires.

57. Nous pouvons donc ajouter, aux deux *fig.* 23 et 24, la *fig.* 25 dans laquelle le point M est intérieur au cercle, et nous démontrerons, sur toutes trois, le théorème suivant :

Les polaires de tous les points d'une droite passent par le pôle de cette droite.

Soit M le point pris sur la droite donnée MP ; d'après ce qui précède, on trouvera la polaire de M en prenant sur CM la distance $CF = \dfrac{R^2}{CM}$ et menant FO perpendiculaire sur CF. Cette droite FO, polaire de M, coupe en O la droite CP, perpendiculaire sur MP. Or, les triangles semblables COF, CMP donnent $\dfrac{CO}{CM} = \dfrac{CF}{CP}$; donc $CM.CF = R^2 = CO.CP$; par conséquent, le point O, où passe la polaire de M, est le pôle de MP.

58. Réciproquement, *les pôles de toutes les droites qui passent par un même point se trouvent sur la polaire de ce point.*

Soient O ce point et OF une droite quelconque qui y passe ; pour en avoir le pôle, on sait qu'il faut abaisser CF perpendiculaire sur OF et prendre sur CF la distance $CM = \dfrac{R^2}{CF}$; alors M sera le pôle de OF. Joignons OC et abaissons MP perpendiculaire sur OC ; on aura comme ci-dessus $CP = \dfrac{CM.CF}{CO} = \dfrac{R^2}{CO}$; ainsi la perpendiculaire MP sera la polaire du point O, donc cette polaire contient le pôle M de OF.

59. Observons, comme cas particulier, que *la polaire du centre est à l'infini,* car si le point O se rapproche de C (*fig.* 24), la formule $CP = \dfrac{R^2}{CO}$ montre que $CP = \infty$ pour $CO = 0$.

Donc, d'après le théorème précédent, *le pôle de tout diamètre est à l'infini.*

60. Des théorèmes qui précèdent découlent évidemment les corollaires suivants :

1° Si des différents points d'une droite on mène des couples de tangentes à un cercle, les cordes de contact passent au pôle de la droite donnée.

2° Le point d'intersection de deux droites a pour polaire la ligne qui joint les pôles de ces droites.

3° La droite qui joint deux points a pour pôle l'intersection des polaires de ces droites.

61. *D'un point quelconque si l'on mène deux sécantes à une circonférence et si l'on joint directement et inversement les quatre points d'intersection pris deux à deux, la droite qui réunit les points de jonction est la polaire du point donné* (*fig.* 26).

Soit A_1 le point d'où partent les sécantes MM_3, $M_1 M_2$ qui donnent les points de jonction A et A_2 : il faut prouver que AA_2 est la polaire de A_1 par rapport au cercle.

En effet, soient B et B_1 les points conjugués de A_1 par rapport aux points M et M_3, M_1 et M_2 : nous savons (34 et 40) que BB_1 sera la polaire des angles $MA_2 M_3$ et MAM_3 ; donc elle se confondra avec AA_2. Mais comme la définition de la polaire est la même pour un cercle que pour un angle (52), le théorème est démontré.

On verrait de même que $A_1 A_2$ est la polaire de A, et $A_1 A$ celle de A_2.

62. D'après ce qu'on a vu (42), on reconnaît que toutes les sécantes de la *fig.* 26, ainsi que la droite A_1A_2, se coupent harmoniquement les unes les autres : par exemple, les droites A_1A_2 et A_1A, A_1B et A_1B_1 sont conjuguées deux à deux, et la ligne A_2A, polaire de A_1, est divisée harmoniquement en B et B_1.

63. On sait que AA_2, polaire de A_1, passe aux points de contact E et E_1 des tangentes partant de A_1 : comme AA_1 est aussi la polaire de A_2, on voit, par la définition même de la polaire (52), que EE_1 est divisé harmoniquement en A et A_2.

De même DD_1 est divisé harmoniquement en A et A_1, ou bien AA_1 en D et D_1.

En général, *dans un triangle* AA_1A_2 *dont chaque côté est la polaire du sommet opposé, chacun des côtés qui coupent le cercle passe aux points de contact des tangentes menées par le sommet opposé, et est divisé harmoniquement par la circonférence.*

Corollaire. — Soient M, M_1, M_2, M_3 quatre points d'une circonférence et A le point où se coupent MM_2, M_1M_3 : on conclut réciproquement de ce qui précède que le point A_1, où se couperont M_3M et M_2M_1, est sur la polaire de A. Ainsi ED_1, E_1D iraient se couper sur A_1A_2.

III. — APPLICATION AU TRACÉ DES TANGENTES.

64. Pour mener des tangentes au cercle d'un point extérieur A_1, on peut conduire de ce point deux sécantes quelconques qui coupent la courbe aux points M et M_3, M_1 et M_2. On réunit ces points directement et inversement, ce qui donne les points de jonction A et A_2. La droite A_2A coupe la circonférence en E et E_1 : il résulte des numéros précédents que A_1E, A_1E_1 seront des tangentes.

De même, la droite AA_1 coupant la courbe en D et D_1, on a les tangentes A_2D et A_2D_1.

65. Cette construction n'exige pas que le point A_2, où vont concourir MM_1 et M_3M_2, soit accessible ; en effet, on pourra toujours joindre le point A au sommet inaccessible de l'angle formé par ces droites (48). Cette ligne coupe la courbe aux points E et E_1 que l'on joindra toujours au point donné A_1.

Observons enfin que ce dernier point A_1 peut lui-même être inaccessible ainsi que A_2; rien n'empêchera de joindre de même le point E au sommet de l'angle formé par les droites M_3M et M_2M_1 (48), on en fera autant pour le point E_1.

IV. — POLAIRES DANS UNE CONIQUE.

66. Les définitions seront les mêmes, pour une conique quelconque, que pour un cercle (52) ou pour un angle (34).

Ainsi, étant donné dans le plan d'une conique un point quelconque pris pour *pôle*, le lieu géométrique des points conjugués harmoniques de ce pôle, relativement aux deux où une droite qui y passe rencontre la conique, est la *polaire* du point donné.

Comme une conique, d'après sa définition même, est la perspective d'un cercle, et que la division harmonique, étant vraie pour une transversale quelconque (29), subsiste dans la perspective, on voit que *la polaire sera une droite* dans une conique aussi bien que dans un cercle.

Comme les sécantes et les tangentes se correspondent dans les deux courbes par la perspective, tous les théorèmes relatifs à la polaire dans le cercle sont aussi démontrés pour une conique quelconque, excepté la proposition où l'on a établi que la polaire est perpendiculaire dans le cercle au diamètre divisé harmoniquement; en général, la perspective ne conserve pas les relations d'angles.

On dit qu'un triangle AA_1A_2 est *conjugué* par rapport à une conique (*fig.* 26) quand chacun de ses sommets est le pôle du côté opposé relativement à cette conique.

67. Il ne reste donc qu'à chercher, relativement à une conique qui a pour équation

$$ay^2 + bxy + cx^2 + dy + ex + f = 0,$$

l'équation de la polaire d'un point dont les coordonnées sont x', y'.

On sait que l'équation de la tangente menée en un point de cette courbe représenté par x', y' sera

$$2ayy' + b(xy' + x'y) + 2cxx' + d(y + y')$$
$$+ e(x + x') + 2f = 0,$$

équation dans laquelle on doit remarquer la symétrie qui existe entre les coordonnées courantes et celles du point de contact.

Un autre point de la courbe, représenté par x'', y'', donnerait une équation analogue à la précédente. Soient α et β les coordonnées du point où se coupent les tangentes aux deux points représentés par x', y' et x'', y'', on aura donc

$$2a\beta y' + b(\alpha y' + x'\beta) + 2c\alpha x' + d(\beta + y') + e(\alpha + x') + 2f = 0,$$
$$2a\beta y'' + b(\alpha y'' + x''\beta) + 2c\alpha x'' + d(\beta + y'') + e(\alpha + x'') + 2f = 0.$$

Il en résulte que l'équation

$$2a\beta y + b(\alpha y + x\beta) + 2c\alpha x + d(\beta + y) + e(\alpha + x) + 2f = 0,$$

étant satisfaite pour les deux points de contact, sera celle de la droite qui joint ces points, c'est-à-dire de la polaire du point indiqué par α, β.

Mais ce dernier point est assujetti à être extérieur : prenons donc, sur la corde quelconque qui réunit les deux points de contact, un point intérieur représenté par x_1, y_1 ; menons par ce point une autre sécante arbitraire qui sera aussi la polaire d'un point extérieur représenté par α', β', et qui aura pour équation

$$2a\beta'y + b(\alpha'y + x\beta') + 2c\alpha'x + d(\beta' + y) + e(\alpha' + x) + 2f = 0.$$

Mais cette équation et la précédente pourraient s'écrire en remplaçant x et y par x_1, y_1, puisque les deux cordes passent au point ainsi indiqué. La relation qui en résulte étant donc vraie pour les deux points extérieurs est également vraie pour tous ceux de la droite qui les joint : on peut donc y remplacer les coordonnées particulières α et β, α' et β' par les coordonnées courantes x et y ; de sorte que

$$2axy_1 + b(xy_1 + x_1y) + 2cxx_1 + d(y + y_1) + e(x + x_1) + 2f = 0$$

sera l'équation de la polaire du point intérieur représenté par x_1, y_1.

Ainsi x' et y' étant les coordonnées d'un point de la courbe, d'un point extérieur ou intérieur, l'équation de la polaire correspondante sera toujours

$$2\,ayy' + b(xy' + x'y) + 2\,cxx' + d(y+y') + e(x+x') + 2f = 0,$$

ce qui s'écrit encore

$$y(2\,ay' + bx' + d) + x(2\,cx' + by' + e) + dy' + ex' + 2f = 0.$$

Si l'on demande l'équation de la polaire d'un point représenté par x', y', relativement à une conique donnée par une équation de la forme

$$a(y-q)^2 + b(x-p)(y-q) + c(x-p)^2 + d(y-q)$$
$$+ e(x-p) + f = 0,$$

on posera

$$x - p = x_1, \quad y - q = y_1,$$

c'est-à dire que l'on transportera l'origine au point représenté par p et q; alors aussi

$$x' - p = x'_1, \quad \text{et} \quad y' - q = y'_1.$$

L'équation de la courbe étant donc

$$ay_1^2 + bx_1y_1 + cx_1^2 + dy_1 + ex_1 + f = 0,$$

celle de la polaire sera

$$2\,ay_1y'_1 + b(x_1y'_1 + x'_1y_1) + 2\,cx_1x'_1 + d(y_1 + y'_1)$$
$$+ e(x_1 + x'_1) + 2f = 0.$$

Par conséquent, en revenant à la première origine, on a l'équation cherchée :

$$2\,a(y-q)(y'-q) + b[(x-p)(y'-q) + (x'-p)(y-q)]$$
$$+ 2\,c(x-p)(x'-p) + d(y+y'-2\,q) + e(x+x'-2p) + 2f = 0.$$

CHAPITRE IV.

PUISSANCE DES POINTS,, AXES RADICAUX.

I. — Définitions; construction de l'axe radical.

68. Trois points étant en ligne droite, nous appellerons, avec Steiner, *puissance* d'un de ces points relativement aux deux autres, *le produit des distances de ce premier point aux deux autres.*

Le produit sera positif si ces deux segments sont comptés dans le même sens, c'est-à-dire si le premier point est d'un même côté des deux autres : au contraire, ce produit sera négatif si le premier point est entre les deux autres.

69. On définira d'une manière analogue la *puissance d'un point relativement à un cercle.*

On sait, par un théorème de Géométrie élémentaire, que le produit des deux segments comptés sur une droite à partir d'un point quelconque jusqu'aux extrémités de la corde que cette droite détermine sur le cercle est constant, c'est-à-dire indépendant de la direction de la corde : donc, si ce point donné O est extérieur (*fig.* 27), *le produit sera égal au carré de la tangente* OA *menée de ce point.*

Pour un point intérieur O′, soit AO′ perpendiculaire sur CO′ : le produit en question sera $O'A.O'B = -\overline{O'A}^2$, car ces deux facteurs sont comptés en sens inverse.

On peut donc, dans tous les cas, prendre comme expression de ce produit, c'est-à-dire de la *puissance* du point, *le carré de la distance du point au centre, moins le carré du rayon.*

En effet,

$$\overline{OA}^2 = \overline{OC}^2 - R^2 \quad \text{et} \quad -\overline{O'A}^2 = \overline{O'C}^2 - R^2.$$

Il est clair que pour un point de la circonférence la puissance est nulle.

70. L'*axe radical* ou la *dishomologue* de deux cercles est le *lieu géométrique des points qui ont même puissance relati-vement à ces deux cercles.*

Nous allons voir que ce lieu est *une droite perpendiculaire à la ligne des centres.*

Soit M un point du lieu cherché (*fig.* 28) et P le pied de la perpendiculaire abaissée de ce point sur la ligne des centres CC'. Nous avons, par la définition (69),

$$\overline{MC}^2 - R^2 = \overline{MC'}^2 - R'^2.$$

Soit

$$R > R',$$

on posera

$$R^2 - R'^2 = \overline{MC}^2 - \overline{MC'}^2 = \overline{CP}^2 - \overline{C'P}^2,$$

en supprimant $\overline{MP}^2$ de part et d'autre, ce qui donne

$$R^2 - R'^2 = CC'(CP - C'P) \quad \text{et} \quad CP - C'P = \frac{R^2 - R'^2}{CC'}.$$

Mais déjà

$$CP + C'P = CC',$$

donc

$$CP = \frac{\overline{CC'}^2 + R^2 - R'^2}{2\,CC'} \quad \text{et} \quad C'P = \frac{\overline{CC'}^2 + R'^2 - R^2}{2\,CC'}.$$

Ainsi, la position du point P est constante, quel que soit le point M du lieu cherché : donc ce lieu est la perpendiculaire abaissée de M sur CC'.

71. L'axe radical peut être extérieur, tangent ou sécant aux deux cercles. Dans tous les cas, les points extérieurs de cet axe sont ceux par lesquels on peut, d'après la définition, *mener à ces deux cercles des tangentes égales.*

Observons encore que *si les cercles se coupent, la droite d'intersection est l'axe radical.* En effet, la puissance d'un point commun étant nulle pour les deux circonférences, ce point et son symétrique auront la même puissance.

De même, *si les cercles sont tangents, la tangente commune est l'axe radical.*

72. Quand les circonférences n'ont aucun point commun, intérieurement ou extérieurement, l'axe radical ne rencontre ni l'une ni l'autre, sans quoi l'on retomberait dans l'un des cas précédents; mais alors voici la construction nécessaire pour obtenir cette droite (*fig.* 28).

D'un centre D arbitraire, mais convenablement choisi, décrivez une circonférence qui coupe les cercles donnés suivant les cordes AB, A'B', et joignez ces cordes qui concourent en un point M de l'axe radical cherché. En effet, par rapport au cercle D, on a

$$MA.MB = MA'.MB';$$

donc le point M est d'égale puissance relativement aux cercles C et C' : il suffira d'abaisser MP perpendiculaire sur CC'.

73. Soit une sécante quelconque qui rencontre les circonférences aux points E et F, E' et F', et l'axe radical en N : on sait, d'après la définition, que $NE.NF = NE'.NF'$. Mais on peut concevoir que deux points d'une circonférence, tels que E et F, après s'être réunis en un seul, au moment où la transversale devient tangente au cercle C, deviennent imaginaires ; cela n'empêche pas le produit $NE.NF$ d'être toujours réel et égal à $NE'.NF'$. On peut même concevoir que la droite soit complétement extérieure aux deux cercles : les produits relatifs aux points imaginaires n'en seront pas moins réels et égaux à ceux que donneraient des sécantes, menées du même point de l'axe radical, de manière à couper l'une des circonférences, ou toutes les deux. L'équation

$$(x-a)^2+(y-b)^2 - mn = \lambda x,$$

où λ est variable, représente, avec des axes rectangulaires, tous les cercles qui ont l'axe des y pour axe radical, car $x = 0$ donne toujours

$$y = b \pm \sqrt{mn - a^2}.$$

74. On appelle *centre radical* de trois cercles *un point d'égale puissance par rapport à trois cercles donnés.* Pour faire voir que ce point existe, nous allons démontrer que *les axes radicaux de trois cercles, pris deux à deux, se coupent en un même point,* si les trois centres ne sont pas en ligne droite.

En effet, soit AB (*fig.* 29) l'axe radical des cercles C et C', EF celui de C, C″, et GH celui de C', C″ : le point O, où se coupent AB et EF, aura même puissance par rapport à C, C', C″ ; donc il sera aussi sur la droite GH.

Si les trois centres C, C', C″ étaient sur une même droite, les axes radicaux seraient parallèles, et le centre radical O serait à l'infini.

3.

II. — Cas particuliers.

75. Si l'un des cercles se réduit à un point pour $R' = 0$, il reste (70), en indiquant par O (*fig.* 27) le cercle ainsi réduit en point, et par P le pied de l'axe cherché,

$$CP = \frac{\overline{CO}^2 + R^2}{2\,CO}.$$

Quant à la construction connue (72), il suffira pour la modifier de décrire, du point arbitraire comme centre, une circonférence qui ait pour rayon la distance au cercle réduit en point : la tangente menée par ce point à ce cercle arbitraire coupera la corde obtenue sur la circonférence donnée en un point de l'axe radical.

Nous allons faire voir que *l'axe radical entre un cercle et un point passe au milieu de la distance entre ce point et sa polaire par rapport au cercle.* En effet, soit O ce point (*fig.* 27) et O' le pied de la polaire, on a (53)

$$CO' = \frac{R^2}{CO},$$

ce qui donne

$$CO - CO' = \frac{\overline{CO}^2 - R^2}{CO} = O'O.$$

Mais on a aussi

$$CO - CP = \frac{\overline{CO}^2 - R^2}{2\,CO} = PO;$$

ainsi

$$PO = \frac{1}{2}\,O'O,$$

ce qui démontre le théorème.

De plus, la propriété de l'axe radical commun au cercle C et au point O donne, en indiquant par H et H' les points où CO coupe la circonférence,

$$\overline{PO}^2 = PH.PH'.$$

Donc, par un théorème connu (26), les points O et O' divisent harmoniquement le diamètre HH'.

76. Voyons maintenant ce qui arrive quand *l'un des cercles* C' (*fig.* 28) *se réduit à une droite,* et cherchons d'abord comment un pareil changement peut avoir lieu. Soit G le point de la circonférence C′ situé sur CC′, le plus près du point C, et imaginons que le centre C′ s'éloigne de plus en plus en demeurant toujours sur cette droite GC′, où G reste fixe : le rayon C′G augmentant sans cesse devient infini quand C′ est à l'infini; c'est alors que *le cercle se réduit à la perpendiculaire menée du point G à GC.*

Cependant, comme le cercle est une courbe du second ordre, il faut ajouter que ce cercle se décompose dans l'ensemble de deux droites dont l'une est la perpendiculaire indiquée, et l'autre une seconde perpendiculaire qui sera à l'infini en même temps que l'autre extrémité H du diamètre GC′H.

Cela posé, et avant de faire cette hypothèse, remplaçons dans la valeur de CP (70) la distance CC′ par CG + R′; il en résultera

$$CP = \frac{\overline{CG}^2 + 2\,R'.CG + R^2}{2(CG + R')} = \frac{\dfrac{\overline{CG}^2 + R^2}{2\,R'} + CG}{\dfrac{CG}{R'} + 1}.$$

Maintenant, soit R′ = ∞ : il reste CP = CG, c'est-à-dire que *l'axe radical entre un cercle et une droite est cette droite elle-même.*

Il en serait de même évidemment pour *l'axe radical entre un point et une droite.*

77. Enfin, l'axe radical va à l'infini, c'est-à-dire qu'il n'existe pas, si CC′ = 0 : alors les cercles sont concentriques.

III. — Propriétés de quatre points conjugués.

78. *Quatre points A et B, C et D conjugués deux à deux étant situés sur la même droite, il existe toujours sur cette droite un point O d'égale puissance pour les deux systèmes.*

En effet, il est clair que si l'on construit des circonférences sur les distances AB et CD prises comme diamètres, le point O sera l'intersection de la droite donnée avec l'axe radical des deux cercles.

Cependant, si le milieu de AB coïncidait avec celui de CD,

les deux cercles étant concentriques, l'axe radical serait à l'infini, et il en serait de même pour le point O (**77**).

Il n'y a que trois combinaisons générales.

Deux points conjugués A et B sont consécutifs (*fig.* 3o), ou bien alternent avec les deux autres points C et D (*fig.* 31), ou encore enferment ces deux points (*fig.* 32).

Dans le premier cas, les cercles sont extérieurs, et le point O est entre les deux systèmes de points.

Dans le second cas, les cercles se coupent, et le point O est entre deux points de chaque système.

Enfin, dans le troisième cas, les cercles sont intérieurs, et le point O est en dehors des quatre points.

79. Dans la *fig.* 3o, si B et C coïncident, les cercles sont tangents extérieurement, et O se confond avec B et C.

Dans la *fig.* 31, il en est de même si B et C coïncident; mais si A et C se confondent, les cercles sont tangents intérieurement en A, où se réunit aussi le point O.

La coïncidence de A et de C produit encore le même effet dans la *fig.* 32; mais si C et B coïncident, c'est-à-dire si le cercle intérieur se réduit à un point, il n'en résulte rien de particulier pour la position du point O.

80. *Le rapport des distances du centre O d'égale puissance, à deux points conjugués A et B, est égal au rapport des puissances de ces points relativement aux autres points conjugués C et* D.

Ainsi l'on doit avoir

$$\frac{OA}{OB} = \frac{AC.AD}{BC.BD}, \quad \text{ou} \quad \frac{AO}{BO} = \frac{AC.AD}{BC.BD}.$$

D'après le principe du n° **1**, on reconnaît à l'inspection des *fig.* 3o, 31 et 32 que cette formule se vérifie toujours pour les signes; il n'y a donc plus qu'à considérer les valeurs numériques.

L'égalité OA.OB = OC.OD donne

$$\frac{OA}{OC} = \frac{OD}{OB} \quad \text{et} \quad \frac{OB}{OC} = \frac{OD}{OA}.$$

En ajoutant de part et d'autre l'unité à ces formules (*fig.* 3o et 31), on trouve

$$\frac{AC}{OC} = \frac{BD}{OB} \quad \text{et} \quad \frac{BC}{OC} = \frac{AD}{OA}.$$

Divisant ces deux dernières égalités l'une par l'autre, on obtient

$$\frac{AC}{BC} = \frac{BD.OA}{AD.OB},$$

d'où l'on tire la formule indiquée. Dans la démonstration relative à la *fig.* 32, la seule différence est qu'il faut retrancher l'unité de part et d'autre, dans les deux proportions, au lieu de l'ajouter.

IV. — PROPRIÉTÉS DE L'AXE RADICAL.

81. La construction de l'axe radical (72) démontre d'une manière inverse le théorème que voici :

Si d'un même point M *de l'axe radical on mène une sécante qui coupe le premier cercle en* A *et* B, *et une autre qui coupe le second en* A′ *et* B′, *ces quatre points sont sur une même circonférence de centre* D (*fig.* 28).

On peut encore résoudre le problème suivant :

Par un point donné A′ *faire passer un cercle qui ait une droite donnée* MP *pour axe radical avec un cercle donné* C.

Si MP coupait le cercle C, il suffirait de faire passer par ces points d'intersection et par le point A′ la circonférence demandée.

Sinon, du point M pris arbitrairement sur MP (*fig.* 28), menez au cercle C la sécante quelconque AB ; par les points A et B et par le point A′ faites passer une circonférence de centre D qui sera encore coupée en B′ par MA′ ; le centre cherché C′ sera à l'intersection de la perpendiculaire abaissée du point D sur MA′ avec la perpendiculaire abaissée du centre C sur MP.

82. *Les polaires d'un point de l'axe radical concourent sur cet axe* (*fig.* 33).

La polaire DE du point M relativement au cercle C est le lieu des conjugués harmoniques de M par rapport aux points de cette circonférence. Donc DE passe au point N, conjugué de M relativement aux points A et B, communs aux deux circonférences ; il en sera de même pour l'autre polaire D'E', ce qui démontre le théorème.

La figure suppose A et B réels ; on étendra la démonstration au cas où ces points seraient imaginaires, par le principe général de *continuité*, qui sera établi à la fin du septième chapitre (179).

83. *Étant données deux circonférences, si de chaque point de l'une on mène une tangente à la seconde et une perpendiculaire à leur axe radical, le carré de la tangente sera à la perpendiculaire dans un rapport constant* (*fig.* 34).

En effet, une transversale rencontre la première circonférence en m et m', la seconde en a et a' et l'axe radical en ω. On aura donc (80)

$$\frac{m\omega}{m'\omega} = \frac{ma \cdot ma'}{m'a \cdot m'a'};$$

mais soient mt, $m't'$ les tangentes au second cercle, on sait que

$$ma \cdot ma' = \overline{mt}^2, \quad m'a \cdot m'a' = \overline{m't'}^2.$$

De plus, soient mp, $m'p'$ perpendiculaires sur l'axe radical, il est clair que

$$\frac{m\omega}{m'\omega} = \frac{mp}{m'p'}:$$

donc

$$\frac{\overline{mt}^2}{\overline{m't'}^2} = \frac{mp}{m'p'}, \quad \text{ou} \quad \frac{\overline{mt}^2}{mp} = \frac{\overline{m't'}^2}{m'p'},$$

ce qui démontre la proposition

84. Prenant pour centre un point quelconque ω de l'axe radical de deux cercles (*fig.* 35) et pour rayon la longueur ωt des tangentes que l'on peut, de ce point, mener aux deux cercles (71), il est clair que les quatre points de contact seront sur la circonférence ainsi décrite : de plus, *cette circonférence coupera la ligne des centres en deux points constants.*

En effet, soient e, f ces deux points, et O le pied de l'axe sur Cc : nous aurons

$$Oe \cdot Of = -\overline{Oe}^2 = Od \cdot Od',$$

en indiquant par d et d' les points où l'axe coupe la circonférence de centre ω. La figure donnerait, abstraction faite du signe,

$$O d . O d' = (\omega d + \omega O)(\omega d - \omega O) = \overline{\omega d}^2 - \overline{\omega O}^2.$$

ou bien, en rétablissant le signe,

$$O d . O d' = \overline{\omega O}^2 - \overline{\omega d}^2,$$

et encore

$$\overline{O e}^2 = \overline{\omega d}^2 - \overline{\omega O}^2.$$

Mais

$$\overline{\omega d}^2 = \overline{\omega t}^2 = \overline{\omega C}^2 - \overline{C t}^2 = \overline{\omega C}^2 - \overline{C a}^2;$$

ici a et a' sont les extrémités du diamètre aCa'.

Alors

$$\overline{O e}^2 = \overline{\omega C}^2 - \overline{C a}^2 - \overline{\omega O}^2 :$$

mais

$$\overline{\omega C}^2 - \overline{\omega O}^2 = \overline{CO}^2;$$

donc

$$\overline{O e}^2 = \overline{CO}^2 - \overline{C a}^2 = (OC + Ca')(OC - aC),$$

et enfin

$$\overline{O e}^2 = O a' . O a.$$

On voit donc que le point e est constant, ainsi que son symétrique f. De plus, l'équation que l'on vient d'obtenir montre que ces points divisent harmoniquement le diamètre aa' du cercle de centre C (**26**). On parviendrait au même résultat pour l'autre cercle de centre c; donc *ces points sont conjugués harmoniques par rapport aux diamètres des deux cercles.*

On dit quelquefois, pour abréger, qu'ils sont *conjugués par rapport aux deux cercles.* Il existe toujours sur l'axe radical une infinité de points d'où l'on peut mener des tangentes réelles; mais les points e et f peuvent se réunir en un seul ou être imaginaires. Pour le premier cas,

$$O e = O f = 0;$$

donc

$$O a = 0,$$

c'est-à-dire que les cercles sont tangents. Le second cas a lieu si les cercles se coupent (*voir* n° 219).

85. Observons, comme corollaire, que les cercles décrits des différents points de l'axe, pris pour centres, et *ayant chacun pour rayon la longueur de la tangente que l'on peut, de chaque centre, mener aux cercles donnés*, auront pour axe radical commun la ligne des centres de ces deux cercles, puisqu'ils la coupent toujours aux deux mêmes points, réels ou imaginaires.

CHAPITRE V.

RAPPORT ANHARMONIQUE, DIVISION HOMOGRAPHIQUE.

I. — Rapports anharmoniques de quatre points en ligne droite.

86. Considérons quatre points en ligne droite, a, b, c, d (*fig.* 36), et regardons-les comme conjugués deux à deux; par exemple, a et b, c et d. On appelle *fonction* ou *rapport anharmonique* une expression telle que $\dfrac{ac}{ad} : \dfrac{bc}{bd}$; *c'est le rapport des distances d'un point du premier système à ceux du second, divisé par le rapport analogue pour le deuxième point du premier système.*

Ces quatre points forment six segments ab, ac, ad, bc, bd, cd, dont quatre entrent dans le rapport anharmonique qui, ainsi qu'on l'a vu, *contient les quatre points;* on pourra donc toujours prendre pour point de départ un quelconque de ces points, tel que a.

87. Le point a peut être conjugué avec b, avec c ou avec d, ce qui donne les trois rapports

$$\lambda = \frac{ac}{ad} : \frac{bc}{bd}, \quad \lambda_1 = \frac{ad}{ab} : \frac{cd}{cb}, \quad \lambda_2 = \frac{ab}{ac} : \frac{db}{dc}.$$

Pour reconnaître ce qui a dirigé la formation de ces rapports, et pourquoi le second, par exemple, est écrit $\dfrac{ad}{ab} : \dfrac{cd}{cb}$, au lieu de $\dfrac{ab}{ad} : \dfrac{cb}{cd}$, il faut voir que les points sont conjugués comme il suit :

$$a \quad \text{et} \quad b, \quad c \quad \text{et} \quad d,$$
$$a \quad \text{et} \quad c, \quad d \quad \text{et} \quad b,$$
$$a \quad \text{et} \quad d, \quad b \quad \text{et} \quad c.$$

Le premier arrangement étant pris arbitrairement en suivant l'ordre alphabétique, il faut éviter que la lettre d soit au dernier rang dans le second, comme elle l'est dans le premier; la notation précédente conserve la symétrie par une permutation tournante entre b, c et d.

88. Il est vrai qu'on pourrait encore disposer les lettres ainsi :

$$a \quad \text{et} \quad b, \quad d \quad \text{et} \quad c,$$
$$a \quad \text{et} \quad c, \quad b \quad \text{et} \quad d,$$
$$a \quad \text{et} \quad d, \quad c \quad \text{et} \quad b,$$

ce qui donne les rapports

$$\lambda' = \frac{ad}{ac} : \frac{bd}{bc}, \quad \lambda'_1 = \frac{ab}{ad} : \frac{cb}{cd}, \quad \lambda'_2 = \frac{ac}{ab} : \frac{dc}{db}.$$

Mais il est clair que $\lambda\lambda' = \lambda_1\lambda'_1 = \lambda_2\lambda'_2 = 1$; ainsi ces trois nouveaux rapports sont les inverses des premiers, que nous considérerons uniquement comme les seuls rapports distincts.

89. On peut prendre pour point de départ un quelconque des quatre points de la droite, au lieu de a, et l'on retrouvera toujours les mêmes rapports anharmoniques.

Ainsi, changeons un point dans son conjugué, et réciproquement, c'est-à-dire a en b et b en a, le rapport λ deviendra

$$\frac{bc}{bd} : \frac{ac}{ad} = \frac{ad}{ac} : \frac{bd}{bc} = \lambda'.$$

Si l'on changeait deux points conjugués a et b dans les deux autres conjugués c et d, et réciproquement, λ se transformerait comme il suit :

$$\frac{ca}{cb} : \frac{da}{db} = \frac{ca}{da} : \frac{cb}{db} = \frac{ac}{ad} : \frac{bc}{bd} = \lambda,$$

c'est-à-dire que λ reste ce qu'il était.

90. Nous pouvons donc toujours, sans nuire à la généralité, admettre que l'on prend pour point de départ l'une des extrémités a de la droite, de sorte que ab, ac et ad seront positifs. Il ne restera plus à comparer que les positions relatives des autres points b, c, d, ce qui fera voir que *deux des rapports anharmoniques sont positifs et que le troisième est négatif*.

En effet, considérons les *fig.* 3o, 3ı et 3ʒ (où nous imagine-

rons que les grandes lettres sont remplacées par des petites).
Il sera facile de vérifier que la *fig.* 30 donnera

$$\lambda > 0, \quad \lambda_1 < 0, \quad \lambda_2 > 0;$$

pour la *fig.* 31,

$$\lambda < 0, \quad \lambda_1 > 0, \quad \lambda_2 > 0;$$

et enfin, pour la *fig.* 32,

$$\lambda > 0, \quad \lambda_1 > 0, \quad \lambda_2 < 0.$$

L'inspection de ces figures montre encore que, *pour le rapport négatif, deux points conjugués alternent avec les deux autres.*

91. On pourra toujours résoudre le problème suivant :
Connaissant un rapport anharmonique λ de quatre points et trois de ces points, trouver le quatrième.

Si b est inconnu dans l'expression

$$\lambda = \frac{ac}{ad} : \frac{bc}{bd} = \frac{ac \cdot bd}{ad \cdot bc},$$

on en tire

$$\frac{bd}{bc} = \lambda \cdot \frac{ad}{ac}.$$

Si d et c sont du même côté de b, ce que l'on voit par le signe positif du second membre, on pose

$$bd = bc - dc,$$

ce qui est toujours vrai, même si c est entre b et d, car alors

$$- dc = + cd.$$

Si, au contraire, $\dfrac{bd}{bc} < 0$, le point b étant compris entre d et c, on aurait

$$db = dc - bc,$$

ce qui revient encore à substituer $bd = bc - dc$. On aura donc, dans tous les cas,

$$1 - \frac{dc}{bc} = \lambda \cdot \frac{ad}{ac},$$

ce qui donne le point b.

92. Cette solution serait illusoire si le point inconnu b devait se confondre avec un des trois autres : c'est ce qui arriverait dans trois circonstances :

$$\text{si } \lambda = 0, \quad bd = 0, \quad \text{et} \quad b \text{ se confond avec } d,$$

$$\text{si } \lambda = \infty, \quad bc = 0, \quad \text{et} \quad b \text{ se confond avec } c;$$

enfin, si $\lambda = 1$, il reste

$$\frac{bd}{bc} = \frac{ad}{ac},$$

ce qui ne peut se vérifier que si b se confond avec a.

Ainsi, un rapport anharmonique peut avoir toutes les valeurs positives et négatives, excepté 0, $\pm\infty$, et $+1$.

93. *Lemme.* — Quelle que soit la position relative de quatre points a, b, c, d, en ligne droite, *on a la relation*

$$ab.cd + ac.db + ad.bc = 0.$$

Supposons cette propriété démontrée pour une position quelconque des quatre points, elle sera vraie pour toute autre position relative. En effet, si l'on change, par exemple, a en b et b en a, l'équation deviendra

$$ba.cd + bc.da + bd.ac = 0,$$

ou bien, en changeant les signes (1),

$$ab.cd + bc.ad + db.ac = 0,$$

ce qui revient à l'égalité déjà supposée.

Il suffira donc de considérer un cas quelconque, par exemple (*fig.* 36) celui où les points se suivent dans l'ordre alphabétique. Tout se réduira à une vérification facile en posant

$$cd = ad - ac, \quad db = da - ba, \quad bc = ac - ab.$$

Donc la relation est générale; on reconnaît, dans la manière dont elle est écrite, la permutation déjà employée (87).

94. *Relations entre les trois rapports anharmoniques.* — On a trouvé (87), pour expressions de ces trois rapports,

$$\lambda = \frac{ac.bd}{ad.bc}, \quad \lambda_1 = \frac{ad.cb}{ab.cd}, \quad \lambda_2 = \frac{ab.dc}{ac.db}.$$

On constate d'abord que $\lambda\lambda_1\lambda_2 = -1$. En effet, dans ce produit, les longueurs ac, ab, ad se détruisent en haut et en bas. De même, bd et db, bc et cb, cd et dc se détruisent, mais avec trois changements de signe qui donnent le signe $-$ au produit.

D'ailleurs, si nous posons

$$ab.cd = m, \quad ac.db = n, \quad ad.bc = p,$$

ce qui donne, d'après le lemme précédent,

$$m + n + p = 0,$$

on voit que

$$\lambda = \frac{-n}{p}, \quad \lambda_1 = \frac{-p}{m}, \quad \lambda_2 = \frac{-m}{n}.$$

Alors

$$\frac{1}{\lambda_1} = \frac{-m}{p} \quad \text{et} \quad \lambda + \frac{1}{\lambda_1} = \frac{-(m+n)}{p} = 1.$$

On aura de même

$$\lambda_1 + \frac{1}{\lambda_2} = 1, \quad \lambda_2 + \frac{1}{\lambda} = 1.$$

On a aussi

$$\frac{1}{\lambda_1} = 1 - \lambda, \quad \lambda_2 = 1 - \frac{1}{\lambda}.$$

95. *Cas particulier du rapport harmonique.* — Supposons, pour fixer les idées, que λ soit celui des trois rapports qui est négatif, et prenons, comme cas particulier, $\lambda = -1$: alors

$$\frac{ac.bd}{ad.bc} = -1,$$

et nous avons vu (90) que les points conjugués a et b alternent avec c et d. Du reste, la relation indiquée revient à

$$ac.bd = ad.cb,$$

c'est-à-dire (23) que ces points donnent une division harmonique.

On trouvera encore, d'après le numéro précédent,

$$\lambda_1 = \frac{1}{2}, \quad \lambda_2 = 2.$$

II. — Faisceau de quatre ou plusieurs droites.

96. Avant de considérer un faisceau complet de quatre droites, nous démontrerons le lemme suivant :

Trois droites partant d'un même point déterminent sur les côtés d'un angle des rapports anharmoniques égaux, à partir du sommet de cet angle (fig. 37).

Soient OB, OC, OD les droites qui coupent en b et β, en c et γ, en d et δ les côtés de l'angle a; du point b, que nous prendrons comme conjugué de a dans le rapport anharmonique que nous voulons démontrer, menons à $a\beta$ la parallèle qui coupe OC en c_1 et OD en d_1. Les triangles semblables bcc_1, $ac\gamma$ donneront

$$bc_1 = \frac{a\gamma . bc}{ac}.$$

De même, les triangles bdd_1, $ad\delta$ donneront

$$bd_1 = \frac{a\delta . bd}{ad}.$$

Cela posé, nous avons aussi

$$\frac{bc_1}{Ob} = \frac{\beta\gamma}{O\beta}, \quad \frac{bd_1}{Ob} = \frac{\beta\delta}{O\beta}.$$

Comparant les deux expressions du rapport $\dfrac{bc_1}{bd_1}$, on a

$$\frac{\beta\gamma}{\beta\delta} = \frac{a\gamma . bc}{a\delta . bd} : \frac{ac}{ad},$$

ce qui revient à

$$\frac{a\gamma}{a\delta} : \frac{\beta\gamma}{\beta\delta} = \frac{ac}{ad} : \frac{bc}{bd};$$

ainsi le lemme est démontré.

On a conjugué a avec b et β : comme les rapports anharmoniques obtenus en conjuguant a avec c ou avec d d'un côté, avec γ et δ de l'autre, se déduisent des premiers (94), deux rapports analogues sont toujours égaux.

97. Une égalité de rapports anharmoniques, telle que celle qui est écrite ci-dessus, prouve réciproquement que βb, γc et δd *concourent en un même point*. En effet, soit O le point où concourent γc et δd, et joignons βO qui coupe ad en un point pour lequel l'égalité précédente devra être aussi satisfaite. Ce point sera le point b lui-même, puisqu'il n'y a qu'une seule solution pour cette égalité $\dfrac{ac}{ad} : \dfrac{bc}{bd} = \lambda$ (19).

On pourra trouver ou vérifier ainsi la condition nécessaire pour que trois droites données par leurs équations relatives aux axes ad, $a\delta$ concourent en un même point.

98. D'après le lemme précédent, il sera facile de démontrer le théorème fondamental que voici :

Un faisceau de quatre droites partant d'un même point est coupé par une transversale quelconque suivant un rapport anharmonique constant (fig. 37).

Ainsi soient OA, OB, OC, OD quatre droites coupées par deux sécantes aux points a, b, c, d et a', b', c', d', il faut prouver que l'on a

$$\frac{ac}{ad} : \frac{bc}{bd} = \frac{a'c'}{a'd'} : \frac{b'c'}{b'd'}.$$

Pour le démontrer menons d'un point a de l'une des sécantes une parallèle à l'autre, et qui coupe les trois autres droites aux points β, γ, δ. Nous avons trouvé (96)

$$\frac{ac}{ad} : \frac{bc}{bd} = \frac{a\gamma}{a\delta} : \frac{\beta\gamma}{\beta\delta}.$$

Mais soit r le rapport commun des côtés Oa et Oa', $O\beta$ et Ob', $O\gamma$ et Oc', $O\delta$ et Od', les triangles semblables donneront évidemment

$$a\gamma = r.a'c', \quad a\delta = r.a'd', \quad \beta\gamma = r.b'c', \quad \beta\delta = r.b'd'.$$

On obtient donc l'équation indiquée.

On sait que les autres rapports anharmoniques se déduisent des premiers; ils sont donc aussi égaux deux à deux.

99. L'égalité des rapports anharmoniques de deux transversales, étant nécessaire pour établir le concours de trois droites en un point (97), ne peut suffire à prouver que, réciproquement à ce qu'on vient de démontrer, les droites aa', bb', cc', dd' concourent en un même point O; il faudra y joindre l'égalité analogue pour une troisième sécante.

4

100. *Cas particuliers.* — Il peut se faire qu'une transversale soit parallèle à l'une des quatre droites ; alors l'un des points a', b', c', d' est à l'infini. Si c'est, par exemple, le point b', on voit que $\dfrac{b'c'}{b'd'} = 1$, ces distances infinies devant être considérées comme égales; alors il reste

$$\frac{a'c'}{a'd'} = \frac{ac}{ad} : \frac{bc}{bd}.$$

De même, soit d à l'infini ; le rapport anharmonique se mettant sous la forme

$$\frac{ac}{bc} \cdot \frac{bd}{ad} = \frac{a'c'}{b'c'} \cdot \frac{b'd'}{a'd'},$$

il reste

$$\frac{ac}{bc} = \frac{a'c'}{b'c'} \cdot \frac{b'd'}{a'd'}.$$

Si la première transversale est parallèle à OD et la seconde à OB, les points d et b' sont à l'infini, et il reste

$$\frac{ac}{bc} = \frac{a'c'}{a'd'}.$$

101. *Faisceaux homográphiques.* — La *fig.* 37 donne

$$\frac{ac}{Oa} = \frac{\sin(A,C)}{\sin c}, \quad \frac{ad}{Oa} = \frac{\sin(A,D)}{\sin d}, \quad \frac{bd}{Ob} = \frac{\sin(B,D)}{\sin d},$$

$$\frac{bc}{Ob} = \frac{\sin(B,C)}{\sin c};$$

de sorte que le rapport anharmonique $\dfrac{ac}{ad} : \dfrac{bc}{bd}$ devient

$$\frac{\sin(A,C)}{\sin(A,D)} : \frac{\sin(B,C)}{\sin(B,D)}.$$

On aura la même valeur pour exprimer $\dfrac{a'c'}{a'd'} : \dfrac{b'c'}{b'd'}$, ce qui démontre de nouveau l'égalité

$$\frac{ac}{ad} : \frac{bc}{bd} = \frac{a'c'}{a'd'} : \frac{b'c'}{b'd'}.$$

Mais ce qu'il faut surtout observer, c'est que le rapport anharmonique de sinus caractérise le faisceau, puisque deux faisceaux de quatre droites pour lesquels cette relation de sinus a la même valeur, sont coupés par des transversales suivant le même rapport anharmonique. On dit alors que ces faisceaux sont *homographiques*.

Nous pouvons considérer aussi des faisceaux formés par plus de quatre droites partant d'un même point ; on les disposera quatre à quatre pour avoir leurs rapports anharmoniques.

Étant donnés deux faisceaux d'un même nombre de droites, si les droites de même ordre donnent de part et d'autre des rapports anharmoniques égaux, ces faisceaux sont toujours *homographiques*. Par exemple, il est clair que *deux faisceaux sont homographiques lorsqu'ils sont composés des mêmes angles disposés dans le même ordre*.

Comme une ligne d'un faisceau doit toujours être considérée de part et d'autre du sommet, et que deux couples de droites dont les côtés sont respectivement perpendiculaires, font toujours un angle égal, on voit aussi que *deux faisceaux sont homographiques lorsqu'ils sont formés par un même nombre de droites respectivement perpendiculaires et disposées dans le même ordre*.

III. — Droites divisées homographiquement.

102. On dit que deux droites sont *divisées homographiquement* lorsqu'on a marqué sur chacune d'elles une série de points tels, que quatre points d'une droite donnent le même rapport anharmonique que leurs correspondants de l'autre droite.

Ainsi, prenons sur l'une des droites (*fig.* 38) les points a, b, c, d, e,..., et sur l'autre les points correspondants a', b', c', d', e',..., ces droites seront divisées homographiquement si quatre points de l'une, tels que a, b, c, d, comparés à leurs correspondants de l'autre, donnent une égalité telle que

$$\frac{ac}{ad} : \frac{bc}{bd} = \frac{a'c'}{a'd'} : \frac{b'c'}{b'd'}.$$

Il résulte de là que *deux droites divisées homographiquement serviront de bases à deux faisceaux homographiques,
quels que soient les sommets de ces faisceaux.*

103. La *fig.* 38 généralise la *fig.* 37 dans laquelle la droite
aa' concourt avec bb', cc',.... Cela tient à ce que, dans cette
fig. 37, le point S où se coupent les deux droites ab, $a'b'$ est
son correspondant à lui-même sur chacune d'elles. Mais il
n'en est plus ainsi dans la *fig.* 38, où les droites aa', bb',...,
ne concourent plus en un même point; c'est ce que nous
avions déjà indiqué (99); du reste, il est facile de ramener
cette figure à la précédente, ce qui permettra de *vérifier si deux
droites données sont divisées homographiquement.*

Pour cela, d'un point a de la ligne Sa (*fig.* 38) menons
à Sa' la parallèle $a\beta$, sur laquelle nous porterons $a\beta = a'b'$,
$a\gamma = a'c'$,...; le point a étant son correspondant à lui-même
sur les droites ab, $a\beta$, les lignes $b\beta$, $c\gamma$, $d\delta$,... concourront
en un point O, si la division harmonique existe en effet.

Cela posé, et étant donné un point e sur l'une des droites,
on trouvera son correspondant e' sur l'autre droite; il suffira
de joindre Oe qui coupera $a\beta$ en ε, et de mener à aa',
du point ε, une parallèle qui coupera $a'b'$ au point cherché e'.

104. Si nous avons considéré plus de points dans la *fig.* 38
que dans la *fig.* 37, c'était pour montrer que la division homographique s'étendait à un nombre indéfini de points correspondants sur chacune des droites; du reste, cette *fig.* 38
fait voir *combien de points il faut considérer, dans la division homographique de deux droites, pour établir le rapport
anharmonique qui leur est commun.*

Il est facile de reconnaître qu'il suffit pour cela de *trois couples de points correspondants sur chaque droite,* sauf à prendre
sur l'une d'elles un point arbitraire.

En effet, soient a et a', b et b', c et c' les points correspondants donnés (*fig.* 38); menons la parallèle $a\beta$ à $a'b'$, et
$b'\beta$, $c'\gamma$ parallèles à aa' jusqu'à la rencontre de $a\beta$, puis joignons βb, γc qui se coupent en O. Enfin, soit d le point arbitraire pris sur ab; Od coupera $a\beta$ en δ, et $\delta d'$ parallèle à aa'
déterminera d', correspondant de d.

On obtiendra donc ainsi

$$\lambda = \frac{ac}{ad} : \frac{bc}{bd} = \frac{a'c'}{a'd'} : \frac{b'c'}{b'd'}.$$

Dans cette valeur on voit en effet que d, étant pris arbitrairement, suffit pour trouver d'.

Ainsi se trouve résolu le problème suivant :

Connaissant quatre points sur une première droite et les correspondants des trois premiers sur une seconde, trouver le correspondant du dernier.

105. *Points correspondants à l'infini.* — Deux droites étant divisées homographiquement aux points a, b, c, d,... et a', b', c', d',..., un point de l'une a toujours son correspondant sur l'autre. Cherchons donc, sur la première droite, le correspondant d'un point situé à l'infini sur la seconde; nous avons déjà indiqué cette question (100).

Soit donc b' celui des points de la seconde droite qui passe à l'infini, et indiquons par I, au lieu de b, le point correspondant. En égalant, comme on doit le faire, les expressions de λ, λ_1, λ_2 (94), avec les mêmes expressions accentuées et observant que, dans ces dernières, le rapport de deux longueurs infinies doit être considéré comme égal à l'unité, on obtiendra

$$\frac{ac}{ad}\cdot\frac{Id}{Ic} = \frac{a'c'}{a'd'}, \qquad \frac{ad}{cd}\cdot\frac{cI}{aI} = \frac{a'd'}{c'd'}, \qquad \frac{dc}{ac}\cdot\frac{aI}{dI} = \frac{d'c'}{a'c'}.$$

Puisque les trois rapports anharmoniques se déduisent les uns des autres, ces expressions donnent la même position pour le point I.

De même, si nous imaginons qu'un point b de la première droite passe à l'infini, appelons J' son correspondant sur la seconde, nous aurions, pour déterminer J', des expressions analogues aux précédentes et qu'il serait facile d'écrire.

Nous pouvons observer que la connaissance d'un point *correspondant de l'infini*, tel que I, équivaut à la connaissance de deux points correspondants, tels que b et b'. En effet, connaissant a et a', c et c' avec I et un point arbitraire d de l'une des droites, une relation telle que $\dfrac{ac}{ad}\cdot\dfrac{Id}{Ic} = \dfrac{a'c'}{a'd'}$ donnera le point d', correspondant de d. Réciproquement, trois couples correspondants a, c, d et a', c', d' détermineront le point I au moyen de la relation précédente, et l'on aura de même le point J'.

Si, de plus, dans cette relation, nous admettons que c passe à l'infini, on sait que c' se confondra avec J', et il restera

$$\frac{\mathrm{I}d}{ad} = \frac{a'\,\mathrm{J}'}{a'\,d'}.$$

Les formules écrites ci-dessus donneront aussi

$$\frac{ad}{a\,\mathrm{I}} = \frac{a'\,d'}{\mathrm{J}'\,d'}, \quad \text{et} \quad \frac{a\,\mathrm{I}}{d\,\mathrm{I}} = \frac{d'\,\mathrm{J}'}{a'\,\mathrm{J}'}.$$

Quoi qu'il en soit, on voit que les points I et J' étant donnés, un seul système de points correspondants a et a' suffit pour trouver le correspondant d' d'un point arbitraire d.

106. *Points doubles.* — Jusqu'à présent les deux droites ont été prises d'une manière quelconque. Supposons maintenant qu'elles se confondent, c'est-à-dire que deux divisions homographiques distinctes soient prises sur la même droite : tout ce qui a été dit précédement s'applique encore ici.

Nous prendrons, comme origine, un point quelconque a de l'une des divisions; son correspondant sur l'autre sera a', et nous représenterons encore par I et J' les *points correspondants de l'infini*. Cela posé, on demande de trouver un point d qui se confonde avec son correspondant d', c'est-à-dire *qui soit à lui-même son correspondant sur la direction commune.*

Dans ce cas particulier, l'une des égalités du numéro précédent devient $\dfrac{ad}{a\,\mathrm{I}} = \dfrac{a'\,d}{\mathrm{J}'\,d}$. Pour fixer les idées, supposons, comme on peut toujours le faire (90), que ad et $a\mathrm{I}$ soient positifs; $a'd$ et $\mathrm{J}'d$ seront de même signe, c'est-à-dire que a' et J' seront du même côté de d. Alors

$$ad = a\mathrm{J}' + \mathrm{J}'d = aa' + a'd,$$

car on peut même supposer (90) que le point a laisse tous les autres d'un même côté de la droite; du reste, s'il en était autrement, nous savons que les formules n'en seraient pas moins générales.

Pour faire partir toutes les lignes du point a, comme nous l'avons dit, nous écrirons, d'après les formules précédentes,

$$J'd = ad - aJ' \quad \text{et} \quad a'd = ad - aa'.$$

Substituant ces valeurs dans le rapport $\dfrac{ad}{aI} = \dfrac{a'd}{J'd}$, et réduisant, on a l'équation

$$\overline{ad}^2 - ad(aJ' + aI) + aI.aa' = 0.$$

Soit O le milieu de la distance IJ', il est facile de reconnaître que l'on a toujours

$$aO = \frac{aJ' + aI}{2};$$

donc

$$\overline{ad}^2 - 2aO.ad + aI.aa' = 0.$$

Cette équation, étant du second degré, montre qu'il y a deux solutions : ces points e, f s'appellent des *points doubles;* mais il est clair qu'ils peuvent être imaginaires. Cependant, même dans ce cas, la somme et le produit de leurs distances au point fixe a serait toujours $2aO$ et $aI.aa'$.

On comprend que les points doubles, comme les points correspondants à l'infini, comptent chacun pour deux points dans la détermination du rapport anharmonique. Du reste, ces points doubles étant e et f, mettons-les à la place de c et c', d et d', dans l'expression d'un rapport anharmonique; il en résulte

$$\frac{ae}{af} : \frac{be}{bf} = \frac{a'e}{a'f} : \frac{b'e}{b'f},$$

d'où

$$\frac{be}{bf} : \frac{b'e}{b'f} = \frac{ae}{af} : \frac{a'e}{a'f};$$

c'est-à-dire que la quantité $\dfrac{be}{bf} : \dfrac{b'e}{b'f}$ est *constante*, quels que soient les points correspondants b et b'.

107. *Construction des points doubles.* — L'origine a étant arbitraire, mettons-la au point O, milieu de IJ', et qui donne

$$aO = 0 \quad \text{et} \quad aI = OI = -OJ';$$

d'ailleurs, soit O', dans la seconde série de points, le correspondant de O dans le premier, l'équation se réduit alors à

$$\overline{Od}^2 - OJ'.OO' = o, \quad \text{d'où} \quad Od = \pm \sqrt{OJ'.OO'}.$$

Ainsi, ces points e, f sont à égale distance de part et d'autre du point O.

Les points doubles coïncident si $OO' = o$; alors e et f se réduisent au point O.

On peut concevoir encore que l'un des points doubles f aille à l'infini. Alors, la relation précédemment obtenue (106), qui peut s'écrire $\dfrac{be}{b'e} : \dfrac{bf}{b'f} =$ const., revient à $\dfrac{be}{b'e} =$ const.

C'est ce qu'on appelle le cas de deux divisions semblables.

Pour concevoir le sens géométrique de ce cas particulier, prenons e pour point de départ, et imaginons que, l'une des droites restant fixe, l'autre tourne autour de ce point e d'un angle quelconque; la relation $\dfrac{eb}{eb'} = \dfrac{ec}{ec'} = \ldots$ indique que les droites bb', cc' sont parallèles.

Pour trouver ce point unique e, un seul couple de points correspondants b et b' suffira si le rapport de proportionnalité est donné; alors, en effet, $\lambda = \dfrac{be}{b'e}$ fera connaître e.

Si λ n'est pas donné, il faut avoir deux autres points correspondants a et a'; l'égalité

$$\frac{ae}{a'e} = \frac{be}{b'e} \quad \text{ou bien} \quad \frac{ae}{be} = \frac{a'e}{b'e} \quad \text{donne} \quad \frac{ab}{be} = \frac{a'b'}{b'e'},$$

ce qui suffit pour déterminer e.

IV. — APPLICATION AUX DROITES ET AUX FAISCEAUX HOMOGRAPHIQUES.

108. Si l'on joint un point quelconque aux deux séries de points qui divisent homographiquement une droite donnée, les rayons menés aux points doubles s'appellent des *rayons doubles*, car chacun d'eux est évidemment son correspondant à lui-même; ils deviennent imaginaires en même temps que les points doubles.

Ainsi, il ne peut y avoir de rayons doubles que dans les faisceaux de même sommet. Il n'existe donc aucun rapport entre ces rayons et le *rayon commun* de deux faisceaux homographiques qui ont des sommets différents O et O'.

Ce rayon commun est nécessairement unique puisqu'il ne peut être que la ligne OO' elle-même.

109. En supposant, de plus, que OO' soit son homologue à lui-même, nous allons démontrer le théorème suivant :

Si deux faisceaux homographiques sont placés de manière que la droite qui joint leurs sommets soit son homologue à elle-même, les droites homologues, de part et d'autre, se couperont sur des points en ligne droite (*fig.* 39) (*).

Supposons donc que la ligne des sommets O et O' réunisse les directions homologues Oa et $O'a'$, il faut prouver que les points β, γ, δ,..., où se coupent Ob et $O'b'$, Oc et $O'c'$,..., sont en ligne droite. En effet, joignons $\beta\gamma$, qui coupe OO' en α; les points δ et δ', où cette droite coupe Od et $O'd'$, doivent coïncider parce qu'ils sont déterminés sur la transversale $\beta\gamma$ par deux rapports anharmoniques égaux par hypothèse, et dans lesquels les autres points α, β, γ sont les mêmes. Il est clair que cela s'étend à un nombre indéfini de droites de chaque faisceau.

110. Sur deux droites en division homographique (*fig.* 40) soient a et a', b et b', ... des points correspondants, et joignons ab', $a'b$ qui se coupent en m, je dis que *ce point est sur une droite constante*. Soit Σ le point d'intersection de ab et de $a'b'$, soit sur ab le point S correspondant à Σ et sur $a'b'$ le point S' aussi correspondant à Σ, il faut prouver que m sera sur SS'.

En effet, les points b et b' peuvent être considérés comme les sommets de deux faisceaux homographiques terminés aux points b', a', Σ, S' et b, a, S, Σ. Or la droite des sommets bb' rentre dans le cas du numéro précédent, car c'est un *rayon commun*, puisque b et b' sont homologues. De plus, les rayons homologues $b\Sigma$ et b'S se coupent en S ; de même bS' et $b'\Sigma$ se coupent en S' : on voit donc, en renversant le raisonnement du numéro précédent, que les autres rayons homologues ba' et $a'b$ se coupent sur SS'.

Ainsi, d'autres points, tels que n, p,..., i,..., seront en ligne droite avec m sur SS'.

Ce théorème est une généralisation de celui du n° 47.

(*) Ici *homologue* signifie seulement *correspondant*.

111. Soient OA et OB, O'A' et O'B' deux couples de droites homologues dans deux faisceaux homographiques, soient m et n les points où se coupent les droites non homologues OA et O'B', OB et O'A', je dis que *la droite mn passe par un point constant* (*fig.* 41).

Soit Oω, dans le faisceau O, homologue de O'O dans le faisceau O'; de même, dans le faisceau O', soit O'ω' homologue de la droite OO' du faisceau O; soit Ω le point où se coupent ces deux droites, il faut démontrer que mn passe en Ω.

Pour cela, soit α l'intersection de OA et de O'A'; prenons aussi ω sur O'A' et ω' sur OA. D'après les constructions indiquées, ces droites OA et O'A' seront coupées homographiquement aux points α, m, O, ω' et α, n, ω, O'; mais, comme le point α est son correspondant à lui-même, on appliquera ici l'observation que nous avons faite au n° **103** sur la *fig.* 37, c'est-à-dire que les droites mn, Oω et ω'O' concourront en un même point Ω.

Ce théorème étant démontré, si l'on connaît le point Ω, on trouvera la droite O'C' du faisceau O', qui correspond à une troisième droite donnée OC dans le faisceau O. Il suffira de joindre Ω au point n' où OC coupe OA'; cette ligne de jonction coupe OA en m', et O'C' est la droite cherchée.

Réciproquement, si l'on donne dans chaque faisceau les droites OA, OB, OC et O'A', O'B', O'C', on obtiendra le point Ω à l'intersection des lignes mn et $m'n'$. On pourra ainsi résoudre ce problème : *étant données trois droites de chaque système et une quatrième de l'un d'eux, trouver la droite homologue dans l'autre système.*

V. — Applications au cercle et aux coniques.

112. D'après la mesure connue d'un angle inscrit dans une circonférence, on conclut immédiatement le théorème suivant :

Soient pris quatre ou plusieurs points fixes sur une circonférence, les faisceaux obtenus en joignant ces points à un point variable sur cette circonférence sont homographiques (101).

113. *Lemme.* — Deux tangentes à un cercle étant fixes, si l'on mène plusieurs autres tangentes, leurs parties comprises entre les deux premières seront vues, du centre du cercle, sous des angles égaux ou suppléments l'un de l'autre.

En effet, soient A et A' (*fig.* 42) les points de contact de deux tangentes fixes, et *m* le point de contact d'une troisième tangente *aa'*; les deux droites C*a*, C*a'*, issues du centre du cercle, sont perpendiculaires aux deux droites *m*A, *m*A', et font entre elles un angle *a*C*a'*, supplément de l'angle A*m*A', dont les deux côtés sous-tendent la corde fixe AA'. L'angle inscrit A*m*A' étant donc toujours égal à un angle fixe, ou supplémentaire de cet angle, suivant la position du point *m* sur la circonférence, il en sera de même pour l'angle *a*C*a'*.

Corollaire. — Si la corde AA' est un diamètre, l'angle A*m*A' sera droit, et il en sera de même pour l'angle *a*C*a'*. Ainsi, la portion d'une tangente au cercle comprise entre deux tangentes parallèles est vue du centre sous un angle droit.

114. Si la ligne C*a* décrit un certain angle, la ligne C*a'* décrit donc le même angle : ainsi quatre ou plusieurs positions de C*a* et les positions correspondantes de C*a'* forment deux faisceaux homographiques et même superposables quant aux directions. Il en résulte que *les tangentes fixes sont divisées homographiquement par la tangente mobile.*

115. Ainsi, quatre portions quelconques de la tangente mobile, marquant une certaine division homographique sur la droite OA, marqueront la même division sur la droite OA', qui sera mobile elle-même si l'on fait varier le point O. Alors, ces quatre positions de tangentes étant regardées comme fixes, on a le théorème suivant :

Quatre tangentes sont rencontrées par une cinquième en quatre points dont le rapport anharmonique reste le même, quelle que soit cette cinquième tangente.

116. Si nous appelons *rapport anharmonique de quatre points fixes* celui des quatre droites menées de ces points à un point quelconque, tel que *m* sur la circonférence (112), et *rapport anharmonique de quatre tangentes fixes* celui de leurs quatre points d'intersection par une cinquième tangente ou même par une droite quelconque, nous aurons le théorème suivant :

Le rapport anharmonique de quatre tangentes à un cercle est égal à celui des quatre points de contact.

En effet (*fig.* 43), le rapport anharmonique des quatre points *a*, *b*, *c*, *d* est celui des quatre droites menées de ces points à un autre point *m* de la circonférence, et le rapport anharmonique des tangentes en ces points est celui des quatre points d'intersection de ces tangentes par la tangente en *m*. Soient α, β, γ, δ ces quatre points d'intersection, leur rapport anharmonique est égal à celui des quatre rayons menés du centre du cercle à ces points, et, comme ces rayons sont respectivement perpendiculaires aux quatre droites qui vont du point *m* aux quatre points *a*, *b*, *c*, *d*, leur rapport anharmonique sera égal à celui de ces quatre droites (**101**), c'est-à-dire à celui des quatre points *a*, *b*, *c*, *d* : ainsi les deux rapports sont égaux.

117. La perspective n'altère pas les rapports anharmoniques, puisque toute transversale coupe un faisceau suivant un rapport anharmonique constant (**98**). Ainsi, un plan passant par le sommet du cône déterminera sur le plan du cercle de base et sur celui d'une conique quelconque deux transversales telles, que les points qui y seront marqués par des droites menées du sommet du cône auront le même rapport anharmonique de part et d'autre.

Or, comme les points des deux courbes se correspondent, ainsi que les sécantes et même les tangentes, puisque deux points s'y réunissent, on voit que les propositions de ce paragraphe relatives aux rapports anharmoniques, c'est-à-dire celles des n°s 112, 114, 115 et 116, sont *vraies pour une conique quelconque* aussi bien que pour une circonférence.

CHAPITRE VI.

THÉORIE DE L'INVOLUTION.

I. — PROPRIÉTÉS QUI DÉFINISSENT L'INVOLUTION.

118. On dit que six points en ligne droite et conjugués deux à deux, a et a', b et b', c et c' sont en *involution*, lorsque le rapport anharmonique de quatre d'entre eux, *appartenant aux trois systèmes*, est égal à celui de leurs conjugués respectifs.

Pour justifier cette définition, il faut démontrer que, si elle s'applique, par hypothèse, à quatre points pris dans les conditions précédentes, *elle sera également vraie pour toute autre combinaison analogue.*

Il peut exister des combinaisons de deux natures différentes suivant qu'il y entre deux points accentués et deux sans accents, ou bien trois points sans accents avec un accentué, et réciproquement. Du reste, une combinaison quelconque fournit trois équations qui correspondent à chacun des trois rapports anharmoniques (87), suivant que l'on considère les quatre points et leurs conjugués dans un ordre quelconque ; en effet, comme deux des trois rapports anharmoniques dépendent du troisième (94), une seule équation entraîne les deux autres.

119. Prenons une combinaison de la première espèce, a, b', c, c' et disposons d'abord ces points de la manière suivante, a et b', c et c', c'est-à-dire en sorte que les points correspondants c et c' soient conjugués anharmoniquement. Nous avons donc, par hypothèse,

$$\frac{ac}{ac'} : \frac{b'c}{b'c'} = \frac{a'c'}{a'c} : \frac{bc'}{bc}.$$

Mais cette égalité peut évidemment s'écrire sous la forme

$$\frac{ac}{ac'} : \frac{bc}{bc'} = \frac{a'c'}{a'c} : \frac{b'c'}{bc},$$

et l'on reconnaît le rapport anharmonique d'une combinaison de la seconde espèce

$$a \text{ et } b, \quad c \text{ et } c'.$$

120. La combinaison de première espèce peut encore présenter la disposition suivante : a et c d'un côté, b' et c' de l'autre, ce qui donne

$$\frac{ab'}{ac'} : \frac{cb'}{cc'} = \frac{a'b}{a'c} : \frac{c'b}{c'c}.$$

Ici le facteur cc' qui est commun, sauf le signe, pourrait être supprimé ; rien n'empêche donc de le remplacer par aa', ce qui donne

$$\frac{ab'}{ac'} \cdot \frac{aa'}{cb'} = \frac{a'b}{a'c} \cdot \frac{a'a}{c'b}.$$

Or, il est facile de constater que cette égalité peut encore s'écrire de la manière suivante :

$$\frac{ab'}{aa'} : \frac{cb'}{ca'} = \frac{a'b}{a'a} : \frac{c'b}{c'a}.$$

Ainsi la combinaison donnée, de première espèce, peut reproduire aussi une autre combinaison

$$a \text{ et } c, \quad b' \text{ et } a',$$

également de première espèce.

121. Passons à la combinaison de seconde espèce qui peut s'écrire a, b, c, c'. Si nous la disposons comme il suit :

$$a \text{ et } b, \quad c \text{ et } c',$$

nous obtenons

$$\frac{ac}{ac'} : \frac{bc}{bc'} = \frac{a'c'}{a'c} : \frac{b'c'}{b'c}$$

ou bien

$$\frac{ac}{ac'} : \frac{b'c}{b'c'} = \frac{a'c'}{a'c} : \frac{bc'}{bc},$$

ce qui donne la combinaison de seconde espèce

$$a \text{ et } b', \quad c \text{ et } c'.$$

En un mot, c'est l'inverse de ce qu'on a vu au n° **119**.

122. Enfin la seconde manière de disposer la combinaison de seconde espèce sera

$$a \text{ et } c, \quad b \text{ et } c,$$

ce qui donne l'hypothèse

$$\frac{ab}{ac'} : \frac{cb}{cc'} = \frac{a'b'}{a'c} : \frac{c'b'}{c'c}.$$

Ici encore, remplaçant cc' par aa', il vient

$$\frac{ab}{ac'} \cdot \frac{aa'}{cb} = \frac{a'b'}{a'c} \cdot \frac{a'a}{c'b'}$$

d'où l'on conclut

$$\frac{ab}{aa'} : \frac{cb}{ca'} = \frac{a'b'}{a'a} : \frac{c'b'}{c'a}.$$

On trouve ainsi le rapport anharmonique entre les points a et c, b et a' et leurs conjugués, ce qui ramène à une autre combinaison également de seconde espèce.

123. En résumé, on voit que, *étant supposée une combinaison de nature quelconque, on peut en conclure toute autre combinaison de même nature ou de nature opposée*, ce qui démontre le théorème énoncé (118) et justifie la définition de l'involution.

On passe d'une combinaison à une autre en changeant un point dans son conjugué.

II. — FORMULES FONDAMENTALES.

124. L'équation des nᵒˢ **119** et **121** donnera la formule

$$\frac{ca \cdot ca'}{cb \cdot cb'} = \frac{c'a' \cdot c'a}{c'b' \cdot c'b},$$

et l'on aura par symétrie deux formules analogues.

125. L'équation du nᵒ **120** revient à

$$ac' \cdot cb' \cdot ba' + a'c \cdot c'b \cdot b'a = 0,$$

équation isolée, puisqu'elle est symétrique. On voit qu'elle s'obtient en supprimant le facteur commun aa' et en tenant compte des signes.

126. On obtient de la même manière l'équation du n° **122**, qui devient

$$ab \cdot a'c \cdot b'c' + a'b' \cdot ac' \cdot bc = 0.$$

Pour se rappeler cette formule on peut prendre a et a' et y ajouter b et c pour faire les premiers facteurs du premier terme, dont le dernier facteur sera formé par les conjugués b' et c' de b et c. Quant au second terme, il se forme encore en changeant les lettres non accentuées en lettres accentuées, et réciproquement.

Du reste, on voit qu'il y aura deux équations symétriques de celle que nous venons d'écrire.

127. Nous pouvons donc écrire de la manière suivante les formules de l'involution :

$$(1) \qquad \begin{cases} \dfrac{ab \cdot ab'}{ac \cdot ac'} = \dfrac{a'b' \cdot a'b}{a'c' \cdot a'c}, \\[2ex] \dfrac{bc \cdot bc'}{ba \cdot ba'} = \dfrac{b'c' \cdot b'c}{b'a' \cdot b'a}, \\[2ex] \dfrac{ca \cdot ca'}{cb \cdot cb'} = \dfrac{c'a' \cdot c'a}{c'b' \cdot c'b}. \end{cases}$$

$$(2) \qquad ac' \cdot cb' \cdot ba' + a'c \cdot c'b \cdot b'a = 0.$$

$$(3) \qquad \begin{cases} ab \cdot a'c \cdot b'c' + a'b' \cdot ac' \cdot bc = 0, \\ bc \cdot b'a \cdot c'a' + b'c' \cdot ba' \cdot ca = 0, \\ ca \cdot c'b \cdot a'b' + c'a' \cdot cb' \cdot ab = 0. \end{cases}$$

Chacune de ces sept formules dérive, comme nous l'avons vu (**123**), d'une hypothèse unique sur l'égalité de deux rapports anharmoniques ; réciproquement, et en renversant les calculs indiqués, chaque formule reproduirait une des égalités de rapports anharmoniques et, par conséquent, toutes les autres. Donc aussi, *une de ces sept formules étant admise, les six autres en découlent nécessairement.*

III. — Involution étendue a plus de six points.

128. Théorème. — *On donne six points en involution a et a', b et b', c et c' ; si deux autres points d et d' sont en involution* *avec quatre des six points, a et a', b et b', ils seront aussi en involution avec le troisième couple c et c', et chacun des deux autres.*

En effet, l'involution supposée des trois premiers couples donne évidemment, au moyen de la première des formules $(1)(127)$,

$$\frac{ab \cdot ab'}{a'b' \cdot a'b} = \frac{ac \cdot ac'}{a'c' \cdot a'c}.$$

L'involution des deux premiers couples avec d et d' donne de même

$$\frac{ab \cdot ab'}{a'b' \cdot a'b} = \frac{ad \cdot ad'}{a'd' \cdot a'd};$$

par conséquent

$$\frac{ad \cdot ad'}{a'd' \cdot a'd} = \frac{ac \cdot ac'}{a'c' \cdot a'c}.$$

Ainsi d et d' remplacent b et b' dans la première des formules ; donc ces points d et d' sont en involution avec a et a', c et c'. On verrait de même que d et d' sont en involution avec b et b', c et c'.

129. On peut concevoir ainsi un système d'involution formé de tant de couples de points que l'on voudra, ces couples étant combinés trois à trois.

IV. — Point central.

130. Considérons donc quatre couples a et a', b et b', c et c', d et d' en involution trois à trois ; nous aurons, en remplaçant c et c' par d et d' dans la troisième des formules $(1)(127)$, la relation

$$\frac{da \cdot da'}{db \cdot db'} = \frac{d'a' \cdot d'a}{d'b' \cdot d'b}.$$

Si d' est à l'infini, le second membre se réduit à l'unité ; alors, soit O, au lieu de d, le conjugué de d', il reste

$$Oa \cdot Oa' = Ob \cdot Ob'.$$

Mais, comme on peut (**128**) remplacer a et a' ou b et b' par c et c', on a l'égalité double

$$Oa \cdot Oa' = Ob \cdot Ob' = Oc \cdot Oc'.$$

5

Ainsi, étant donnés *trois couples de points en involution*, on appelle *point central* le conjugué de l'infini par rapport à ces points.

131. Le point O a une signification géométrique très-importante. Si nous décrivons des circonférences sur aa' et sur bb' comme diamètres, il est clair que le point O est celui où l'axe radical de ces cercles coupera la droite d'involution ; comme il en sera de même pour la troisième circonférence comparée aux premières, les axes radicaux des cercles pris deux à deux coupent cette droite au même point, c'est-à-dire que *ces cercles ont le même axe radical.*

132. *Réciproquement, si trois circonférences dont les centres sont en ligne droite ont même axe radical, les extrémités de leurs diamètres sur la ligne des centres sont en involution.*

En effet, soient a et a', b et b', c et c' les extrémités de ces diamètres, et O le point où la ligne des centres est coupée par l'axe radical commun. Ce point ayant même puissance pour les trois cercles, on aura

$$Oa.Oa' = Ob.Ob' = Oc.Oc';$$

d'ailleurs le point O est suffisamment déterminé par la seule égalité

$$Oa.Oa' = Ob.Ob'.$$

Or, si le point c' n'était pas le conjugué de c pour faire une involution avec a et a', b et b', il y aurait un autre point c'' qui jouirait de cette propriété. Le point central O étant donc connu, ainsi que nous venons de le dire, par la considération des deux premiers couples, on aurait

$$Oa.Oa' = Ob.Ob' = Oc.Oc'';$$

par conséquent

$$Oc.Oc' = Oc.Oc'',$$

ce qui prouve que c'' coïncide avec c'.

133. *Autre définition de l'involution.*

On peut donc définir l'involution de la manière suivante :

Trois couples de points sont en involution sur une droite, lorsqu'il existe sur cette droite un point d'égale puissance relativement à chaque couple. Ce point est le *point central.*

Cette considération géométrique a l'avantage de rendre sensibles aux yeux certaines propriétés de l'involution, et nous allons en conclure différents théorèmes sur les circonférences.

134. *Les circonférences décrites sur trois segments en involution passent toutes trois par deux mêmes points* (réels ou imaginaires). La corde commune, toujours réelle et perpendiculaire à la ligne d'involution, coupe cette ligne au point central.

135. Si l'on joint ces deux points aux extrémités d'un segment diamétral, on forme un angle droit; d'où résulte ce théorème :

Quand trois segments en ligne droite forment une involution, il existe deux points (réels ou imaginaires), *de chacun desquels on voit ces segments sous des angles droits.*

Réciproquement, *si un angle droit tourne autour de son sommet fixe, les segments qu'il intercepte sur une droite donnée, dans trois quelconques de ses positions, ont leurs extrémités en involution.*

136. Observons enfin que si trois circonférences dont les centres sont en ligne droite ont même axe radical, une transversale quelconque les coupe suivant trois segments en involution dont le point central est sur l'axe radical commun.

V. — Cas généraux de l'involution.

137. Les différentes dispositions que peuvent présenter six points en involution se ramènent donc à l'étude des positions relatives que peuvent avoir trois circonférences dont les centres sont en ligne droite.

Si deux circonférences se coupent en deux points réels A et B (*fig.* 44), la troisième passera aussi par ces mêmes points, comme devant avoir une corde commune pour axe radical commun avec les premières. Ainsi le point O, se trouvant sur AB, sera entre a et a', b et b', c et c' : donc a, b, c, seront d'un côté du point O et a', b', c' de l'autre.

On dit alors que chaque segment *empiète* sur les autres.

138. Supposons maintenant que deux des trois cercles, aa'

et bb' (*fig.* 45), soient extérieurs l'un à l'autre. Il sera d'abord facile de constater, en allant d'une circonférence à l'autre, que, dans cet intervalle $a'b$, doit se trouver un point d'égale puissance par rapport à toutes deux, car le point a' a une puissance nulle pour la première, et le point b pour la seconde. Ainsi le point O sera entre les deux cercles.

Cela posé, comme le produit $Oa.Oa' = Ob.Ob'$, est aussi égal au produit $Oc.Oc'$ relatif à la troisième circonférence, on voit que $Oc.Oc'$ sera aussi positif; ainsi, pour la troisième circonférence, comme pour les deux premières, c et c' seront d'un même côté du point O. Supposons qu'ils soient du côté des points a et a', par exemple, et admettons que la première circonférence soit celle qui s'écarte le plus du point O, c'est-à-dire que l'on ait $Oa > Oc$. L'égalité $Oa.Oa' = Oc.Oc'$ montre que l'on aura par compensation $Oc' > Oa'$; par conséquent *le troisième cercle sera intérieur au premier.*

Ainsi le second cas de l'involution suppose un segment bb' séparé des autres par le point central, de l'autre côté duquel sont aa' et cc' contenus l'un dans l'autre.

139. Il ne reste plus, comme cas général, que celui où les trois cercles sont les uns dans les autres (*fig.* 46). Les points se suivent alors dans un ordre inverse, tel que a, b, c et c', b', a'.

Il est clair que le point central est extérieur au système des trois cercles, car s'il était dans l'intérieur, même du plus grand, l'axe radical commun couperait ce cercle, ce qui n'arrive que pour des circonférences sécantes.

VI. — Cas particuliers.

140. Si les circonférences sont tangentes, le point de contact est évidemment le point central qui donne alors une puissance nulle; donc l'involution disparaît dans ce cas.

141. Voyons ce qui arrive quand une circonférence se réduit à un point. La *fig.* 44 ne donne point de cas particulier, car b et b' étant de part et d'autre du point O, s'ils se confondent, on a $Ob = o$ et la puissance est encore nulle.

142. Mais, dans la *fig.* 45, si les points c et c' se réunissent en f (*fig.* 47), l'égalité devient

$$Oa.Oa' = Ob.Ob' = \overline{Of}^2.$$

143. Dans cette même *fig.* 45, au lieu de réunir c et c', si l'on réunit b et b' en e (*fig.* 48), on a

$$Oa.Oa' = Oc.Oc' = \overline{Oe}^2.$$

144. Enfin, si ces deux réunions se font à la fois (*fig.* 49), il reste

$$Oa.Oa' = \overline{Oe}^2 = \overline{Of}^2.$$

Alors il est clair que

$$Of = -Oe, \quad \text{ou} \quad Oe + Of = o.$$

145. Dans la *fig.* 46, si c et c' coïncident, on a la *fig.* 5o qui donne

$$Oa.Oa' = Ob.Ob' = \overline{Of}^2.$$

Dans cette *fig.* 46, comme le cercle bb' enveloppe le cercle cc', les deux points b et b' ne peuvent pas coïncider en un point différent de celui où se réunissent c et c'. Or, dans le cas où ces points coïncideraient, il est clair qu'il n'y aurait plus d'involution.

VII. — POINTS DOUBLES.

146. On appelle *points doubles* des points tels que e, f, dont chacun représente une circonférence réduite à son centre, ainsi qu'on vient de le voir. Chaque point double remplace donc deux points en involution.

Considérons surtout la *fig.* 49, dans laquelle ces deux points e et f suffisent avec a et a' pour constituer l'involution. D'après l'égalité

$$Oa.Oa' = \overline{Oe}^2 = \overline{Of}^2,$$

on a reconnu (**144**) que O était le milieu de ef; donc (**26**) *les points doubles divisent harmoniquement le segment* *donné aa'.* Ainsi

$$\frac{ea}{fa} = -\frac{ea'}{fa'}.$$

On voit que Oe et Of sont les deux valeurs $\pm\sqrt{Oa.Oa'}$. Ainsi les points doubles seront imaginaires si le point O est compris entre a et a' (*fig.* 44); dans les *fig.* 45 et 46 ils seront réels.

147. Dans les *fig.* 47, 48 et 50 les points doubles e, f sont relatifs à deux segments à la fois. Du reste, on vérifierait sur chacun d'eux, ou même sur un plus grand nombre, l'observation suivante que l'on peut faire sur la *fig.* 49 :

Étant donné un segment, en dehors duquel est le point central, l'un des points doubles est entre les extrémités du segment, l'autre en dehors et du côté opposé au point central.

148. Il est facile de reconnaître ici les points doubles, tels que nous les avons considérés aux n°s 106 et 107. Les points que nous y avons indiqués, ainsi que dans le n° 105, par les lettres I et J', se confondent en O.

Si ces points doubles coïncidaient, il n'y aurait pas d'involution, car il en résulterait

$$Oe = Oa = o.$$

149. *Soient aa' et bb' deux segments d'une involution dont e et f sont les points doubles, ce couple e et f fait lui-même une involution avec les couples a et b', a' et b, ainsi qu'avec les couples a et a', b et b'.*

En effet, les points e et f divisant harmoniquement les deux segments donnés (146), on pourra écrire (95)

$$\frac{ae}{af} : \frac{a'e}{a'f} = -1$$

et aussi

$$\frac{b'f}{b'e} : \frac{bf}{be} = -1,$$

d'où

$$\frac{ae}{af} : \frac{a'e}{a'f} = \frac{b'f}{b'e} : \frac{bf}{be},$$

ce qui montre que les points a et a', e et f sont en égalité de rapport anharmonique avec les points b' et b, f et e, considérés comme leurs conjugués. On reconnaît ici les points e, f du n° 84.

VIII. — Faisceaux en involution.

150. On appelle *faisceau en involution* celui qui est formé par des droites partant d'un même point et aboutissant à des couples de points en involution sur une transversale.

Considérons six droites en involution, A et A', B et B', C et C'; d'après les formules (1) de l'involution (**127**), et celles des faisceaux homographiques (**101**), on a la relation

$$\frac{\sin(A, B).\sin(A, B')}{\sin(A, C).\sin(A, C')} = \frac{\sin(A', B').\sin(A', B)}{\sin(A', C').\sin(A', C)}.$$

Il est clair qu'on pourrait transformer ainsi toutes les formules du n° **127** et que chacune entraînerait toutes les autres.

151. L'égalité précédente peut encore se mettre sous la forme

$$\frac{\sin(A, B).\sin(A, B')}{\sin(A', B').\sin(A', B)} = \frac{\sin(A, C).\sin(A, C')}{\sin(A', C').\sin(A', C)}.$$

On voit alors que l'on peut poser

$$\frac{\sin(A, B).\sin(A, B')}{\sin(A', B').\sin(A', B)} = \lambda;$$

cette quantité λ étant constante, quelles que soient les droites conjuguées B et B' que l'on prenne sur le faisceau.

152. Observons que, dans le faisceau, rien ne correspond au point central. En effet, les points d'égale puissance relativement à a et a', b et b' où une transversale coupe un faisceau homographique, ne sont en ligne droite que si ces transversales sont parallèles.

Du n° **135** on conclut le corollaire suivant :

Quand trois angles droits ont le même sommet, leurs six côtés forment un faisceau d'involution; et aussi, *dans un faisceau de six droites en involution, si deux droites sont perpendiculaires à leurs conjuguées respectives, les deux autres droites conjuguées sont aussi perpendiculaires.*

153. On appelle *rayons doubles* ceux qui passent par les points doubles. On pourra donc avoir un faisceau complet d'involution composé de cinq droites ou même de quatre, au lieu de six (146). Soient E, F ces rayons doubles, si l'on change dans l'équation $\dfrac{ea}{fa} = -\dfrac{ea'}{fa'}$ du n° 146, les lignes en sinus, comme on a déjà fait au n° 101, on a

$$\frac{\sin(E, A)}{\sin(F, A)} = -\frac{\sin(E, A')}{\sin(F, A')}.$$

154. *Rayons conjugués perpendiculaires.* — Une transversale coupe un faisceau d'involution en des points conjugués tels que, si l'on décrit des circonférences sur les segments qui les réunissent deux à deux, ces segments étant pris comme diamètres, toutes ces circonférences ont le même axe radical (131). Construisons la circonférence passant par le sommet du faisceau et ayant ce même axe radical commun avec une quelconque des autres (81). D'après la construction, la transversale sera toujours un diamètre de cette circonférence qui contiendra le sommet; donc on obtiendra un angle droit en joignant ce sommet aux extrémités de ce diamètre. Ainsi *dans un faisceau d'involution il existe toujours deux rayons conjugués perpendiculaires,* P et P'.

Dans ce cas, $\sin(P', B) = \cos(P, B)$. Donc, dans la formule du n° 151, remplaçons A et A' par P et P', il reste

$$\operatorname{tang}(P, B).\operatorname{tang}(P, B') = \lambda,$$

cette quantité λ étant constante.

IX. — Faisceaux de quatre ou plusieurs plans.

155. Si l'on représente par A, B, C, D quatre plans passant par une même droite, le *rapport anharmonique* de ces plans sera défini, comme pour un faisceau rectiligne (101), par l'expression $\dfrac{\sin(A, C)}{\sin(A, D)} : \dfrac{\sin(B, C)}{\sin(B, D)}$, les sinus se rapportant ici aux angles dièdres de ces plans.

On ramènera les angles dièdres à des angles rectilignes en menant un plan perpendiculaire à l'intersection des plans.

156. *Si quatre plans passent par une même droite, un plan* *transversal les coupe suivant des droites dont le rapport an-harmonique est constant et égal à celui de ces plans.*

En effet, deux plans quelconques coupent ces plans suivant les droites α, β, γ, δ et α', β', γ', δ'. L'intersection de ces plans contiendra, sur les quatre plans donnés, les intersections de ces droites qui seront les points a, b, c, d dont le rapport sera à la fois celui des droites α, β, γ, δ et α', β', γ', δ'; donc ce rapport sera le même pour un plan transversal quelconque.

Maintenant, comme le plan perpendiculaire à l'intersection des quatre plans détermine sur ces plans des droites dont le rapport anharmonique est celui que l'on considère (155), le théorème est démontré.

157. *Quatre plans passant par une même droite sont coupés par une transversale quelconque en quatre points qui ont le même rapport anharmonique que ces quatre points.*

En effet, un plan quelconque passant par cette transversale coupera les plans suivant des droites dont le rapport anharmonique sera celui des points indiqués, ce qui ramènera ce théorème au précédent.

Ce théorème permet d'étendre à des plans parallèles la définition du rapport anharmonique de quatre plans. En effet, si la droite commune était à l'infini, *les plans parallèles auraient encore un rapport anharmonique qui serait celui de leurs points de rencontre avec une transversale quelconque.*

158. *Plans en involution.* — Si par une même droite et par six points en involution on fait passer des plans, on aura six *plans en involution.*

On peut de même concevoir un nombre quelconque de plans en involution; aux points doubles correspondent des *plans doubles.*

CHAPITRE VII.

APPLICATIONS DE L'INVOLUTION.

I. — CONSTRUCTIONS.

159. Comme deux segments suffisent pour déterminer le point central de trois ou de plusieurs segments en involution, on trouvera ce point central par la construction de l'axe radical (72). Cette construction s'étend même au cas où il y a un point double, c'est-à-dire où l'un des segments est nul (75).

Connaissant ainsi le point central d'une involution et un segment quelconque aa', on a vu (146) comment une construction de moyenne proportionnelle, au moyen de la formule

$$Oe = \pm\sqrt{Oa \cdot Oa'},$$

donnera les points doubles e et f.

160. Étant donnés cinq points d'une involution a et a', b et b' et c, on trouve le sixième point c' par une quatrième proportionnelle au moyen de la formule

$$Oc' = \frac{Oa \cdot Oa'}{Oc},$$

puisque les premiers segments déterminent le point central O. Il est évident que l'on résout ainsi le problème :

Connaissant cinq rayons d'un faisceau d'involution, trouver le sixième.

Voir une autre solution (166).

161. *Étant donnés sur une droite deux couples de segments aa', bb' et AA', BB', on demande un segment cc' qui soit en involution avec chacun de ces couples.*

Par un point arbitraire G, menons deux circonférences dont la première passe en a et a', la seconde en b et b'; elles se couperont en un autre point G′ : par le même point G menons encore deux circonférences qui passent l'une en A et A′, l'autre en B et B′ ; elles se couperont encore en un point G″. La circonférence passant aux trois points G, G′, G″ déterminera sur la droite d'involution le segment demandé cc'.

En effet, soit o le point où GG′ coupe cette droite d'involution, les égalités

$$oa.oa' = o\mathrm{G}.o\mathrm{G}' \quad \text{et} \quad ob.ob' = o\mathrm{G}.o\mathrm{G}',$$

donnent

$$oa.oa' = ob.ob',$$

c'est-à-dire que o est le point d'égale puissance pour les segments aa', bb'. Donc aussi

$$oa.oa' = ob.ob' = oc.oc',$$

puisque c et c', G et G′ sont sur une même circonférence.

De même GG″ coupera la droite au point O d'égale puissance pour AA′ et BB′, ce qui donnera encore

$$\mathrm{OA}.\mathrm{OA}' = \mathrm{OB}.\mathrm{OB}' = \mathrm{O}c.\mathrm{O}c'.$$

Le segment cc' est donc celui que l'on demandait. Il se réduit à un point double si la circonférence GG′G″ touche la droite donnée ; si elle ne la rencontre pas, ce segment est imaginaire. Si les points m et n, M et N où se coupent les circonférences qui ont pour diamètre aa' et bb', AA′ et BB′, sont tous réels, il est clair qu'une même circonférence passe par ces quatre points et coupe la droite en c et c'. En effet, puisque o et O sont les milieux de mn' et de MN, on a

$$\overline{om}^2 = oa.oa' = ob.ob' = oc.oc',$$

et

$$\overline{\mathrm{OM}}^2 = \mathrm{OA}.\mathrm{OA}' = \mathrm{OB}.\mathrm{OB}' = \mathrm{O}c.\mathrm{O}c'.$$

Le point o étant le pied de l'axe radical des circonférences aa' et cc', de même que O est le pied de l'axe radical entre les circonférences AA′ et cc', on voit que l'on résout ainsi le problème suivant :

Construire un cercle qui ait un axe radical donné avec une circonférence donnée, et un autre axe radical donné avec une autre circonférence également donnée, ces axes étant parallèles.

162. Il peut se faire qu'un segment, tel que aa', se réduise à un seul point a; alors la circonférence passant par le point G est tangente en a à la droite.

Si les quatre segments se réduisent ainsi à quatre points a, b, A, B, les points cherchés c et c' divisent *harmoniquement* les distances ab et **AB**. Pour le vérifier, soient o et O les milieux de ab et AB, on aura par l'involution,

$$oc.oc' = \overline{oa}^2, \quad Oc.Oc' = \overline{OA}^2,$$

et ces formules sont justement celles que l'on a trouvées pour les points qui divisent harmoniquement ab et AB (26).

Ainsi *quand deux points divisent harmoniquement deux segments sur une droite, ces trois segments sont en involution.*

On obtient donc par la construction précédente (161) la solution du problème déjà indiqué (26):

Trouver deux points qui divisent harmoniquement deux segments en ligne droite.

Mais il vaut mieux (n°s 84 et 149) décrire un cercle ayant pour centre un point suffisamment éloigné de l'axe radical des circonférences qui ont ab et AB pour diamètres, et ayant pour rayon la tangente menée de ce point aux circonférences. Cette nouvelle circonférence coupe la droite aux points e et f, identiques avec c et c'.

II. — Involution dans le triangle.

163. *Si l'on joint un point quelconque aux sommets d'un triangle, toute transversale coupera ces lignes de jonction et les côtés du triangle suivant six points en involution* (*fig.* 51, 52, 53).

Soit D le point joint aux sommets du triangle ABC. La transversale coupe les lignes de jonction DA, DB, DC aux points a', b', c' et les côtés BC, AC, AB aux points a, b, c, conjugués avec les premiers.

Considérons un triangle, tel que D$a'c'$, ayant pour sommet

le point D, et pour base une portion $a'c'$ de la transversale. Nous le couperons par le côté AC, et nous sommes guidés dans le choix de ce côté parce que Da' passe en A et Dc' en C. Il en résulte (2)

$$DA . a'b . c'C = DC . a'A . c'b.$$

De même, le triangle $Da'b'$ coupé par le côté AB donne l'égalité

$$DB . a'A . b'c = DA . a'c . b'B,$$

et le triangle $Db'c'$, coupé par le côté BC, donne enfin

$$DC . c'a . b'B = DB . c'C . b'a.$$

Multipliant ces trois équations et supprimant les facteurs communs, il reste

$$a'b . b'c . c'a = c'b . b'a . a'c,$$

ce qui revient à l'équation (2) (**127**). Ainsi *le produit des segments qui n'ont aucun sommet commun est égal au produit des trois autres.*

164. Le théorème subsiste lorsque le point D va à l'infini, auquel cas les droites DA, DB, DC sont parallèles; on a donc le corollaire suivant :

Des sommets d'un triangle si l'on mène des parallèles dans une direction quelconque, toute transversale coupe ces parallèles et les côtés du triangle suivant six points en involution.

III. — INVOLUTION DANS LE QUADRILATÈRE.

165. *Une transversale coupe les côtés opposés d'un quadrilatère, ainsi que les diagonales, suivant des points conjugués en involution.*

La démonstration vient d'être faite (**163**) sur les *fig.* 51, 52 et 53, relativement au quadrilatère ABCD, dont une transversale coupe les côtés BC et AD en a et a', les côtés AB et DC en c et c' et les diagonales BD et AC en b' et b : il reste seulement à voir en quoi ces trois figures diffèrent.

Dans la *fig.* 51, la transversale coupe les diagonales *dans l'intérieur du quadrilatère*, ce qui donne aux points en involution la même disposition que dans la *fig.* 46.

Dans la *fig.* 52, les deux diagonales sont coupées *en dehors du quadrilatère*, ce qui ramène à la disposition de la *fig.* 45.

Enfin, dans la *fig.* 53, *l'une des diagonales est coupée à l'intérieur du quadrilatère et l'autre à l'extérieur.* On trouve ainsi la *fig.* 44.

Dans ces trois *fig.* 51, 52, 53, nous avons supposé le quadrilatère convexe : cela n'était pas nécessaire ; mais cela suffirait, comme on l'a vu, pour retrouver les trois cas généraux de l'involution.

166. On trouve ainsi un nouveau moyen de *construire le sixième point d'une involution.*

Étant donnés sur une droite les points a, b, c, a', b', si l'on demande le point c', conjugué de c, il faut mener, du point quelconque A, les droites $\mathrm{A}a'$, $\mathrm{A}b$, $\mathrm{A}c$; conduire par le point b' une droite quelconque qui coupe $\mathrm{A}a'$ en D et $\mathrm{A}c$ en B, joindre aB qui coupe $\mathrm{A}b$ en C, et enfin tirer DC qui rencontre la droite donnée au point cherché c'.

Si l'on décrit des circonférences sur aa', bb', cc' comme diamètres, on sait qu'elles ont le même axe radical ; donc elles se coupent dans le cas de la *fig.* 53. C'est ce cas qui se présente pour un parallélogramme.

167. *Si l'on joint un point quelconque aux six sommets d'un quadrilatère complet, on a un faisceau d'involution* (*fig.* 54).

Soit ABCD le quadrilatère donné, E et F ses deux sommets supplémentaires, et O le point donné : on voit, d'après ce qui précède (165), que le quadrilatère OABF et ses diagonales AB, OF sont coupés en involution par la transversale DC, et l'on voit quelles sont les droites conjuguées dans le faisceau ainsi formé.

168. Le point O peut être à l'infini, ce qui donne six droites parallèles : il en résulte que *les projections des six sommets sur une droite quelconque sont en involution.*

Si le point O (*fig.* 54) est un des points d'intersection des circonférences décrites sur les diagonales AC, BD comme diamètres, les droites menées de ce point à chaque couple de sommets opposés seront rectangulaires ; donc les deux autres droites OE, OF de l'involution seront aussi rectangulaires (152, 2e corollaire). On a donc ce théorème : *les trois circonférences qui ont pour diamètres les diagonales d'un quadrilatère ont deux mêmes points d'intersection.* Leurs centres étant ainsi en ligne droite, on voit que *les milieux des trois diagonales d'un quadrilatère complet sont en ligne droite.*

IV. — INVOLUTION DANS LE CERCLE ET LES CONIQUES.

169. La perspective n'altérant pas les rapports anharmoniques desquels dépend l'involution, on verra, comme au n° 177, que *six points en involution sur le plan du cercle correspondent à six points en involution sur celui de la conique.*

Il en résulte aussi qu'*un faisceau d'involution sur le plan du cercle correspond à un faisceau d'involution sur le plan de la conique.*

En effet, menons par le sommet du cône un plan quelconque qui coupera le faisceau du cercle suivant six points en involution, il coupera aussi le faisceau de la conique suivant six points en involution.

170. Théorème de Desargues.

Étant donné un quadrilatère inscrit dans un cercle ou une conique, une transversale quelconque coupe la courbe et les côtés opposés du quadrilatère suivant six points conjugués en involution (*fig.* 55).

Soit ABCD le quadrilatère dont les côtés AD et BC, AB et DC sont coupés, en a et a', b et b', par la transversale qui rencontre la circonférence du cercle en c et c'. Un théorème connu donne

$$ac.ac' = a\mathrm{A}.a\mathrm{D} \quad \text{et} \quad a'c.a'c' = a'\mathrm{B}.a'\mathrm{C},$$

d'où

$$\frac{ac.ac'}{a'c.a'c'} = \frac{a\mathrm{A}.a\mathrm{D}}{a'\mathrm{B}.a'\mathrm{C}}.$$

Soit F le point où concourent AD et BC, et considérons le triangle Faa' coupé successivement par les deux autres côtés AB et DC. Le premier donne

$$\mathrm{FA}.ab.a'\mathrm{B} = \mathrm{FB}.a'b.a\mathrm{A},$$

et le second

$$\mathrm{FD}.ab'.a'\mathrm{C} = \mathrm{FC}.a'b'.a\mathrm{D}.$$

Multipliant, et observant que

$$FA.FD = FB.FC,$$

il reste

$$ab.a'B.ab'.a'C = a'b.aA.a'b'.aD,$$

ou bien

$$\frac{aA.aD}{a'B.a'C} = \frac{ab.ab'}{a'b.a'b'};$$

par conséquent

$$\frac{ac.ac'}{a'c.a'c'} = \frac{ab.ab'}{a'b.a'b'},$$

ce qui établit l'involution (127).

171. Si l'on prend pour conique l'ensemble des diagonales AC, DB, on retrouve le théorème sur le quadrilatère (165). Aussi soient d et d' les points où la transversale coupe les diagonales, dd' est en involution avec cc' et aa', ou bien avec cc' et bb'.

Si AD dégénère en tangente (*fig.* 55), on voit que *les six points déterminés par une transversale sur une conique, sur deux côtés d'un triangle inscrit, enfin sur le troisième côté et la tangente au sommet opposé, sont en involution.*

172. *Si trois droites partant d'un même point coupent une circonférence ou une conique, les six points ainsi obtenus forment un faisceau d'involution quand on les joint à un point quelconque de la courbe* (*fig.* 56).

Les sécantes partant du point O déterminent sur la circonférence les points a et a', b et b', c et c'; soit m un point de la courbe, il faut montrer que le rapport anharmonique de ma, mb, mc, mc' est le même que celui de ma', mb', mc', mc.

La droite Om coupe la circonférence en m'; les faisceaux ma, mb, mc, mc' et $m'a$, $m'b$, $m'c$, $m'c'$, aboutissant aux mêmes points, donnent les mêmes angles inscrits, et par suite le même rapport anharmonique. Mais les droites $m'a$ et ma', $m'b$ et mb', $m'c$ et mc', $m'c'$ et mc se coupent deux à deux, sur la polaire du point O, par rapport à la circonférence (61). Donc cette polaire étant une sécante commune au faisceau $m'a$, $m'b$, $m'c$ et $m'c'$ que nous venons de considérer et au faisceau ma', mb', mc', mc, ils ont le même rapport anharmonique. Or, le premier faisceau a aussi, comme nous l'avons vu, le même rapport anharmonique que ma, mb, mc, mc'; il en est donc de même pour le second, ce qui démontre la proposition.

Réciproquement, s'il y a involution, les trois sécantes concourront en un même point.

173. Soit Oaa' ($fig.\,57$) une quelconque des sécantes, et ma, ma' les rayons correspondants du faisceau m. Joignons ce point m aux extrémités A et A' du diamètre CO; il est clair que les droites mA, mA' seront les rayons conjugués perpendiculaires du faisceau m (154). Alors

$$\text{tang A}ma\,.\,\text{tang A}ma' = \text{const.},$$

ce qui revient à

$$\text{tang}\,\frac{1}{2}\,\text{AC}a\,.\,\text{tang}\,\frac{1}{2}\,\text{AC}a' = \text{const.}$$

Pour connaître la valeur de cette constante, il faut mener la tangente OT; on obtient

$$\text{tang}\,\frac{1}{2}\,\text{OC}a\,.\,\text{tang}\,\frac{1}{2}\,\text{OC}a' = \text{tang}^2\,\frac{1}{2}\,\text{OCT},$$

et d'ailleurs

$$\text{tang}^2\,\frac{1}{2}\,\text{OCT} = \frac{1-\cos \text{OCT}}{1+\cos \text{OCT}} = \frac{\text{OC}-\text{R}}{\text{OC}+\text{R}} = \frac{\text{OA}}{\text{OA}'}\,.$$

Enfin, il est clair que l'angle AA'a est la moitié de ACa ou de OCa; de même AA'a' est la moitié de OCa' : menons au diamètre AA' la perpendiculaire a'F, qui coupe A'a en E; on voit que

$$\text{tang}\,\frac{1}{2}\,\text{OC}a = \frac{\text{EF}}{\text{A'F}}, \quad \text{tang}\,\frac{1}{2}\,\text{OC}a' = \frac{a'\text{F}}{\text{A'F}},$$

ce qui donne

$$\frac{\text{EF}.a'\text{F}}{\overline{\text{A'F}}^2} = \frac{\text{OA}}{\text{OA}'}\,.$$

(Il est clair que ce numéro ne se rapporte qu'au cercle.)

174. *Lemme.* — *Un quadrilatère étant circonscrit au cercle*

ou à une conique, les diagonales qui joignent les côtés op-
posés concourent au même point que les droites qui joignent
les points opposés de contact (fig. 58).

Des deux points O et A, menons à une circonférence des couples de tangentes, qui formeront le quadrilatère $a\alpha'a'$, ayant pour points de contact i', i et g, g'. Or, ii', polaire de A, et gg', polaire de O, concourent au pôle P de AO; de plus, les droites ig' et $i'g$ concourent en un point H, situé sur AO (corollaire du n° 63): par conséquent, ce point H, où se réunissent ig', polaire de a', et $i'g$, polaire de α, est le pôle de $\alpha a'$. Il en résulte que $\alpha a'$ passe au pôle P de la droite AO, qui contient le point H.

On verrait de même que $\alpha'a$ passe en P. Nous retrouverons ce théorème n° 396.

175. *Si de trois points en ligne droite on mène des couples de tangentes à une circonférence ou à une conique, ces tangentes déterminent, sur une autre tangente quelconque, six points en involution (fig. 59).*

Du point O, où la droite des points donnés A, B, C coupe la tangente donnée OM à la circonférence, menons l'autre tangente OM', qui coupe les tangentes indiquées aux points α et α', β et β', γ et γ'. Il suffit de prouver que les points a, b, c, c' ont les mêmes rapports anharmoniques que leurs conjugués a', b', c', c. Or le rapport anharmonique des points a, b, c, c', où quatre tangentes sont rencontrées par une cinquième OM, est le même que celui des points α, β, γ, γ', où ces quatre mêmes tangentes sont rencontrées par une nouvelle tangente quelconque OM' (115). Mais aussi les droites $\alpha a'$, $\beta b'$, $\gamma c'$, $\gamma'c$ passent par le même point P, qui est le pôle de la droite ABC (174); donc le rapport anharmonique des points α, β, γ, γ' est le même que celui des points a', b', c', c, ce qui démontre le théorème demandé.

176. Soient D et D' (*fig.* 60) les points où la tangente quelconque M à la circonférence est coupée par deux tangentes parallèles ED, E'D', qui rencontrent les tangentes Aa et Aa' en F et F' : on sait (corollaire du n° 113) que l'angle DOD' est droit. Donc ces lignes OD, OD' sont les rayons rectangulaires de l'involution (154), ce qui donne

$$\text{tang DO}a \cdot \text{tang DO}a' = \text{const.}$$

Soit **KAK'** parallèle aux tangentes, et cherchons à rapporter les sommets des angles au point A.

Extérieurement au triangle OaD,

$$\text{angle } ODa' = DOa + OaD.$$

De même, extérieurement au triangle FaD,

$$\text{angle } FDa' = DFa + FaD ;$$

mais FDa' est double de ODa' et FaD double de OaD; donc DFa est double de DOa. Ainsi

$$DOa = \frac{1}{2} KAa.$$

Ensuite, l'angle $Oa'D$, extérieur au triangle $Oa'D'$, donnera

$$Oa'D = OD'a' + D'Oa' ;$$

de même, l'angle $F'a'D$, extérieur au triangle $F'a'D'$, donnera

$$F'a'D = F'D'a' + D'F'a'.$$

Mais

$$Oa'D = \frac{1}{2} F'a'D, \quad OD'a' = \frac{1}{2} F'D'a' ;$$

donc

$$D'Oa' = \frac{1}{2} D'F'a'.$$

Du reste

$$DOa' = 90 - D'Oa',$$

puisque DOD' est droit. Mais nous avons trouvé

$$D'Oa' = \frac{1}{2} D'F'a' = \frac{1}{2} KAa' ;$$

or

$$KAa' = 180 - K'Aa',$$

et

$$\frac{1}{2} KAa' = 90 - \frac{1}{2} K'Aa',$$

ce qui montre que

$$DOa' = \frac{1}{2} K'Aa'.$$

6.

On aura donc

$$\tan \frac{1}{2}\, KA a . \tan \frac{1}{2}\, K'A a' = \text{const.},$$

c'est-à-dire que :

Si, de chaque point d'une droite, on mène deux tangentes à un cercle, le produit des tangentes trigonométriques des demi-angles qu'elles font avec la droite est constant.

Les deux angles doivent être comptés de manière que, quand les deux tangentes deviennent parallèles à la droite AK, l'un d'eux soit nul et l'autre égal à 180 degrés.

V. — Principe de continuité.

177. Comme c'est ici la place d'un théorème sur l'involution dans trois coniques, nous allons énoncer dès à présent un principe fécond établi par M. Poncelet, et qui, non-seulement nous servira à démontrer le théorème dont il s'agit, mais nous sera souvent utile dans le courant de cet ouvrage.

La construction d'une figure peut présenter diverses circonstances, tout aussi générales les unes que les autres. Par exemple, deux coniques sur un même plan peuvent avoir quatre points communs, deux points seulement, ou n'avoir aucun point commun; on voit qu'il ne faut pas confondre ces *cas généraux* avec des *cas particuliers,* tels que ceux des contacts entre les coniques.

Cela posé, si l'on demande de démontrer sur une figure un théorème dont l'énoncé ne se rapporte pas plus à un cas général qu'à un autre, le mieux serait sans doute de trouver une démonstration qui, elle aussi, s'appliquât indifféremment à tous les cas généraux. Mais quelquefois cela devient très-difficile, et l'on éprouve au contraire un grand avantage à profiter des dispositions spéciales de la figure dans un des cas généraux; voici, d'après cela, l'énoncé du *principe de continuité :*

Si l'énoncé d'un théorème ne se rattache pas à un des cas généraux de la figure, la proposition qui aura été démontrée pour un de ces cas sera vraie aussi pour les autres.

Maintenant, voici comment on peut concevoir la vérité de ce principe.

Imaginons, comme on peut toujours le faire, que la question ait été traitée par l'analyse pure; puisque l'énoncé ne se rattache pas à un des cas généraux, les équations, établies d'après l'hypothèse qui sert de base au théorème, ne s'y rattacheront pas non plus. Or ces équations, une fois posées, conduiront nécessairement par la seule puissance de l'analyse à l'équation finale qui est l'expression du théorème, et où les données de la question seront encore aussi générales. On peut donc toujours comprendre que l'on parvienne à ce théorème autrement que par l'artifice, qui consiste à considérer un des cas généraux; seulement cet artifice a l'avantage de conduire au résultat final en évitant une analyse toujours possible, mais quelquefois si pénible, qu'elle serait presque impraticable.

178. Pour éclaircir ce qui précède, nous allons appliquer ce principe à un théorème dû à Sturm et qui généralise celui de Desargues (170) :

Quand trois coniques passent par quatre mêmes points, une transversale les coupe suivant six points en involution.

En effet, imaginons par les points A, B, C, D (*fig.* 55) une seconde conique sur laquelle la transversale détermine le segment ee'. Nous verrons, par un raisonnement déjà employé (171), que ee' est en involution avec aa' et dd'; donc aussi (128) ee' est en involution en cc' et dd'. De même une troisième conique, coupée par la transversale suivant un segment ff', donnera ff' en involution avec cc' et dd'; par conséquent ff' sera en involution avec ee' et cc'.

Il en serait de même pour toutes les coniques passant aux mêmes points A, B, C et D.

Ce théorème s'étend, pour le principe de continuité, aux cas où deux des points communs, ou même tous les quatre, seraient imaginaires. Comme les coniques sont toujours réelles, on n'a pas à craindre que les équations de condition nécessaires pour exprimer que deux coniques ont quatre points communs présentent jamais des symboles imaginaires, si pénibles d'ailleurs qu'elles soient à obtenir. Cela tient à ce que les coordonnées, même imaginaires, des points communs, devront se disposer de manière à ne laisser dans ces équations que leur somme ou leur produit.

179. On a vu (82) que *les polaires d'un point de l'axe radical, prises relativement à ces deux cercles, se coupent sur un point de cet axe.* Mais, pour démontrer ce théorème, on a supposé que l'axe radical rencontrait les cercles en deux points réels; le principe de continuité fait voir qu'il en serait de même si ces deux points étaient imaginaires.

180. Dans les exemples précédents, ce principe a été utile pour passer des points réels aux points imaginaires. Il peut servir, au contraire, à passer des points imaginaires aux points réels; en voici un exemple :

Deux coniques étant données sur un même plan, il existe généralement dans l'espace un point tel que, si l'on prend ce point pour sommet commun de deux cônes ayant ces coniques pour bases, un même plan donnera dans ces cônes des sections circulaires.

En effet, un cône étant déterminé par sa base, que nous supposerons dans le plan des xy, et par les trois coordonnées de son sommet, la direction des sections circulaires est déterminée, sauf à présenter une double solution. Donc

$$ax + by + cz = 1,$$

étant l'équation d'un plan parallèle à l'un des systèmes de ces sections, il existe trois relations entre les constantes de l'équation de la base, les coordonnées x', y', z' du sommet et les coefficients a, b, c.

Un second cône ayant même sommet et même direction de base circulaire donnera trois autres relations : il y aura donc six équations entre les six inconnues a, b, c et x', y', z'; le problème peut donc, comme nous l'avons dit, être généralement résolu.

Il en résulte qu'*une foule de théorèmes, établis sur deux cercles dans un même plan, s'étendront par la perspective à deux coniques sur un même plan.*

Cependant, d'après les indications précédentes, il est possible que le plan des sections circulaires ou le sommet lui-même du cône deviennent imaginaires, auquel cas ce que nous avons dit est illusoire. C'est aussi ce qui a lieu si les coniques données se coupent en quatre points réels. au lieu d'avoir seulement deux points communs, ou même de n'avoir aucun point commun; cela tient à ce que deux cercles, n'ayant jamais quatre points réels communs, ne peuvent donner comme perspective deux coniques jouissant de cette propriété.

Néanmoins on doit admettre, par le principe de continuité, que les théorèmes démontrés par la perspective sont encore vrais, même quand les coniques ont quatre points communs réels.

181. Nous aurons souvent à appliquer ce principe dans les circonstances suivantes.

On sait que le cercle engendre une conique quelconque au moyen de la perspective, mais qu'il engendre seulement une ellipse au moyen des projections, c'est-à-dire quand le cône dégénère en cylindre. Cependant, comme l'ellipse est un *cas général* des sections coniques, un théorème dont l'énoncé ne se rapportera pas plus à une conique qu'à un autre pourra se trouver démontré, au moyen des projections, sur l'équation générale $y^2 = 2px + qx^2$. Observant encore que l'analyse pure conduirait au même résultat, on verra que le théorème sera vrai, quel que soit le signe de q et pour le cas particulier de la parabole où $q = 0$.

On peut aussi passer de l'ellipse, qui a pour équation centrale $\dfrac{x^2}{a^2} + \dfrac{y^2}{b^2} = 1$, à l'hyperbole représentée par $\dfrac{x^2}{a^2} - \dfrac{y^2}{b^2} = 1$; il suffit de changer b^2 en $- b^2$.

182. Cependant, il faut éviter les fausses applications que l'on pourrait faire de ce principe. Ainsi, on sait que les asymptotes dans l'hyperbole et les diamètres conjugués égaux dans l'ellipse sont représentés par les équations $y = \pm \dfrac{b}{a} x$.

Or, comme les parallélogrammes construits sur un système de diamètres conjugués dans l'hyperbole ont leurs sommets sur les asymptotes, on pourrait croire qu'il en serait de même pour les diamètres égaux de l'ellipse; cependant il n'en est rien. Cela tient à ce que, si l'on change b^2 en $- b^2$, les équations des asymptotes deviennent $y = \pm \dfrac{b}{a} x \sqrt{-1}$; donc l'analogie avec les diamètres égaux était illusoire.

CHAPITRE VIII.

CENTRES DE SIMILITUDE OU D'HOMOTHÉTIE.

I. — Définitions.

183. Une figure peut toujours être considérée comme formée par des rayons vecteurs menés à chacun de ses points, par un point fixe quelconque.

Sur chacune de ces directions, si l'on prend un rayon vecteur qui soit au premier dans un rapport constant, on forme ainsi une figure *homothétique* de la première.

Ce rapport constant s'appelle *rapport de similitude*, et le point fixe, *centre de similitude*.

Une figure est *semblable* à une autre quand on peut la faire coïncider avec une troisième figure homothétique à la première.

184. Pour retrouver la définition de la géométrie élémentaire, il suffit de faire voir que deux polygones homothétiques ont les angles égaux et les côtés proportionnels : soient donc (*fig.* 61) $abc\,\alpha\beta\gamma$, $a'b'c'\,\alpha'\beta'\gamma'$ deux polygones homothétiques ayant O pour centre de similitude, les triangles Oab et $Oa'b'$, Obc et $Ob'c'$, etc., qui sont semblables deux à deux comme ayant des angles communs compris entre côtés proportionnels, montrent que ab est parallèle à $a'b'$, bc à $b'c'$, et ainsi de suite ; donc l'angle $abc = a'b'c'$, et les autres angles sont égaux de part et d'autre.

Les mêmes triangles montrent que le rapport de similitude

$$r = \frac{Ob}{Ob'} = \frac{ab}{a'b'} = \frac{bc}{b'c'},$$

d'où résulte que les côtés homologues sont entre eux dans le rapport constant de similitude.

Cela fait voir aussi que deux figures peuvent être homothétiques dans une infinité de positions différentes. En d'autres termes, étant donnée une figure quelconque et son rapport de similitude avec une autre qui doit lui être homothétique, si l'on prend pour centre de similitude un point placé arbitrairement par rapport à la première figure, il sera toujours facile de construire la seconde dans cette position.

185. Supposons que deux angles égaux de ces figures coïncident, ce qui fait que le sommet devenu commun est le centre de similitude, nous allons en conclure, dans un polygone de n côtés, le nombre de conditions nécessaires pour la similitude.

Imaginons donc que le polygone $\gamma' a' b' c' \ldots$ se déplace jusqu'à ce que le sommet a' vienne en a, et que la direction $a' \gamma'$ se confonde avec $a\gamma$; les polygones étant homothétiques par hypothèse, $a' b'$ prendra la direction de ab, $a' c'$ celle de ac, et ainsi de suite. On aura donc, à partir du centre a de similitude, la suite de rapports égaux

$$\frac{ab}{ab'} = \frac{ac}{ac'} = \ldots = \frac{a\gamma}{a\gamma'}.$$

Mais les sommets du polygone (a étant mis à part), c'est-à-dire $b, c, \ldots, \gamma$, sont en nombre $n - 1$, donc ces rapports, qui sont aussi en nombre $n - 1$, sont réunis par $n - 2$ équations de condition.

Du reste, on a toujours pu poser la direction qui donne γ' sur celle qui donne γ parmi ces $n - 1$ sommets; mais les coïncidences des $n - 2$ autres directions forment encore $n - 2$ *conditions de similitude*; en tout $2n - 4$.

Si de plus on donne le rapport r de similitude, cela fait encore une condition, et il reste $2n - 3$ conditions à satisfaire. Si $r = 1$, les polygones sont égaux; il y a donc $2n - 3$ *conditions d'égalité*.

II. — TANGENTES HOMOLOGUES DANS LES FIGURES HOMOTHÉTIQUES.

186. Une courbe peut toujours être considérée comme un polygone infinitésimal; donc les directions $ac, a' c'$ (*fig.* 61) représenteront celles de deux tangentes à des points homologues. Par conséquent, *dans deux courbes homothétiques, les tangentes en des points homologues sont parallèles.*

187. Cependant, il peut arriver que deux tangentes en des points homologues coïncident au lieu d'être parallèles. Ainsi, imaginons que les directions $a\gamma$ et $a'\gamma'$ se réunissent avec les deux directions $Oa'a$ et $O\gamma\gamma'$, on voit que les deux tangentes $a\gamma$ et $a'\gamma'$ passeront au centre O de similitude.

S'il ne s'agissait que de polygones, cela serait un cas particulier; mais, relativement à deux courbes homothétiques, il n'en est plus de même, car le cas où, d'un point donné O, on peut mener une tangente $a\gamma$ à une courbe donnée est aussi général que celui où cette tangente est imaginaire. On a donc ce théorème : *les tangentes communes à deux courbes homothétiques passent par le centre de similitude.*

III. — Centres directs et inverses de similitude.

188. *Deux polygones ou deux courbes homothétiques ayant des centres de figure, ont un second centre de similitude* (*fig.* 61).

On sait qu'on appelle centre d'une figure un point tel, que toute droite, nommée *diamètre*, qui y passe et se termine de part et d'autre à la figure, se trouve à ce point divisée en deux parties égales. Ainsi, soit C le centre du polygone $abc\alpha$..., on a, par exemple, $aC = C\alpha$, $bC = C\beta$, ce qui montre que les triangles aCb, $\alpha C\beta$ sont égaux, et que ab, $\alpha\beta$ sont égaux et parallèles. Par conséquent, *dans un polygone à centre les côtés sont deux à deux égaux et parallèles.*

Il en résulte que, *dans une courbe à centre, les tangentes menées aux extrémités d'un diamètre sont parallèles.*

Une figure $abc\alpha$... ayant un centre C, il est évident que toute figure $a'b'c'\alpha$, homothétique à la première, aura aussi un centre C'; on verra aussi facilement que C et C' sont en ligne droite avec le centre de similitude O, et que toute ligne droite, telle que $a\alpha$ de l'une des figures, a dans l'autre figure une homologue telle que $a'\alpha'$, parallèle et dans le rapport de similitude.

Cela posé, soit O' le point où $a\alpha'$ coupe la droite OCC', les triangles aCO', $\alpha'C'O'$ montrent que $\dfrac{O'C}{O'C'} = r$, en indiquant par r le rapport de similitude; par conséquent les droites telles que $b\beta'$, $c\gamma'$,..., couperont aussi CC' au même point. Ainsi, tandis que le point O est le centre *direct* ou *externe* de similitude, le point O', centre *inverse* ou *interne* de similitude, ne se trouve que dans les figures homothétiques douées de centre.

189. On reconnaît, d'après ce qui précède, que les deux centres de figure et les deux centres de similitude sont sur une même ligne droite. On a vu aussi que les deux centres de similitude donnaient le même rapport r. On aura donc

$$r = \frac{OC}{OC'} = \frac{O'C}{C'O'},$$

ce qui montre que les *centres de similitude divisent harmoniquement la droite des centres de figure.*

190. Théorèmes sur trois figures homothétiques.

1° *Les centres externes de similitude sont en ligne droite;*

2° *Et, s'il y a des centres de figure, deux des centres internes de similitude sont en ligne droite avec le troisième externe* (*fig.* 62).

Soient $a\alpha\ldots$, $a'\alpha'\ldots$, $a''\alpha''\ldots$ trois figures homothétiques, C, C', C'' trois points homologues, et λ, λ', λ'' trois longueurs sur ces figures, qui ont E, E', E'' pour centres externes, et I, I', I'' pour centres internes de similitude. Menons CK parallèle à C'C'', qui passera au point E, puisque C' et C'' sont homologues, et soit K le point où CK coupe EE''; les triangles semblables EC'E'', KCE'' donnent

$$\frac{C'E}{CK} = \frac{\lambda'}{\lambda}.$$

Soit E_{ι} le point où C''C coupe EE'', on a

$$\frac{CK}{C''E} = \frac{CE_{\iota}}{C''E_{\iota}}.$$

Multipliant ces proportions, on obtient

$$\frac{C'E}{C''E} = \frac{\lambda'}{\lambda} \cdot \frac{CE_{\iota}}{C''E_{\iota}}.$$

Mais aussi

$$\frac{C'E}{C''E} = \frac{\lambda'}{\lambda''};$$

il reste donc

$$\frac{\lambda'}{\lambda''} = \frac{\lambda'}{\lambda} \cdot \frac{CE_i}{C''E_i},$$

ou bien

$$\frac{\lambda}{\lambda''} = \frac{CE_i}{C''E_i}.$$

C'est précisément le rapport qu'on doit avoir pour le point E' : donc E_i coïncide avec E'.

On démontrera de même la seconde partie de la proposition, pourvu qu'on admette que les points C, C', C'' soient les centres de figures des trois courbes, parce que les droites qui joignent ces centres de figure passent par les centres internes de similitude.

On comprend qu'il ne s'agit pas seulement ici de polygones, mais de figures homothétiques quelconques, et notamment de trois cercles sur un plan.

IV. — Centres de similitude de deux cercles.

191. Il est clair que deux cercles sont toujours deux figures homothétiques ; soient O et O' leurs centres (*fig.* 63). Pour trouver leurs centres de similitude, menons deux rayons parallèles aOb, $a'O'b'$; si nous joignons deux rayons comptés dans le même sens, la droite aa' coupera la ligne des centres au point S de similitude externe, ainsi que bb'.

De même ab' et $a'b$ passeront au centre S' de similitude interne.

En effet, les triangles semblables $Oa'S$, $O'a'S$ donnent

$$\frac{OS}{O'S} = \frac{R}{R'},$$

d'où

$$\frac{OO'}{O'S} = \frac{R - R'}{R'};$$

de même

$$\frac{OO'}{OS} = \frac{R - R'}{R}.$$

Ainsi le point S est constant, et les mêmes triangles donnent

$$\frac{Sa}{Sa'} = \frac{R}{R'},$$

ce qui caractérise un centre d'homothétie.

De même,

$$O'S' = -OO' \cdot \frac{R'}{R+R'}, \quad OS' = OO' \cdot \frac{R}{R+R'},$$

et S' est le second centre de similitude.

192. On retrouve ici le problème connu des tangentes communes à deux courbes; deux d'entre elles ou même toutes les quatre pourraient être imaginaires, mais les centres de similitude n'en seraient pas moins réels, d'après la construction précédente.

Si les circonférences sont égales, le centre externe est à l'infini, et le centre interne au milieu de la ligne OO'; du reste, cela résulte des formules précédentes.

Si les circonférences sont tangentes, le point de contact est un centre interne quand les cercles sont extérieurs, et externe quand ils sont intérieurs.

193. *Toute droite passant par un centre de similitude coupe les circonférences sous les mêmes angles,* c'est-à-dire que

$$SaO = Sa'O', \quad S\alpha O = S\alpha'O';$$

cela est évident d'après la définition des figures homothétiques; mais aussi les triangles $Oa\alpha$, $O'a'\alpha'$ étant isocèles, tous leurs angles aigus sont égaux.

194. Par conséquent les droites Oa, $O'\alpha'$ étant prolongées, *concourent au centre C d'un centre tangent en a et α' aux cercles donnés.*

En effet, les angles aigus en α et α' étant égaux, le triangle $Ca\alpha'$ est isocèle et semblable aux triangles $Oa\alpha$, $O'a'\alpha'$.

195. Aux points a et α menons à la circonférence O des tangentes qui concourent en M; de même, aux points a' et α' menons à la circonférence O' des tangentes qui concourent en M', ces secondes tangentes seront respectivement parallèles aux premières.

En effet, aM et a'M' sont parallèles comme perpendiculaires à deux droites parallèles Oa et O'a'; de même αM et α'M' seront parallèles.

Ainsi les triangles isocèles aMα, a'M'α' sont semblables entre eux; de même le triangle SM'a' est semblable à SMa; il en résulte que SM et SM' *sont dans le rapport de similitude.* Par conséquent aussi ces deux points M et M' sont *en ligne droite avec un centre de similitude.* Donc, enfin, ces points M et M' sont homologues.

196. *La ligne des centres coupe les circonférences en quatre points d et δ, d' et δ', qui sont en involution avec les centres de similitude.*

En effet,

$$\frac{S d}{S d'} = \frac{R}{R'}, \quad \frac{S \delta}{S \delta'} = \frac{R}{R'},$$

d'où

$$\frac{S d . S \delta}{S d' . S \delta'} = \frac{R^2}{R'^2};$$

de même

$$\frac{S' d . S' \delta}{S' d' . S' \delta'} = \frac{R^2}{R'^2},$$

d'où

$$\frac{S d . S \delta}{S d' . S \delta'} = \frac{S' d . S' \delta}{S' d' . S' \delta'},$$

ce qui démontre la proposition (127), si l'on observe que, dans tous les cas possibles, les deux nombres de cette égalité sont de même signe.

197. Toutes les propriétés démontrées sur la *fig.* 63 s'appliquent, en effet, à toutes les positions relatives de deux cercles. Sur cette figure même il faut appliquer au point S' tout ce qu'on dit sur le point S: enfin, il faut imaginer a'O' et αO prolongés jusqu'à leur rencontre, qui serait, comme le point C, le centre d'un cercle tangent aux cercles O et O' en deux points a' et α; seulement ce nouveau cercle embrasserait les cercles donnés.

Une droite passant en S' donne deux cercles analogues à M et M'; chacun a, avec O et O', un contact intérieur d'un côté, extérieur de l'autre.

198. Considérons une sécante quelconque partant de l'un des centres de similitude des deux cercles qu'elle coupe, nous savons qu'on appelle *homologues* ceux des points d'intersection avec chaque cercle, dont les distances au centre de similitude sont entre elles dans le rapport de similitude, c'est-à-dire dans celui des rayons des cercles ; les autres s'appellent *anti-homologues.*

Ainsi (*fig.* 63 et 64), a et a', α et α' sont des points homologues; a' et α, a et α' sont des points anti-homologues : observons cependant qu'il y a des points anti-homologues *intérieurs* et d'autres *extérieurs.*

Considérons, par exemple (*fig.* 64), les points anti-homologues intérieurs α et a', β et b' ; on sait que

$$\frac{S a'}{S a} = \frac{R'}{R};$$

mais

$$S a . S \alpha = \overline{SO}^2 - R^2 \quad (69),$$

donc

$$S a' . S \alpha = \frac{R' \left(\overline{SO}^2 - R^2 \right)}{R}.$$

Par conséquent

$$S a' . S \alpha = S b' . S \beta ;$$

on trouvera la même expression $\dfrac{R' \left(\overline{SO}^2 - R^2 \right)}{R}$, pour

$$S \alpha' . S a = S \beta' . S b,$$

relativement aux points extérieurs.

199. Une de ces égalités, telle que $S \alpha . S a' = S \beta . S b'$ (*fig.* 64) fait voir, d'après un théorème élémentaire, que *quatre points anti-homologues sont sur une même circonférence.* On voit même, d'après ce qui précède, que deux de ces points peuvent être intérieurs et les deux autres extérieurs, puisque l'on aura les égalités

$$S a' . S \alpha = S \beta' . S b, \quad \text{et} \quad S b' . S \beta = S \alpha' . S a.$$

V. — Propriétés relatives a l'axe radical.

200. Par conséquent, soit A le point de concours des droites qui réunissent α et β, a' et b'; puisque ces quatre points sont sur une même circonférence, on aura

$$A\alpha . A\beta = Aa' . Ab',$$

il en résulte que ce point A a la même puissance relativement aux circonférences O et O'; ainsi *deux cordes anti-homologues se coupent sur l'axe radical* (*fig.* 64).

De même ab et $\alpha'\beta'$, $b\alpha$ et $\beta'a'$, $a\beta$ et $\alpha'b'$ se coupent deux à deux sur l'axe radical.

Si les rayons Sa, Sb se rapprochent indéfiniment, les cordes anti-homologues $\alpha\beta$ et $a'b'$ deviennent infiniment petites : donc, *les tangentes en deux points anti-homologues se coupent sur l'axe radical.*

201. Soient t et t' les points de contact d'une tangente commune passant en S, et B le point où elle est coupée par l'axe radical : ce point ayant même puissance par rapport aux deux cercles, les distances Bt et Bt' sont égales, c'est-à-dire que *l'axe radical passe au milieu de la distance des points de contact.* De plus, comme les polaires du point S, relativement aux deux cercles, sont les perpendiculaires menées de t et de t' sur OO', on voit que *l'axe radical est à égale distance des polaires au centre de similitude.* On ferait le même raisonnement pour l'autre centre de similitude S'.

Ce théorème s'étendrait par le principe de continuité aux cas où deux ou quatre tangentes communes sont imaginaires.

202. *D'un point de l'axe radical de deux cercles, si l'on mène deux transversales passant respectivement par les pôles de cet axe dans les deux cercles, les droites qui joignent les points où ces transversales coupent les circonférences passent à un centre de similitude* (*fig.* 65).

Soit p le pôle de l'axe radical AP relativement au cercle O, et p' ce pôle relativement au cercle O', on aura, puisque AP est la polaire de p,

$$\frac{mA}{mp} = -\frac{nA}{np}, \quad \text{d'où} \quad \frac{\overline{mA}^2}{\overline{mp}^2} = -\frac{mA . nA}{mp . np}.$$

Soient a et b les extrémités du diamètre situé sur la ligne des centres, cela revient à

$$\frac{\overline{m\,\mathrm{A}}^2}{\overline{mp}^2} = -\,\frac{\mathrm{A}\,m\,.\,\mathrm{A}\,n}{pa\,.\,pb}\,.$$

De même

$$\frac{\overline{m'\,\mathrm{A}}^2}{\overline{m'\,p}^2} = -\,\frac{\mathrm{A}\,m'\,.\,\mathrm{A}\,n'}{p'a'\,.\,p'\,b'}\,;$$

donc, comme

$$\mathrm{A}\,m\,.\,\mathrm{A}\,n = \mathrm{A}\,m'\,.\,\mathrm{A}\,n',$$

puisque A est sur l'axe radical, il reste

$$\frac{m\,\mathrm{A}}{mp} : \frac{m'\,\mathrm{A}}{m'\,p'} = \pm\,\sqrt{\frac{p'\,a'\,.\,p'\,b'}{pa\,.\,pb}}\,.$$

Soit S le point où $m'm$ coupe OO', le triangle $\mathrm{A}pp'$ donne avec cette transversale (2)

$$pm\,.\,\mathrm{A}\,m'\,.\,p'\mathrm{S} = p\mathrm{S}\,.\,p'\,m'\,.\,\mathrm{A}\,m,$$

égalité d'où l'on tire

$$\frac{\mathrm{S}p'}{\mathrm{S}p} = \frac{\mathrm{A}\,m\,.\,p'm'}{\mathrm{A}\,m'\,.\,pm} = \frac{m\,\mathrm{A}}{mp} : \frac{m'\,\mathrm{A}}{m'\,p'}\,;$$

et l'on a enfin

$$\frac{\mathrm{S}p'}{\mathrm{S}p} = \pm\,\sqrt{\frac{p'\,a'\,.\,p'\,b'}{pa\,.\,pb}}\,,$$

quantité constante.

Il y a donc deux positions du point S ; mais il reste à prouver que ce sont les centres de similitude.

Du point P, pied de l'axe radical sur OO', si l'on mène des tangentes aux cercles, on aura ainsi les polaires hp, $h'p'$ de l'axe radical dans ces deux cercles : or, ces polaires peuvent être considérées comme des cas particuliers des sécantes indiquées ; il suffit de supposer le point A à l'infini sur l'axe radical. Mais les tangentes en h et h' concourent en P sur cet axe ; donc ces points h et h' sont anti-homologues, et le point S, où hh' concourt avec mm' et nn', est un centre de similitude.

Tout ce qui précède s'appliquerait aussi au point S'.

203. *Les pôles de l'axe radical, relativement à chaque cercle, divisent harmoniquement la distance des centres de similitude.*

En effet, considérons le quadrilatère $mm'nn'$; les droites $m'm$ et $n'n$ se coupent en S, et les droites $m'n$ et $n'm$ en S', d'après le numéro précédent. Tout se ramène donc aux théorèmes connus du second chapitre sur le quadrilatère complet.

204. Soit A (*fig.* 66) un point de l'axe radical AP de deux cercles O et O', où concourent les tangentes en deux points anti-homologues n et m' (200).

On a trouvé (**173**)

$$\operatorname{tang} \tfrac{1}{2} \operatorname{SO} m \cdot \operatorname{tang} \tfrac{1}{2} \operatorname{SO} n = \frac{Sb}{Sa}.$$

Mais

$$\operatorname{SO} m = \operatorname{SO}' m' = m' \operatorname{AP},$$

ces deux derniers angles ayant leurs côtés perpendiculaires ; ensuite

$$\operatorname{tang} \tfrac{1}{2} \operatorname{SO} n = \cot \tfrac{1}{2} \operatorname{O'O} n,$$

et d'ailleurs

$$\operatorname{O'O} n = n \operatorname{AP}.$$

Il reste donc

$$\frac{\operatorname{tang} \tfrac{1}{2} m' \operatorname{AP}}{\operatorname{tang} \tfrac{1}{2} n \operatorname{AP}} = \frac{Sb}{Sa} = \frac{Sb'}{Sa'}.$$

205. Voici un théorème proposé au concours général de mathématiques élémentaires en 1851 : nous donnons la démonstration du premier prix (*fig.* 67).

Étant donnés deux cercles O et O', si d'un point α' de l'un on mène aux centres de similitude S et S' des droites qui coupent l'autre circonférence aux points a et α, b et β; 1° la droite $\alpha\beta$ passe par le centre O ; 2° la droite ab coupe la ligne des centres en un point constant p.

1° Oα et Oβ sont parallèles à Oα' par la similitude directe et inverse ; donc la ligne αOβ est droite.

2° Soient les droites aA, α'A tangentes aux cercles et a'C tangente en a' jusqu'à la rencontre de Aα' en C, je dis que les triangles aAα', α'Ca' sont semblables. En effet, les angles en α' sont opposés au sommet et de plus aA et a'C sont parallèles comme perpendiculaires aux rayons homologues Oa, $O'a'$. Mais le triangle $\alpha'Ca'$ est isocèle, puisque $C\alpha'$ et Ca' sont les tangentes au même cercle, donc aussi $Aa = A\alpha'$ et le point A est sur l'axe radical.

Soit A_1 le point où se coupent les tangentes en b et en α', et menons en b' la tangente qui rencontre au point B la tangente en α' : les triangles $b A_1 \alpha'$, $\alpha' B b'$ sont semblables comme ayant les angles en α' égaux parce qu'ils sont opposés au sommet, et ayant aussi $b A_1$ et $b'B$ parallèles comme perpendiculaires à des rayons Ob, Ob' qui sont homologues, parce que bb' passe en S'. Mais $B\alpha' = Bb'$; donc aussi $A_1 b = A_1 \alpha'$, et le point A_1 est encore sur l'axe radical : or, ces deux points A et A_1 sont à la fois sur l'axe radical et sur la tangente en α', donc ils coïncident.

Par conséquent l'axe radical est le lieu des pôles des droites telles que ab : donc ces droites doivent passer par le pôle p de l'axe radical relativement à la circonférence O.

VI. — SUPPLÉMENT A LA THÉORIE DES POLAIRES (*Voy*. CHAP. III).

206. *Droites et points conjugués.*

On appelle *points conjugués* par rapport au cercle deux points tels, que la polaire de l'un passe par l'autre : cette propriété est évidemment réciproque.

On voit que deux points conjugués sont *conjugués harmoniques* relativement aux deux points d'intersection (réels ou imaginaires) de la circonférence par la droite sur laquelle sont pris ces deux points.

De même, on dit que deux droites sont *conjuguées* relativement à un cercle quand le pôle de l'une se trouve sur l'autre. Donc, d'après la définition du faisceau harmonique et les théorèmes sur les polaires (61 et suiv.), deux droites conjuguées entre elles sont *conjuguées harmoniques* relativement aux deux tangentes au cercle (réelles ou imaginaires) menées par leur point de concours.

207. Deux points conjugués a et a' étant conjugués harmoniques par rapport aux deux points A et A' où la droite aa' coupe la circonférence, soit O le milieu de AB, on aura (26)

$$\overline{OA}^2 = Oa.Oa'.$$

Soient b et b', c et c' deux autres couples de points conjugués, on aura encore les égalités $\overline{OA}^2 = Ob \cdot Ob' = Oc \cdot Oc'$;
par conséquent *trois couples de points conjugués, pris sur une
même droite, forment une involution de six points dont les
points doubles sont les deux points d'intersection du cercle par
la droite.*

208. *Quatre points en ligne droite ont leur rapport anharmonique égal à celui de leurs polaires.*

En effet, quatre points a, b, c, d ont leur rapport anharmonique égal à celui de leurs conjugués a', b', c', d', car ces points
forment deux divisions homographiques, puisqu'ils constituent
une involution (207). Or ces points conjugués sont sur les
polaires des quatre points a, b, c, d, d'après la définition même
des points conjugués ; et ces polaires passent par un même
point, puisque a, b, c, d sont sur une même ligne droite. Par
conséquent le rapport anharmonique de ces points a', b', c', d'
est à la fois égal à celui des points a, b, c, d et à celui de
leurs polaires : donc ces derniers sont égaux.

209. On en conclut que *trois couples de droites conjuguées,
menées par un même point, forment un faisceau de six droites
en involution, dont les deux rayons doubles sont les tangentes
au cercle, menées par ce point.* Ce théorème inverse du n° 207
tient à ce que les points conjugués a, b, c, d et a', b', c', d'
étant sur la même droite, les faisceaux de leurs polaires passent en un même point.

210. *Quadrilatère circonscrit au cercle.*—Revenons au n° 174
et à la *fig.* 58 qui s'y rapporte.

*Un quadrilatère étant circonscrit à un cercle, les diago-
nales qui joignent les sommets opposés concourent au même
point que les droites qui joignent les points opposés de contact.*

Nous transcrivons ici l'énoncé de ce théorème, mais la démonstration en ayant été donnée (174), nous ne la répéterons
pas. Seulement, comme rien n'exige que le quadrilatère en
question soit convexe, les quatre tangentes aux points i, i', g,
g' (*fig.* 58) formeront trois quadrilatères différents suivant
que l'on considérera une d'elles comme opposée à chacune
des trois autres.

Nous avons déjà considéré comme opposées (174) les tangentes en i et en i', en g et en g', ce qui a donné le point P où concourent ii' et gg', point correspondant au quadrilatère $\alpha\alpha'aa'$.

Considérons ensuite la tangente en i comme opposée à la tangente en g' : les droites ig', $i'g$ donnent H pour point de concours, et les tangentes opposées α'A et Oa, Oα' et Aa forment le quadrilatère α'AaO dont les diagonales OA et $a\alpha'$ passent aussi en H.

Enfin la tangente en i étant opposée à la tangente en g, les droites ig, $i'g'$ donnent le point de concours K, en dehors des limites de la figure. Alors les tangentes opposées a'A et Oα, Aα et Oa' forment le quadrilatère O$a'\alpha$A dont les diagonales OA et $a'\alpha$ passent en K.

211. *Dans un quadrilatère circonscrit à un cercle, le point de rencontre des deux diagonales est le pôle de la droite qui joint le point de concours des côtés opposés.*

On a vu, dans le courant de la démonstration du théorème précédent (174), que P était le pôle de la droite AO qui réunit les points de concours A et O des côtés opposés $a'\alpha'$ et $a\alpha$, aa' et $\alpha\alpha'$ du quadrilatère $aa'\alpha\alpha'$.

De même H sera le pôle de la droite $\alpha a'$, et K celui de la droite $\alpha'a$.

212. *Quand un quadrilatère est circonscrit à un cercle, les deux diagonales et la droite qui joint les points de concours des côtés opposés forment un triangle dont chaque sommet a pour polaire le côté opposé (fig. 58).*

En effet, relativement au quadrilatère $aa'\alpha'\alpha$ qui a pour diagonales ii', gg' et dans lequel la droite AO réunit les points de concours des côtés opposés, on a vu (174) que A était le pôle de ii' et O celui de gg'; par suite P est aussi le pôle de AO, ce qui démontre le théorème.

Il en serait de même pour les autres quadrilatères. Il suit de là que les deux diagonales sont deux droites *conjuguées* par rapport au cercle (206).

213. *Quadrilatère inscrit au cercle.*

Quand un quadrilatère est inscrit au cercle, les points de concours des tangentes en ses sommets opposés, et les points de concours de ses côtés opposés, sont quatre points en ligne droite (*fig.* 58).

En effet, on a vu, à la fin du n° 210, que la droite OA qui réunit les points de concours des tangentes aux points g et g', i et i' et qui passe déjà (174) au point H où concourent les côtés opposés ig' et $i'g$, passe aussi au point K où se joignent les autres côtés opposés ig et $g'i'$.

De même pour les autres combinaisons de sommets opposés, les points a, P, a', H sont en ligne droite, ainsi que les points a', P, a, K.

214. *Dans un quadrilatère inscrit au cercle, le point de concours des deux diagonales est le pôle de la droite qui joint les points de concours des côtés opposés* (*fig.* 58).

Nous avons vu (174), relativement au quadrilatère circonscrit $aa'a'a$, que le point P où concourent les lignes ii', gg' qui joignent les points de contact des côtés opposés, est le pôle de la droite AO, qui réunit les points de concours de ces côtés opposés. Mais nous savons aussi (213) que cette droite AO coïncide avec HK, c'est-à-dire avec la droite qui réunit les points de concours des côtés opposés dans le quadrilatère inscrit dont i et i', g et g' sont les sommets opposés. De même H est le pôle de PK et K celui de HP.

215. *Quand un quadrilatère est inscrit au cercle, le point de rencontre des deux diagonales et les points de concours des côtés opposés sont trois points dont chacun a pour polaire la droite qui joint les deux autres* (*fig.* 58).

Dans le triangle HPK nous venons déjà de constater que P, où concourent les diagonales du quadrilatère dont i et i', g et g' sont les sommets opposés, est le pôle de la droite HK : mais nous avons vu aussi (211) que H était le pôle de aa' et K celui de $a'a$. Or nous avons démontré (213) que aa' coïncide avec PK et $a'a$ avec PH, donc le théorème est démontré pour le triangle PHK qui est le même pour les trois combinaisons de sommets opposés.

Il résulte de là que les points de concours des côtés opposés d'un quadrilatère inscrit sont deux points *conjugués* par rapport au cercle (206).

216. Enfin il est évident par la perspective, que tout ce qui a été démontré pour le cercle, dans ce § VI, s'applique aussi à une conique quelconque.

VII. — QUADRILATÈRE CIRCONSCRIT A DEUX CERCLES.

217. *La circonférence qui a pour diamètre la distance des centres de deux cercles passe par les sommets du quadrilatère circonscrit à ces cercles.*

Soient c et C les centres de ces deux cercles, S et S' leurs centres de similitude, i, g, h, k les sommets du quadrilatère circonscrit; la droite ch est bissectrice de l'angle ShS' et Ch est bissectrice du supplément de cet angle; donc l'angle chC est droit, et la circonférence qui a Cc pour diamètre passe en h; il en sera de même pour les autres sommets.

218. *Chacune des droites qui joignent, perpendiculairement à la ligne des centres, les sommets du quadrilatère circonscrit à deux cercles, est la polaire, dans ces deux cercles, du pied de l'autre droite sur la ligne des centres (fig. 68).*

Comme rien n'exige que le quadrilatère circonscrit $igkh$ soit considéré comme convexe, on peut prendre hg et ik, hk et ig pour les côtés opposés; alors ih et gk, perpendiculaires à cC aux points e et f, sont les diagonales de ce quadrilatère. Cela posé, appliquons le théorème du n° 212; on voit que la droite qui joint les points de concours S et S' des sommets opposés forme avec les diagonales un triangle, dont ef est un côté, le sommet opposé à ef étant à l'infini, puisque ih et gk sont parallèles. Alors, d'après le théorème indiqué, l'un des autres sommets, tel que e, sera la polaire du côté opposé dont la direction est fk. Mais il faut bien observer que fk est la polaire de e relativement aux deux cercles c et C, puisque le quadrilatère est également circonscrit à chacun de ces deux cercles. De même eh est la polaire de f par rapport aux deux cercles.

219. Puisque ih qui coupe Ce en e est polaire de f relativement au cercle C, les points e, f divisent harmoniquement le diamètre de C; on verrait de même qu'ils divisent harmoniquement le diamètre de c. Par conséquent, ces points e, f (*fig.* 68) sont les mêmes que les points indiqués aussi par e, f (*fig.* 35) dans le n° 84. Donc, ici encore, *le pied de l'axe radical est au milieu de la distance de ces deux points.*

CHAPITRE IX.

CONTACTS D'UN CERCLE AVEC TROIS AUTRES.

I. — Théorèmes sur trois cercles.

220. *Quand trois cercles ont le même axe radical, les polaires d'un point quelconque, prises relativement à ces trois cercles, passent par un même point.*

Soient A, B, C ces trois cercles, et P le point donné ; soit P′ le point où concourent les polaires P′α, P′β de P relativement à A et à B, je dis que la polaire de P, relativement à C, passera aussi en P′.

En effet, joignons PP′ qui coupe l'axe radical commun en O, et les cercles en a et en a', b et b', c et c'. Nous savons (136) que les six points pris sur les circonférences font une involution dont O est le point central. Mais, d'après la définition même des polaires (52), les points P et P′ sont harmoniques conjugués relativement à a et a', ainsi qu'à b et b'. Par conséquent P et P′ sont les points doubles de l'involution (146). Donc ces points doubles divisent aussi harmoniquement la distance cc' ; d'où il résulte que la polaire de P, relativement à C, passera aussi en P′.

On sait (146) que les points doubles sont à égale distance du point central, c'est-à-dire que PO $=$ OP′ : donc aussi les distances de ces points P et P′ à l'axe sont égales et de côté opposé.

On conclut de cette symétrie que, réciproquement, les polaires du point P′ relativement aux trois cercles passeraient en P.

221. *Quand un cercle est tangent à deux autres, les points de contact sont en ligne droite avec l'un des centres de similitude de ceux-ci.*

Ce théorème a déjà été implicitement démontré (194) sur

la *fig.* 63, où l'on voit que, la droite $a\alpha'$ passant en S, Oa et O'α' concourent au centre d'un cercle tangent à O et à O'.

.Réciproquement (*fig.* 69) la droite MN' qui réunit les contacts de C avec O et O' passe à un centre S de similitude de O et de O'. On voit même que ces points de contact a et α' (*fig.* 63), ou M et N' (*fig.* 69), sont *anti-homologues*.

222. *Théorème de Cauchy* (*fig.* 69).—Soit A un point quelconque de la circonférence C, tangente en M et N' aux cercles O et O'; menons AM qui coupe encore la circonférence O en T, et AN' qui coupe encore la circonférence O' en T'; enfin, menons à O', par le point T', une tangente jusqu'à la rencontre de AM en R. Si nous indiquons par t et t' les longueurs des tangentes menées du point A aux cercles O et O', nous aurons

$$\frac{t'^2}{t^2} = \frac{\text{AR}}{\text{AT}}.$$

Pour le démontrer, rappelons-nous que, si deux cercles sont tangents, le point de contact est un centre de similitude (192). Par conséquent, le triangle AMN' sera semblable d'un côté à MTN, et de l'autre à M'T'N'. Cela posé, l'angle inscrit M' est égal à l'angle AT'R formé par une corde et une tangente, et comme cet angle M' est aussi égal, comme on vient de le voir, à l'angle AMN', les triangles AMN', AT'R sont semblables, ce qui donne

$$\frac{\text{AT'}}{\text{AM}} = \frac{\text{AR}}{\text{AN'}}, \quad \text{ou bien} \quad \text{AN'.AT'} = \text{AM.AR}.$$

Maintenant nous avons évidemment

$$t^2 = \text{AM.AT}, \quad t'^2 = \text{AN'.AT'} = \text{AM.AR},$$

ce qui démontre le théorème.

Corollaire.—Si le point A est sur l'axe radical des cercles O et O', on a $t' = t$; donc AR = AT.

Pour voir comment cette circonstance peut se présenter, observons que, même sans cette supposition particulière, la tangente en T est parallèle à la tangente en T', car les rayons OM et O'M' étant homologues, ainsi que les droites MT et M'T', les rayons OT, O'T' sont aussi homologues, et par conséquent parallèles. Donc les tangentes T'R, TR' sont parallèles.

On en conclut que, si $AR = AT$, ces droites $T'R$, TR' *se confondent en une tangente commune aux deux cercles O et O'.*

223. *Quand un cercle est tangent à deux autres, les tangentes aux points de contact se coupent sur l'axe radical de ceux-ci.*

En effet, on a vu (**221**) que ces points de contact sont anti-homologues : le théorème est donc démontré d'avance (**200**). Ainsi (*fig.* 70) le point B où se coupent les tangentes communes aux points M et N' est sur l'axe radical P de O et O'.

224. Soient C et C_1 deux cercles dont chacun soit à la fois tangent à O et O', *ils ont pour axe radical une droite qui passe en un centre de similitude de O et O'.* Ainsi (*fig.* 70) l'axe radical L de C et C_1 passe en S.

Pour le démontrer, il suffit de rappeler que

$$SM.SN' = SM_1.SN'_1 \quad (199).$$

Donc le point S ayant la même puissance par rapport aux cercles C et C_1 est sur leur axe radical.

225. *Deux cordes anti-homologues de contact commun coupent l'axe radical de O et O', en un centre de similitude de C et C_1* (*fig.* 70). Ainsi MM_1 et $N'N'_1$ se coupent en un point D qui est sur l'axe radical P et qui est un centre de similitude de C et C_1.

La première partie de ce théorème est déjà démontrée (**200**), et la seconde partie semble aussi facile, car la corde des points de contact M et M_1 d'un même cercle O avec deux cercles C et C_1 passe à un centre de similitude de ces deux cercles (**221**): il en serait de même pour $N'N'_1$.

Mais on pourrait supposer que MM_1 passe par l'un des centres de similitude de C et C_1, et $N'N'_1$ par l'autre, de sorte que le point de concours de ces droites ne serait pas un centre de similitude. Il faut donc montrer qu'il s'agit du même point MM_1 et $N'N'_1$.

Considérons l'ensemble des trois cercles O, O' et C, où l'on sait que les points de contact M et N' sont des centres de similitude (**192**), et supposons, pour fixer les idées, que le point S qui est en ligne droite (**221**) avec N' et M soit un centre de similitude externe : alors M et N' seront nécessairement (**190**) deux centres de similitude de même nature. Il en sera de même pour les points M_1 et N_1.

Donc chacune des droites MM_i, $N'N'_i$ joint deux centres de similitude tels, que, si M et M_i sont de même nature ou de nature différente, il en est de même pour les points N' et N'_i. Or, dans ces conditions, si l'on essaye les quatre combinaisons possibles (190) des centres directs et inverses, on trouvera toujours que celui des centres de similitude qui est à la fois sur les deux droites est de même nature, et par conséquent le même.

On ferait le même raisonnement si les droites des points de contact passaient par un centre de similitude interne. Ainsi, dans tous les cas, le point de concours D est sur l'axe radical de O et O', et est un centre de similitude de C et C_i.

226. D'après ce que nous avons vu (223), on comprend que les tangentes communes en M et M_i se coupent sur la droite LS, axe radical de C et C_i (224). Mais ce point d'intersection G est le pôle de MM_i relativement au cercle O : donc, comme les polaires des différents points d'une droite passent par le pôle de cette droite, MM_i passera par le pôle H de LS, relativement à O.

De même $N'N'_i$ passera par le pôle H' de LS, relativement à O'. Enfin la construction des pôles H et H' fera facilement reconnaître qu'ils sont en ligne droite avec S (194).

227. Une droite quelconque LS, dès qu'elle passe à un centre de similitude S de deux cercles O et O', pouvant toujours être considérée comme l'axe radical d'une infinité de cercles, tels que C et C_i, tangents aux cercles donnés (224), on pourra toujours, d'après ce qui précède, déterminer de la manière suivante un couple de ces cercles.

Sur l'axe radical des cercles O et O' prenez un point quelconque D, et joignez-le aux points H et H', qui sont respectivement les pôles de LS relativement aux cercles O et O' : les points obtenus ainsi sur les circonférences sont les points de contact, et il suffira de les joindre à O et O' pour avoir C et C_i.

228. On a vu (222, *Corollaire*) que, si le point A (*fig.* 69) était sur l'axe radical des cercles O et O', les droites TR', $T'R$ se réunissaient en une tangente commune à ces deux cercles, c'est-à-dire que R coïncidait avec T et R' avec T'; ici T et T' deviendront donc les points de contact de cette tangente commune.

Réciproquement, soient T et T' (*fig.* 70) ces points de contact d'une tangente commune passant en S; on voit, par la comparaison de cette figure avec la précédente, que le point A où se coupent TM et T'N', et que l'on sait déjà être sur l'axe radical de O et de O' (200), est un point de la circonférence C, tangente à O et à O' aux points M et N'.

II. — CONSTRUIRE UN CERCLE TANGENT A TROIS CERCLES DONNÉS.

229. Soient S, S_1, S_2 les trois centres de similitude externe de ces trois cercles O, O', O", pris deux à deux, et D le point de concours de leurs axes radicaux, c'est-à-dire leur centre radical (74); enfin, soient H, H', H" les pôles de la droite SS_1S_2 relativement aux trois cercles : les droites DH, DH', DH" coupent respectivement les trois cercles donnés à leurs points de contact avec les deux cercles cherchés C et C_1.

Cette construction résulte évidemment du n° 227.

230. Ainsi la droite qui réunit les centres externes donne deux solutions : chaque droite réunissant un centre externe à deux centres internes (190) en donnerait encore deux; il y a donc en tout huit solutions.

Plusieurs couples de ces solutions peuvent être réels ou imaginaires, suivant les diverses positions relatives des cercles donnés sur le plan.

Nous observerons seulement que toutes les solutions sont imaginaires si les cercles sont intérieurs comme dans la *fig.* 46, et qu'elles sont toutes réelles, au contraire, si chacun des cercles est extérieur aux deux autres. Voici alors comment elles sont disposées :

1° Un cercle ayant un contact extérieur avec les trois cercles donnés;

2° Un cercle ayant un contact intérieur avec les trois cercles donnés;

3° Trois cercles ayant un contact extérieur avec deux des cercles donnés et intérieur avec le troisième;

4° Trois cercles ayant un contact intérieur avec deux des cercles donnés et extérieur avec le troisième.

III. — MODIFICATIONS POUR LES POINTS ET LES DROITES.

231. La solution précédente, due à Gergonne, est d'une grande simplicité et surtout d'une admirable généralité : mais pour voir comment elle s'applique à tous les problèmes secondaires que nous allons examiner, il faut rappeler ou étudier ce qui arrive quand un cercle dégénère en point ou en droite.

On a trouvé (191) pour distances du centre du plus grand de deux cercles aux centres de similitude, les expressions

$$OS = OO' \cdot \frac{R}{R - R'}, \qquad OS' = OO' \cdot \frac{R}{R + R'} \; (\textit{fig } 63).$$

Si le plus petit des centres devient un point, $R' = 0$, et il reste $OS = OS' = OO'$, c'est-à-dire que *les centres de similitude d'un cercle et d'un point se réduisent à ce point lui-même.*

Nous savons aussi (75) que *l'axe radical entre un cercle et un point est la perpendiculaire sur la ligne qui joint ce point au centre, élevée au milieu de la distance de ce point à sa polaire relativement au cercle.*

232. On a vu aussi (76) que *l'axe radical entre un cercle et une droite,* dans laquelle dégénère l'autre cercle, *est cette droite elle-même.*

Pour trouver les centres de similitude, considérons (*fig.* 63) le cercle de centre O passant en d, et imaginons que ce centre s'éloigne à l'infini, ce point d restant fixe. Avant cette transformation, nous poserons

$$dO' = p, \quad \text{et} \quad dS = x,$$

ce qui fait que la formule

$$OS = OO' \cdot \frac{R}{R - R'},$$

du n° 191, donnera

$$R + x = \frac{(R + p) \cdot R}{R - R'},$$

et par conséquent

$$x = \frac{R \cdot (p + R')}{R - R'} = \frac{p + R'}{1 - \dfrac{R'}{R}}.$$

Ainsi à la limite de $R = \infty$, il reste $x = p + R'$, et l'on trouverait de même $dS' = p - R'$. Dans ce cas les centres de similitude sont donc les deux points d' et δ', et l'on a ce théorème : *Les centres de similitude d'un cercle et d'une droite sont les extrémités du diamètre perpendiculaire à la droite.*

233. On conclut évidemment de ce qui précède que *l'axe radical entre un point et une droite est cette droite elle-même.*

De même, la droite représentant un cercle, on verra (231) que *les centres de similitude entre une droite et un point se réduisent à ce point lui-même.*

234. La recherche de l'axe radical entre deux droites est évidemment illusoire, car il n'y aurait pas de raison pour prendre une droite plutôt que l'autre : mais nous verrons (241) que cette considération ne sera pas nécessaire. La hauteur de OO' devenant arbitraire, deux droites sont le lieu de leurs centres de similitude *interne* : ceux de similitude *externe* sont sur deux parallèles à l'infini.

235. Enfin, relativement à deux points, la recherche des centres de similitude est illusoire, car il n'y a pas de raison de choisir l'un plutôt que l'autre : nous verrons du reste (243) que cette recherche n'est pas nécessaire.

Quant à l'axe radical entre deux points, c'est évidemment la perpendiculaire élevée sur le milieu de leur distance.

236. La solution générale exige que l'on cherche le pôle d'une droite relativement à trois cercles (229). Il nous reste donc à considérer ce que devient le pôle d'une droite : 1° relativement à un point ; 2° relativement à une droite.

1° On sait que le carré du rayon d'un cercle est égal au produit de la distance du centre à une droite par la distance de ce centre au pôle de la droite : donc le premier facteur du second membre étant constant, le second doit devenir nul en même temps que le premier membre : ainsi *le pôle d'une droite, relativement à un point, est ce point lui-même.*

2° Considérons d'abord un cercle quelconque, et soit A un point de la droite dont on cherche le pôle relativement à ce cercle : menons une transversale quelconque ACD qui coupe le cercle en C et en D, C étant le plus rapproché de ces deux points. Soit B le conjugué harmonique de A ; on sait que

$$\frac{CB}{AC} = \frac{BD}{AD}.$$

Si maintenant le cercle dégénère en droite, D va à l'infini ; donc

$$\frac{BD}{AD} = 1, \quad \text{et} \quad CB = AC.$$

Menons donc, du point A sur la droite donnée CC′ des transversales AC, AC′, AC″,..., et sur le prolongement de chacune d'elles, portons CB = AC, C′B′ = AC′, C″B″ = AC″,..., il est évident que les points B, B′, B″,..., seront sur une droite parallèle à CC′C″ ; donc l'ensemble de ces points, qui est la polaire du point A, est une *parallèle à la droite qui provient du cercle transformé*. Il en sera de même pour les polaires de tous les autres point de la droite, dont on cherche le pôle, et comme ce pôle est le point de concours de toutes ces polaires qui sont parallèles, il sera à l'infini. Ainsi *le pôle d'une droite relativement à une autre droite, prise comme cercle indéfini, est un point situé à l'infini*.

Par conséquent, pour obtenir la ligne qui joint ce pôle à un point donné, il suffira de mener par ce point une parallèle *à la droite relativement à laquelle on a cherché le pôle*, et non à celle dont on a demandé le pôle.

IV. — Problèmes secondaires.

237. *Construire un cercle tangent à deux cercles donnés et passant par un point donné.*— Ce point donné étant un centre double de similitude par rapport à chaque cercle, il n'y a plus que deux droites réunissant trois centres de similitude, ce sont celles qui joignent ce point aux centres de similitude des deux cercles ; on n'aura donc que quatre solutions.

238. Après avoir démontré le théorème que nous avons reproduit (**222**), Cauchy en déduit (*Correspondance de l'École Polytechnique*, t. I, p. 195) une solution dont nous ne parlerons pas, parce qu'elle nous paraît moins simple que la précédente. Cependant ce théorème nous permet de résoudre trèsfacilement deux cas particuliers où le point donné se trouve :

1° sur l'axe radical des deux cercles; 2° sur l'une des deux circonférences.

1° Soit le point A (*fig.* 70) sur l'axe radical des cercles O et O′, et T, T′ les points de contact d'une tangente commune, on a vu (228) que si l'on joint AT, AT′, ces droites coupent les circonférences aux points de contact cherchés M et N′ : on aura de même les trois autres solutions.

2° Si le point A de la *fig.* 69 vient en un point N′ de la circonférence O′, la droite N′S passe toujours au point de contact M du cercle cherché C. Ainsi (*fig.* 71) la droite AS coupe la circonférence O en deux points N et M : le premier donne ON parallèle à O′A, mais le second M est tel, que OM coupe O′A au centre cherché C.

De même S′ donnera l'autre cercle C_1 ; on a vu que les deux autres centres étaient à l'infini.

239. *Mener une circonférence tangente à une droite et à deux circonférences données.*—Comme il y a six centres de similitude (232), on retrouve huit solutions ainsi que dans le problème général. Du reste, la droite donnée représentant deux axes radicaux (232), le point D de concours de ces axes radicaux sera à l'intersection de celui des deux cercles par la droite donnée.

Enfin, d'après ce qu'on a vu (236, 2°) sur le pôle d'une droite relativement à une autre droite, on devrait mener de ce point D une parallèle à la droite donnée; mais on voit que cette parallèle serait la droite elle-même : cela n'apprend donc rien, puisqu'il en résulte seulement que cette droite contient un point de contact. Mais, ayant trouvé, comme dans le problème général (229 et 230), les points de contact d'un cercle cherché sur les cercles donnés, on les joint aux centres donnés pour avoir le centre cherché.

240. Si même on veut éviter toute confusion, on peut n'employer qu'un seul point de contact. On est donc ramené au problème suivant (*fig.* 72) :

Connaissant une droite AB et un cercle O, construire un cercle C tangent à la circonférence en un point donné M, et tangent aussi à la droite.

Soit A le point où AB est coupé par la droite MA, tangente aux cercles O et C : puisque le cercle C est tangent aux deux côtés de l'angle MAB, le centre est sur la bissectrice de MAB et à la rencontre de OM.

Seulement, le raisonnement qui précède s'applique également à la bissectrice AC_1 de l'angle B'AM, supplément de MAB : on obtient ainsi l'autre centre C_1.

241. *Mener un cercle tangent à un cercle et à deux droites.*

On sait déjà (232) que les perpendiculaires abaissées du centre respectivement sur chaque droite déterminent sur la circonférence quatre centres de similitude S, S', S_1, S_1'. En admettant (234) que les centres de similitude des droites, l'une par rapport à l'autre, soient à l'infini, ou sur les droites, chacun des côtés du rectangle $SS'S_1S_1'$ contiendra trois centres de similitude, comme l'exige la théorie générale. Ainsi nous trouverons encore huit solutions.

Ces deux droites étant des axes radicaux (76), leur intersection D est le point de concours de ces axes, et l'on n'a pas besoin de chercher celui de l'une par rapport à l'autre (234). Soit H, comme au n° 229, le pôle d'un côté du rectangle, tel que SS_1, la droite DH marquera, sur la circonférence donnée, deux points de contact : mais on achèvera de déterminer les centres, comme au numéro précédent, par les bissectrices des angles que font les droites données.

242. *Mener par un point un cercle tangent à un cercle et à une droite.*

On trouvera comme précédemment (232) les deux centres de similitude du cercle et de la droite ; mais le point donné représente quatre centres de similitude, deux relatifs au cercle (231) et deux relatifs à la droite (233) : il n'y a donc que deux lignes réunissant trois centres de similitude, ce qui donne quatre solutions.

Soit donc M un point de contact déterminé par la méthode générale sur le cercle donné O, et soit O' le point donné : il est clair que la perpendiculaire menée sur le milieu de MO' coupera OM au centre cherché C.

243. *Faire passer par deux points donnés un cercle tangent à un cercle donné.*

Chacun des points donnés représentant deux centres de similitude relativement au cercle, la droite qui joint les points sera la seule qui contienne trois centres de similitude : il n'y aura donc que deux solutions.

Le point de concours des axes radicaux se trouve sur la perpendiculaire élevée au milieu de la distance des deux points : du reste, on voit qu'il n'y a pas à considérer lès centres de similitude d'un point par rapport à l'autre (235). Ainsi la construction générale s'applique sans difficulté.

244. Voici la solution directe et ordinaire de ce problème (*fig.* 73). D'un point E pris arbitrairement, mais d'une manière convenable, sur la perpendiculaire élevée au milieu de la droite qui joint les points donnés O' et O'', décrivez un cercle qui passe par ces deux points et qui coupe la circonférence donnée O en B et D : joignez BD qui coupe O'O'' en A, et du point A menez au cercle C les tangentes AM, AM₁. Ces points M et M₁ seront les points de contact cherchés ; MO et M₁O couperont la perpendiculaire aux centres cherchés C et C₁.

En effet, le cercle E nous donne

$$AO' . AO'' = AB . AD;$$

mais le cercle O donne aussi

$$AB . AD = \overline{AM}^2 = \overline{AM_1}^2.$$

Donc

$$AO' . AO'' = \overline{AM}^2 = \overline{AM_1}^2,$$

ce qui montre que les cercles C et C₁ résolvent le problème.

245. Pour ramener au problème précédent le problème plus général que voici : *Faire passer par deux points donnés une circonférence qui détermine sur un cercle donné une corde de longueur connue*, il suffira de décrire, du centre du premier cercle O, un second tel, que la portion de tangente comprise entre ce premier cercle et le second soit égale à la corde donnée. Alors on opérera sur le second cercle comme on vient de le voir ci-dessus.

246. Voici enfin deux problèmes bien connus et qui se rattachent aux précédents, mais pour lesquels la solution générale serait en défaut, à cause de leur simplicité même :

1º *Faire passer par deux points donnés une circonférence tangente à une droite donnée* (*fig.* 74).

Soit A le point où la droite des points donnés O et O' coupe la droite donnée, et soit B le point de contact cherché, on a

$$AB = \pm \sqrt{AO \cdot AO'},$$

ce qui donne les deux points B et B_1; ensuite les perpendiculaires menées de ces points sur la droite donnée, jusqu'à la rencontre de la perpendiculaire sur le milieu de OO', donnent les centres C et C_1.

2° *Trouver un cercle tangent à deux droites données et passant par un point donné* (*fig.* 75).

Soient SA, SD les droites données : il est clair que le centre du cercle cherché est sur celle des bissectrices de ces droites qui se trouve dans le même angle DAB que le point donné O. Soit donc OO' perpendiculaire à cette bissectrice jusqu'à la rencontre d'un des côtés en A. Le point O' de cette perpendiculaire étant symétrique de O, relativement à la bissectrice indiquée, sera sur la circonférence cherchée : donc, B étant un point de contact, on aura

$$AB = \pm \sqrt{AO \cdot AO'}.$$

On aura donc les points de contact B et B_1, et les centres C et C_1.

Dans la solution générale (229), chaque point de contact est à l'intersection d'un cercle donné et d'une certaine droite. Mais ici ce cercle et cette droite se confondent en une droite donnée : donc ces points de contact resteraient indéterminés. Voilà pourquoi la méthode générale est en défaut dans ces deux problèmes particuliers.

CHAPITRE X.

THÉORÈMES ET PROBLÈMES SUR LE TRIANGLE.

I. — CERCLE CIRCONSCRIT ET CENTRE DE GRAVITÉ.

247. Il est clair que les perpendiculaires élevées sur les milieux des côtés d'un triangle concourent au centre du cercle circonscrit. Pour calculer le rayon de ce cercle, abaissons du sommet A (*fig.* 76) la perpendiculaire AD sur la base BC, menons le diamètre BOE et joignons AE : les triangles rectangles ABE, ADC sont semblables, puisque les angles inscrits E et C sont égaux ; donc

$$\frac{AD}{AC} = \frac{AB}{BE}.$$

Mais

$$2\,ABC = AD.BC,$$

et comme

$$AD = \frac{AB.AC}{BE},$$

il reste

$$2\,S = \frac{AB.AC.BC}{2\,R},$$

ou bien

$$4\,RS = abc.$$

248. *Les trois hauteurs d'un triangle concourent au même point* (*fig.* 77).

Des sommets A, B, C du triangle, menons des parallèles aux côtés opposés, nous formons ainsi un triangle A′B′C′ quadruple du premier, auquel il est semblable. Les hauteurs de ABC sont les perpendiculaires élevées sur les milieux des côtés du triangle A′B′C′ : donc elles concourent en un point H.

249. *Les médianes d'un triangle concourent au même*

point (centre de gravité) et au tiers de chacune d'elles (*fig.* 78).

Soient les médianes AM, BN du triangle ABC et joignons MN. Les triangles CAB, CNM sont semblables, comme ayant l'angle commun C compris entre côtés proportionnels : donc

$$NM = \frac{1}{2} AB,$$

et est aussi parallèle à AB. Par conséquent, les triangles AGB, NGM sont aussi semblables, G étant l'intersection de AM et de BN. Donc la proportion des côtés homologues donne aussi

$$GM = \frac{1}{2} AG, \quad GN = \frac{1}{2} BG,$$

d'où

$$GM = \frac{1}{3} AM, \quad GN = \frac{1}{3} BN.$$

La médiane AM couperait de même la troisième médiane CP en un point qui donnerait encore le tiers de AM, c'est-à-dire le point G.

250. *Le centre de gravité est un point tel, que, si on le joint aux trois sommets du triangle, ce triangle est divisé en trois parties équivalentes.*

En effet, une de ces parties, telle que BGC, est le tiers de ABC, comme ayant même base BC, et parce que la hauteur de ABC, d'après ce qui précède, est triple de celle de BGC.

251. *Le centre de gravité est un point tel, que la somme des carrés de ses distances aux sommets du triangle est un minimum* (*fig.* 78).

Supposons le problème résolu et soit G le point cherché : indiquons par $2m^2$ la valeur fixe, quoique encore inconnue, de la somme partielle

$$\overline{GB}^2 + \overline{GC}^2,$$

c'est-à-dire posons

$$\overline{GB}^2 + \overline{GC}^2 = 2m^2.$$

Soit M le milieu de BC : on a, par un théorème connu,

$$\overline{GB}^2 + \overline{GC}^2 = 2\overline{MG}^2 + 2\overline{MB}^2 :$$

il en résulte

$$\overline{MG}^2 + \overline{MB}^2 = m^2,$$

et comme

$$2\,MB = BC = a,$$

on a

$$\overline{MG}^2 = m^2 - \frac{a^2}{4}.$$

Par conséquent, le point G sera sur une circonférence dont le centre est M, et dont le rayon est

$$\sqrt{m^2 - \frac{a^2}{4}}.$$

Cela posé, celui des points de cette circonférence qui donnera la somme totale minimum s'obtiendra évidemment en menant du point A une normale à cette circonférence : or, cette normale sera nécessairement MA ; donc le point cherché se trouve sur une médiane, et par suite sur les autres. Ainsi le point cherché G n'est autre que le point de concours des médianes, ou le centre de gravité.

Pour calculer la somme minimum, observons que dans l'équation

$$\overline{GB}^2 + \overline{GC}^2 = 2\overline{MG}^2 + 2\overline{MB}^2,$$

on a

$$2\overline{MG}^2 = \frac{\overline{GA}^2}{2},$$

et

$$2\overline{MB}^2 = \frac{a^2}{2},$$

ce qui donne

$$2\overline{GB}^2 + 2\overline{GC}^2 - \overline{GA}^2 = a^2.$$

De même,

$$2\overline{GA}^2 + 2\overline{GC}^2 - \overline{GB}^2 = b^2,$$

et

$$2\,\overline{GA}^2 + 2\,\overline{GB}^2 - \overline{GC}^2 = c^2 :$$

ajoutant et réduisant, il reste

$$\overline{GA}^2 + \overline{GB}^2 + \overline{GC}^2 = \frac{a^2 + b^2 + c^2}{3}.$$

252. *Le centre du cercle circonscrit à un triangle, le centre de gravité et le point de concours des hauteurs sont sur une même droite, et la distance des deux premiers points est moitié de celle des deux seconds* (*fig.* 79).

En effet, soient O, G, H ces trois points, on voit que les triangles ACH, MPO sont semblables, comme ayant leurs côtés respectivement parallèles : de plus,

$$MP = \frac{1}{2}\,AC, \quad \text{donc} \quad OP = \frac{1}{2}\,CH.$$

On sait aussi que

$$GP = \frac{1}{2}\,CG ;$$

donc les triangles CHG, POG sont semblables comme ayant un angle égal compris entre les côtés proportionnels ; par conséquent, l'angle $CGH = OGP$, et comme déjà la ligne CGP est droite, la ligne HGO l'est aussi. De plus, la proportion des autres côtés de ces triangles donne

$$OG = \frac{1}{2}\,GH.$$

253. Imaginons que l'on joigne BO, AO, et que l'on ait tracé le cercle circonscrit de centre O. L'angle au centre BOA est double de l'angle inscrit ACB; donc

$$BOP = C.$$

Par conséquent,

$$BP = \frac{c}{2} = R \sin C, \quad \text{ou} \quad c = 2 R \sin C :$$

on a de même

$$b = 2 R \sin B, \quad a = 2 R \sin A.$$

254. Dans cette formule

$$a = 2\,\mathrm{R}\sin A,$$

remplaçant $2\,\mathrm{R}$ par $\dfrac{abc}{2\,\mathrm{S}}$ (247), on retrouve l'expression

$$2\,\mathrm{S} = bc\sin A.$$

Mais les formules de Trigonométrie donnent

$$\sin A = 2\sin\frac{A}{2}\cos\frac{A}{2} = \frac{2}{bc}\cdot\sqrt{(p-b)(p-c)}\cdot\sqrt{p(p-a)};$$

donc

$$S = \sqrt{p(p-a)(p-b)(p-c)}.$$

255. Le même triangle BOP donnera aussi

$$OP = \mathrm{R}\cos C.$$

Mais on a vu (252) que

$$CH = 2\,OP\,;$$

donc

$$CH = 2\,\mathrm{R}\cos C :$$

on aura de même

$$BH = 2\,\mathrm{R}\cos B, \quad AH = 2\,\mathrm{R}\cos A.$$

256. *Le cercle qui passe par deux sommets d'un triangle et par le point de concours des hauteurs a le même rayon que le cercle circonscrit.*

Par les sommets du triangle ABC (*fig.* 80) menons aux côtés opposés des parallèles qui détermineront, comme dans la *fig.* 77, un triangle quadruple du triangle donné, mais dont nous n'avons indiqué ici qu'un seul sommet C'. Soit H le point de concours des hauteurs AD, BE et F le milieu de C'H : la droite C'A, parallèle à BC, sera perpendiculaire sur AD. Soit donc FG perpendiculaire aussi sur AD : on voit que G sera le milieu de AH ; de même, si FI est perpendiculaire sur BE, I sera le milieu de BH : par conséquent F sera le centre et FH le rayon du cercle circonscrit à ABH. Observons enfin que ce cercle est encore circonscrit à ABC'.

Mais nous savons (248) que HC' est le rayon du cercle de centre H et circonscrit à A'B'C'. Comme ce triangle a les côtés doubles de ceux du triangle semblable ABC, on voit (253) que le rayon du cercle circonscrit à ABC sera

$$\frac{1}{2}\, C'H = FH,$$

c'est-à-dire le même que pour ABH.

Il y aurait deux autres cercles analogues.

II. — CERCLE INSCRIT ET CERCLES EX-INSCRITS.

257. La bissectrice d'un angle étant le lieu des points également éloignés des côtés de cet angle, le point I (*fig.* 81), où se coupent les bissectrices des angles A et B d'un triangle ABC, est également distant de AB et de AC, de BA et de BC : il est donc également éloigné des trois côtés et se trouve aussi sur la bissectrice de l'angle C ; ainsi ces trois droites concourent au centre I du cercle inscrit à ABC.

La bissectrice du supplément de l'angle B sera de même le lieu des points également distants de BC et du prolongement de AB ; celle du supplément de l'angle C présente une propriété analogue. Donc ces deux bissectrices se couperont encore en un point également éloigné des directions des trois côtés, et ce point I' sera évidemment sur AI. On aura deux autres points analogues I″ et I‴, ce qui donnera les centres des trois cercles ex-inscrits.

258. Les droites BI, BI' divisant en deux parties égales, l'une l'angle ABC, l'autre son supplément, seront perpendiculaires entre elles : il en sera de même en A et en C, c'est-à-dire que les droites IA, IB, IC sont perpendiculaires en A, B, C sur les côtés du triangle I' I″ I‴. On a donc ce théorème :

Les hauteurs d'un triangle sont les bissectrices du triangle qu'on obtient en joignant les pieds de ces hauteurs.

259. Nous verrons plus tard (288) que le rayon du cercle circonscrit à I' I″ I‴ est double de celui du cercle circonscrit à ABC.

Maintenant nous allons démontrer que *les rayons menés des sommets d'un triangle au centre du cercle circonscrit sont respectivement perpendiculaires aux côtés du triangle formé par les pieds des hauteurs.*

En effet, soit O (*fig.* 81) le centre du cercle circonscrit à $I'I''I'''$, et α, β, γ les angles que font les rayons menés de ce centre aux sommets, avec les côtés $I''I'''$, $I'I'''$, $I'I''$. On a

$$\alpha + \beta = I''', \quad \alpha + \gamma = I'', \quad \beta + \gamma = I',$$

d'où l'on tire

$$2\alpha + (\beta + \gamma) = I''' + I'' = 180 - I',$$

ou bien

$$2\alpha + I' = 180 - I',$$

et enfin

$$\alpha = 90 - I'.$$

D'un autre côté, dans le triangle CBI', on a l'angle

$$CBI' = \frac{1}{2}(180 - B) = 90 - \frac{1}{2}B;$$

de même,

$$BCI' = 90 - \frac{1}{2}C:$$

donc la somme de ces deux angles est

$$180 - \frac{1}{2}(B + C) = 90 + \frac{1}{2}A.$$

Par conséquent, le troisième angle $BI'C$ ou I' de ce triangle vaut

$$90 - \frac{1}{2}A, \quad \text{d'où} \quad \frac{1}{2}A = 90 - I',$$

ou bien

$$\frac{1}{2}A = \alpha.$$

Donc les deux angles BAI, $AI'''O$ sont égaux, et comme déjà ils ont deux côtés perpendiculaires AI et AI''', les autres côtés AB et OI''' sont aussi perpendiculaires, ce qui démontre le théorème.

260. *L'aire d'un triangle $I'I''I'''$ est égale au rayon du cercle circonscrit multiplié par le demi-périmètre du triangle ABC formé par les droites qui joignent les pieds des hauteurs.*

En effet, imaginons que l'on ait mené, dans la *fig.* 81, les 'droites AO, BO, CO : le triangle $I'I''I'''$ est divisé en trois parties dont chacune, telle que $OBI'C$, se compose de deux triangles qui ont pour base commune OI', et dont les hauteurs ont BC pour somme, puisque BC et OI' sont perpendiculaires d'après le numéro précédent. Faisant de même pour les autres parties, on obtient le théorème énoncé.

261. *La bissectrice d'un angle d'un triangle divise en deux parties égales l'angle formé par le rayon correspondant du cercle circonscrit et la hauteur partant du même sommet* (*fig.* 81).

Dans le triangle rectangle $BI''I'$, l'angle

$$BI''I' = 90 - I' :$$

donc (**259**),

$$BI''I' = \alpha = I'''I''O,$$

et par conséquent la bissectrice de I'' est la même que celle de $OI''B$.

262. *Dans un triangle, le centre du cercle inscrit, le centre de gravité de la surface et le centre de gravité du périmètre sont sur une même droite, et la distance des deux premiers est double de celle des deux derniers* (*fig.* 82).

On sait que le centre de gravité du périmètre est celui du cercle inscrit au triangle $A'B'C'$ formé par les milieux des côtés du triangle donné ABC.

Soit donc P ce point et I le centre du cercle inscrit à ABC, on voit, en comparant les deux triangles, que $A'P$ est parallèle à AI et $B'P$ à BI; de plus, chacune de ces lignes sera moitié de sa parallèle. Comme déjà $A'G$ est la moitié de AG (**249**) et que AGA' est une ligne droite, les triangles AGI, $A'GP$ sont semblables, et la ligne IGP est aussi droite; de plus,

$$GP = \frac{1}{2} GI.$$

263. En indiquant encore par O le centre du cercle circonscrit, et par H le point de concours des hauteurs (*fig.* 82), et en se rappelant (**252**) que la ligne HGO est droite, et que

$$GO = \frac{1}{2} GH,$$

on voit que les triangles HGI, OGP sont semblables : donc OP
et IH sont parallèles, et de plus

$$OP = \frac{1}{2} \, IH.$$

264. *Autres propriétés des bissectrices.* — Nous rappellerons
ici, quoique bien connus, les théorèmes suivants, dont nous
avons déjà parlé.

*La bissectrice d'un angle d'un triangle coupe le côté opposé
en un point tel, que le rapport des distances de ce point aux
extrémités de ce côté est numériquement égal à celui des côtés
respectivement adjacents à chaque extrémité.*

Le même théorème existe pour *la bissectrice du supplément* de cet angle : seulement, dans le premier cas, les segments sont de *signe contraire ;* dans le second cas, ils sont de
même signe.

Enfin, les points déterminés par ces deux bissectrices divisent *harmoniquement* le côté dont il s'agit.

265. Soient E et D (*fig.* 83) les points où la bissectrice de
l'angle A d'un triangle ABC coupe le côté BC et la circonférence : on a la relation

$$AB \cdot AC = EB \cdot CE + \overline{AE}^2.$$

En effet, les triangles ACE, ADB sont semblables puisque
CAE $=$ DAB par hypothèse, et que ACB $=$ ADB comme inscrits dans un même segment. Donc

$$\frac{AC}{AE} = \frac{AD}{AB}, \quad \text{d'où} \quad AC \cdot AB = AE \cdot AD = AE\,(AE + ED).$$

Mais on sait que

$$AE \cdot ED = CE \cdot EB ;$$

on a donc la relation indiquée.

2° De même, soient E′ et D′ les points où la bissectrice
du supplément de l'angle A coupe le côté BC et la circonférence, on aura

$$AB \cdot AC = E'B \cdot E'C - \overline{AE'}^2.$$

En effet, les triangles ACE′, AD′B sont semblables ; ils

ont l'angle $D'AB = CAE'$, car $D'AB$ est opposé à un angle égal à CAE' par hypothèse ; ensuite les angles ACE', $AD'B$ sont égaux comme supplémentaires des angles ACE, ADB déjà reconnus égaux dans la première partie de ce numéro ; cette relation d'angles supplémentaires se voit d'un côté sur la droite BCE', de l'autre dans le quadrilatère inscrit $ADBD'$. On a donc

$$\frac{AC}{AE'} = \frac{D'A}{AB}, \quad \text{d'où} \quad AC.AB = AE'.D'A = AE'(D'E' - AE').$$

Mais

$$E'D'.E'A = E'B.E'C,$$

ce qui démontre la relation écrite.

III. — FORMULES RELATIVES AUX CERCLES INSCRIT ET EX-INSCRITS.

266. Soit r le rayon du cercle inscrit, de centre I, au triangle ABC (*fig.* 81): il est clair que les triangles partiels IBC, IAC, IAB ont respectivement pour mesure

$$\frac{1}{2}\, ar, \quad \frac{1}{2}\, br, \quad \frac{1}{2}\, cr.$$

Soit donc S la surface ABC et $p = a + b + c$, on a

$$S = rp.$$

267. Soient r', r'', r''' les rayons des cercles ex-inscrits dont les centres sont I′, I″, I‴ (*fig.* 81). On verra que

$$I'BC = \frac{1}{2}\, ar',$$

et de même

$$I'AC = \frac{1}{2}\, br', \quad I'AB = \frac{1}{2}\, cr'.$$

Donc

$$ABC = S = I'AB + I'AC - I'BC$$

aura pour expression

$$\frac{1}{2}\, r'(c + b - a) = r'(p - a).$$

Ainsi

$$S = r'(p - a), \quad \text{et} \quad S = r''(p - b), \quad S = r'''(p - c).$$

268. On a donc

$$r = \frac{S}{p}, \quad r' = \frac{S}{p-a}, \quad r'' = \frac{S}{p-b}, \quad r''' = \frac{S}{p-c} :$$

il en résulte, d'après la valeur connue,

$$S = \sqrt{p(p-a)(p-b)(p-c)}\ (254), \quad r\,r'\,r''\,r''' = \frac{S^4}{S^2} = S^2,$$

ou

$$S = \sqrt{r\,r'\,r''\,r'''}.$$

269. On a aussi

$$\frac{1}{r} = \frac{p}{S}, \quad \text{et} \quad \frac{1}{r'} = \frac{p-a}{S}, \quad \frac{1}{r''} = \frac{p-b}{S}, \quad \frac{1}{r'''} = \frac{p-c}{S},$$

d'où

$$\frac{1}{r'} + \frac{1}{r''} + \frac{1}{r'''} = \frac{1}{r}.$$

Observons encore que la mesure ordinaire de la surface du triangle dont h, h', h'' sont les trois hauteurs donne

$$2S = ah = bh' = ch''.$$

Donc

$$\frac{1}{h} = \frac{a}{2S}, \quad \frac{1}{h'} = \frac{b}{2S}, \quad \frac{1}{h''} = \frac{c}{2S},$$

d'où

$$\frac{1}{h} + \frac{1}{h'} + \frac{1}{h''} = \frac{p}{S},$$

c'est-à-dire

$$\frac{1}{h} + \frac{1}{h'} + \frac{1}{h''} = \frac{1}{r}.$$

270. Reprenons l'équation

$$S^2 = r\,r'\,r''\,r''' = r^2 p^2 \quad (268):$$

elle donne

$$r'\,r''\,r''' = rp^2 = Sp, \quad \text{ou} \quad S = \frac{r'\,r''\,r'''}{p}.$$

IV. — Fonctions symétriques des côtés et des angles.

271. On peut exprimer les fonctions symétriques des côtés

a, b, c au moyen des quantités p, S, r, et R, qui sont liées par la formule $S = rp$. On a d'abord

$$a + b + c = 2p, \quad \text{et} \quad abc = 4\,\mathrm{RS},$$

ou bien

$$abc = 4\,\mathrm{R}\,rp.$$

Pour calculer $ab + ac + bc$, observons que l'on a

$$\frac{\mathrm{S}^2}{p} = (p-a)(p-b)(p-c) = p^3 - p^2(a+b+c)$$
$$+ p(ab + ac + bc) - abc;$$

comme aussi $\dfrac{\mathrm{S}^2}{p} = r^2 p$, cela revient à

$$p(ab + ac + bc) = r^2 p - p^3 + 2p^3 + 4\,\mathrm{R}\,rp,$$

ou enfin

$$ab + ac + bc = r^2 + p^2 + 4\,\mathrm{R}\,r.$$

272. Ensuite,

$$(a + b + c)^2 = 4p^2 = a^2 + b^2 + c^2 + 2(ab + ac + bc);$$

donc

$$a^2 + b^2 + c^2 = 4p^2 - 2(r^2 + p^2 + 4\,\mathrm{R}\,r),$$

ce qui donne

$$a^2 + b^2 + c^2 = 2(p^2 - r^2 - 4\,\mathrm{R}\,r).$$

Cela montre que l'on a toujours

$$p^2 > r(r + 4\mathrm{R}).$$

273. Nous rappellerons encore certaines formules de Trigonométrie dans lesquelles on suppose $A + B + C = 180$.

$1°$ $\cos^2 A + \cos^2 B + \cos^2 C + 2\cos A \cos B \cos C = 1.$

Il suffit de poser

$$\cos C = -\cos(A + B) = \sin A \sin B - \cos A \cos B,$$

d'où

$$(1 - \cos^2 A)(1 - \cos^2 B) = (\cos C + \cos A \cos B)^2;$$

en développant on trouve le résultat indiqué.

$$2^\circ \quad \sin A + \sin B + \sin C = 4 \cos \frac{A}{2} \cos \frac{B}{2} \cos \frac{C}{2}.$$

En effet,

$$\sin A + \sin B = 2 \sin \frac{A+B}{2} \cos \frac{A-B}{2} = 2 \cos \frac{C}{2} \cos \frac{A-B}{2},$$

et

$$\sin C = 2 \cos \frac{C}{2} \sin \frac{C}{2} = 2 \cos \frac{C}{2} \cos \frac{A+B}{2} :$$

par conséquent,

$$\sin A + \sin B + \sin C = 2 \cos \frac{C}{2} \left(\cos \frac{A-B}{2} + \cos \frac{A+B}{2} \right),$$

et le second membre revient à

$$4 \cos \frac{C}{2} \cos \frac{A}{2} \cos \frac{B}{2}.$$

$$3^\circ \quad \cos A + \cos B + \cos C - 1 = 4 \sin \frac{A}{2} \sin \frac{B}{2} \sin \frac{C}{2}.$$

En effet,

$$\cos A + \cos B = 2 \cos \frac{A+B}{2} \cos \frac{A-B}{2} = 2 \sin \frac{C}{2} \cos \frac{A-B}{2},$$

$$\cos C - 1 = - 2 \sin^2 \frac{1}{2} C,$$

ce qui donne

$$\cos A + \cos B + \cos C - 1 = 2 \sin \frac{C}{2} \left(\cos \frac{A-B}{2} - \cos \frac{A+B}{2} \right)$$

$$= 4 \sin \frac{C}{2} \sin \frac{A}{2} \sin \frac{B}{2}.$$

$$4^\circ \quad \tang A + \tang B + \tang C = \tang A \, \tang B \, \tang C.$$

Observons que

$$\tang C = - \tang (A + B) = \frac{\tang A + \tang B}{\tang A \, \tang B - 1},$$

d'où

$$\tang A + \tang B + \tang C$$

$$= (\tang A + \tang B) \times \left(1 + \frac{1}{\tang A \, \tang B - 1} \right)$$

$$= (\tang A + \tang B) \frac{\tang A \cdot \tang B}{\tang A \, \tang B - 1},$$

ce qui démontre la formule.

$$5° \quad \cot \frac{A}{2} + \cot \frac{B}{2} + \cot \frac{C}{2} = \cot \frac{A}{2} \cot \frac{B}{2} \cot \frac{C}{2}.$$

Dans la formule que nous venons de déterminer sur les tangentes, posons

$$A = 90 - \frac{A'}{2}, \quad B = 90 - \frac{B'}{2}, \quad C = 90 - \frac{C'}{2},$$

et observons que la condition $A + B + C = 180$ entraîne aussi $A' + B' + C' = 180$.

Nous avons

$$\cot \frac{A'}{2} + \cot \frac{B'}{2} + \cot \frac{C'}{2} = \cot \frac{A'}{2} \cot \frac{B'}{2} \cot \frac{C'}{2},$$

ce qui revient à la formule indiquée, en supprimant les accents.

V. — THÉORÈMES DIVERS.

274. *La somme des rayons des cercles exinscrits d'un triangle, diminuée du rayon du cercle inscrit, est égale à quatre fois le rayon du cercle circonscrit.*

En effet, on a (**267**)

$$\frac{r' + r'' + r'''}{S} = \frac{1}{p - a} + \frac{1}{p - b} + \frac{1}{p - c}$$

$$= \frac{(p - b)(p - c) + (p - a)(p - c) + (p - a)(p - b)}{(p - a)(p - b)(p - c)}$$

$$= \frac{3 p^2 - 2(a + b + c)p + ab + ac + bc}{(p - a)(p - b)(p - c)}$$

$$= \frac{p(ab + ac + bc - p^2)}{S^2}.$$

Mais, d'après la valeur de $ab + ac + bc$ (**271**), cela revient à

$$\frac{r' + r'' + r'''}{S} = \frac{p(r^2 + 4 R r)}{S . rp} \quad \text{d'où} \quad r' + r'' + r''' = r + 4 R.$$

275. *La somme des distances des sommets d'un triangle au*

*point de concours des hauteurs est égale à la somme des dia-
mètres des cercles inscrit et circonscrit.*

On a trouvé (**255**)

$$AH = 2\,R\cos A, \quad BH = 2\,R\cos B, \quad CH = 2\,R\cos C;$$

ainsi cette somme est

$$\Sigma = 2R\,(\cos A + \cos B + \cos C).$$

On a dans tout triangle la formule

$$a = b\cos C + c\cos B;$$

de même,

$$b = a\cos C + c\cos A, \quad c = a\cos B + b\cos A.$$

Ajoutant, il vient

$$2\,p = (2\,p - c)\cos C + (2\,p - b)\cos B + (2\,p - a)\cos A$$

$$= 2\,p\,(\cos A + \cos B + \cos C) - (a\cos A + b\cos B + c\cos C).$$

Mais, dans le triangle BOA (*fig.* 79), $OP = R\cos C$ (**255**),
d'où $2\,BOA = R\,c\cos C$, et le double de la surface totale ABC
sera

$$2\,S = R\,(a\cos A + b\cos B + c\cos C),$$

ce qui donne

$$a\cos A + b\cos B + c\cos C = \frac{2\,S}{R} = 2\,p(\cos A + \cos B + \cos C - 1),$$

ou bien

$$\cos A + \cos B + \cos C - 1 = \frac{r}{R} \quad \text{et} \quad \Sigma = 2R\left(1 + \frac{r}{R}\right) = 2\,R + 2\,r.$$

276. Par conséquent, les formules $CH = 2\,R\cos C$ et
$OP = R\cos C$, du n° **255**, ainsi que les relations analogues,
donnent le théorème suivant :

*La somme des distances du centre du cercle circonscrit
aux trois côtés est égale à la somme des rayons des cercles inscrit et circonscrit.*

277. 1° On a

$$BF = CF\cot B \;(\textit{fig.}\; 79), \quad AF = CF\cot A.$$

Ajoutant, il vient

$$c = 2\,R \sin C = CF \left(\frac{\cos B}{\sin B} + \frac{\cos A}{\sin A} \right) = \frac{CF \cdot \sin C}{\sin A \sin B},$$

puisque
$$C = 180^\circ - (A + B);$$
donc

$$CF = 2\,R \sin A \sin B;$$

on aurait de même les deux autres hauteurs.

2° Ensuite

$$HF = CF - CH = 2\,R\,(\sin A \sin B - \cos C);$$

il reste donc

$$HF = 2\,R \cos A \cos B.$$

On a de même les deux longueurs analogues.

3° On a trouvé

$$BF = CF \cot B = 2\,R \sin A \cos B,$$

en remplaçant CF par sa valeur (*fig.* 79). Ensuite

$$FP = BP - BF = R \sin C - 2\,R \sin A \cos B.$$

Mais comme $C = 180^\circ - (A + B)$, il reste

$$FP = R \sin (B - A).$$

VI. — DISTANCE DU CENTRE DU CERCLE CIRCONSCRIT AUX CENTRES DES CERCLES INSCRIT ET EXINSCRITS.

278. LEMME. — *D'un centre O (fig. 84) décrivez un cercle : d'un point G de cette circonférence pris comme centre, décrivez une seconde circonférence qui coupe la première en B et C ; enfin d'un centre I pris sur cette seconde circonférence, décrivez un troisième cercle tangent à BC. Les autres tangentes menées des points B et C à ce troisième cercle se rencontreront en A sur la première circonférence de centre O.*

Soit BF perpendiculaire à BG ; les angles FBC, BIC sont égaux comme ayant tous deux pour mesure la moitié de l'arc BI'C dans la circonférence G. Mais

$$\text{FBC} = 90 + \text{GBC}, \quad \text{et} \quad \text{BIC} = 180° - \frac{1}{2}(B + C),$$

en indiquant par A, B, C les angles du triangle ABC. Donc, retranchant 90 degrés de part et d'autre,

$$\text{GBC} = 90° - \frac{1}{2}(B + C) = \frac{1}{2}A;$$

ainsi l'arc GB = GC = A, et l'arc BGC = 2A est capable de l'angle A, dont le sommet se trouve par conséquent sur la circonférence O, à laquelle appartient cet arc.

279. La bissectrice AI de l'angle A, qui passe nécessairement au milieu G de l'arc BGC, coupe la circonférence G en un autre point I' qui est un centre de cercle exinscrit au triangle ABC. En effet, ce point I' est déjà sur la bissectrice de l'angle A; de plus, II' étant un diamètre de la circonférence G, BI' est perpendiculaire sur BI; donc BI' est bissectrice de l'angle CBA', supplément de B, ce qui démontre la proposition.

Ce qui précède suffit encore pour faire apercevoir le théorème suivant :

Le milieu G de la distance du cercle inscrit I à celui d'un cercle exinscrit à un triangle ABC est sur le cercle O circonscrit à ce triangle.

280. Soit OI = δ dans le triangle OGI (*fig.* 85) où OG = R; on a, par un théorème connu,

$$\delta^2 = R^2 + \overline{GI}^2 - 2R.GF.$$

Mais le triangle rectangle LBG, où LG est un diamètre, donne aussi

$$\overline{GI}^2 = \overline{GB}^2 = 2R.GD.$$

Ajoutant ces égalités, on a

$$\delta^2 = R^2 - 2R(GF - GD);$$

or, IF étant parallèle à BC, DF = r, donc $\delta^2 = R^2 - 2Rr$.

On peut encore poser $\delta^2 = (R - r)^2 - r^2$. Cette formule est remarquable, parce que δ ne dépend que de R et de r.

281. De même, soit I′ le centre d'un cercle exinscrit, le triangle OGI′ donnera

$$\overline{OI'}^2 = \delta'^2 = R^2 + \overline{GI'}^2 + 2R.GF'.$$

Mais

$$GI' = GI \;(279), \quad \text{et} \quad GF' = GF;$$

donc

$$\delta'^2 = R^2 + 2R\,(GF' + GD),$$

ou bien

$$\delta'^2 = R^2 + 2R\,r'.$$

De même

$$\delta''^2 = R^2 + 2R\,r'', \quad \delta'''^2 = R^2 + 2R\,r'''.$$

282. La relation $\delta^2 = R\,(R - 2r)\;(280)$ montre que

$$R > 2r, \quad \text{ou} \quad \frac{r}{R} < \frac{1}{2},$$

sauf la limite où $R = 2r$ pour $\delta = 0$. Or, nous avons trouvé (**275**) et (**273, 3°**)

$$\frac{r}{R} = \cos A + \cos B + \cos C - 1 = 4 \sin \frac{A}{2} \sin \frac{B}{2} \sin \frac{C}{2};$$

donc

$$\cos A + \cos B + \cos C - 1 < \frac{1}{2},$$

ce qui donne la double inégalité

$$1 < \cos A + \cos B + \cos C < \frac{3}{2}.$$

VII. — Cercle des neuf points.

283. *La circonférence qui passe par les milieux des côtés d'un triangle a un rayon moitié de celui du cercle circonscrit* (*fig.* 86).

En effet, le triangle A′B′C′ ainsi formé a ses côtés moitié de ceux du triangle donné ABC qui lui est semblable. Donc les rayons des cercles circonscrits seront dans la même proportion (**253**).

284. *Cette circonférence passe par les pieds des hauteurs.*

Il suffit de prouver qu'elle passe au point D. Pour cela, observons que B'C', parallèle à BC, passe au milieu de AD. Donc

$$AC' = C'D, \quad \text{ou bien} \quad C'D = A'B',$$

puisque $AC' = \frac{1}{2} AB$.

Ainsi les droites C'D, B'A', considérées comme hypoténuses égales, font avec les perpendiculaires abaissées sur B'C' du point D et du point A' des triangles rectangles qui seront égaux, puisque ces perpendiculaires elles-mêmes sont égales; par conséquent, les angles de ces triangles en B' et C' étant égaux, le triangle formé en prolongeant les côtés C'D, B'A' jusqu'à leur rencontre sera isocèle, et sa hauteur tombera au milieu des parallèles B'C' et A'D.

Faisons donc tourner autour de cette hauteur la portion B'A' du trapèze B'C'A'D pour l'appliquer sur l'autre portion C'D. Soit T le point où la perpendiculaire élevée sur le milieu de B'A' coupe la charnière; ce point T sera donc immobile. On voit que A' viendra en D et B' en C', puisque la charnière passe au milieu de A'D et de B'C'; donc la distance du point T au point D sera la même que celle de T à B' et A'.

285. *Cette même circonférence passe par les milieux des distances de chaque sommet au point de concours des hauteurs.*

De plus, un de ces milieux et celui du côté correspondant sont aux extrémités d'un même diamètre.

Soit P le milieu de CH : les triangles ACH, B'CP sont semblables comme ayant l'angle commun C compris entre les côtés proportionnels. Donc AH étant perpendiculaire sur BC et sa parallèle B'C', il en sera de même pour B'P, c'est-à-dire que l'angle C'B'P est droit.

La circonférence décrite sur PC' comme diamètre passera donc en B', et passera nécessairement aussi par le pied F de la hauteur partant de C, puisque l'angle PFC' est droit : donc cette circonférence contenant les trois points B', C' et F ne sera autre chose que celle que nous considérons.

Enfin, nous avons vu que C'P était un diamètre.

286. *Le centre de cette circonférence est au milieu de la droite qui joint le centre du cercle circonscrit au point de concours des hauteurs.*

Comparons les triangles AOH, A'OT, on sait (252) que OA', parallèle à AH, est aussi moitié de AH; on sait aussi que $TA' = \frac{1}{2} OA$ (283); ensuite, comme les lignes homologues sont évidemment parallèles dans deux triangles qui ont leurs côtés parallèles, les rayons circonscrits homologues TA' et OA seront parallèles. Donc les triangles AOH, A'OT sont semblables comme ayant l'angle OAH = OA'T compris entre côtés proportionnels. Par conséquent OT et OH seront aussi parallèles, c'est-à-dire se confondront : enfin, la proportion des côtés donne encore

$$OT = \frac{1}{2} OH.$$

287. Le cercle T passant en A', B', C' passe, comme nous l'avons vu, par les milieux B', P, M du triangle ACH. Ce sera donc aussi le cercle des neuf points pour ce triangle ainsi que pour ses analogues ABH, BCH : ce sont les trois cercles que nous avons considérés au n° 256.

288. Nous reconnaîtrons aussi, comme nous l'avons énoncé (259), que le cercle circonscrit à I'I''I''' (*fig.* 81) est double de celui qui est circonscrit à ABC : en effet, A, B et C sont les pieds des hauteurs du triangle I'I''I'''.

289. *Le cercle des neuf points est tangent au cercle inscrit et aux cercles exinscrits (*fig. 87*).*

On sait que le centre T du cercle des neuf points est au milieu de OH (286); de plus

$$OD = AM = \frac{1}{2} AH \quad (252),$$

D étant ici le milieu de BC. Donc DM sera parallèle à OA et coupera OH au milieu T de OH et de DM; en effet, OD et MH étant égaux et parallèles, la figure ODHM sera un parallélogramme dont les diagonales se couperont en leur milieu T.

Cela posé, soient F et S les pieds des perpendiculaires

abaissés des points I et T sur ODG, la quantité cherchée

$$\overline{TI}^2 = (IF - TS)^2 + (DF - DS)^2.$$

Ici $DF = r$, et comme

$$DT = \frac{R}{2} \quad (283),$$

on a

$$\overline{DS}^2 = \frac{R^2}{4} - \overline{TS}^2 :$$

il reste donc, en développant,

$$\overline{TI}^2 = \overline{IF}^2 - 2\,IF.TS + r^2 - 2\,r.DS + \frac{R^2}{4}\cdot$$

Puisque T est le milieu de DM, on a

$$2\,TS = EM = AR ;$$

ensuite

$$\frac{AR}{IF} = \frac{RG}{FG}\cdot$$

Mais

$$RG = RO + R \quad \text{et} \quad RO = ED = 2\,DS ;$$

d'ailleurs

$$FG = r + DG :$$

donc

$$2\,TS = \frac{IF\,(2\,DS + R)}{r + DG},$$

et

$$2\,IF.TS = \frac{\overline{IF}^2.(2\,DS + R)}{r + DG}\cdot$$

Observons aussi que

$$\overline{IF}^2 = \overline{IG}^2 - (r + DG)^2,$$

d'où

$$\overline{IF}^2 - 2\,IF.TS = \left[\overline{IG}^2 - (r + DG)^2\right]\left[1 - \frac{(2\,DS + R)}{r + DG}\right].$$

Mais, puisque $2\,DS = RO$, on voit que $2\,DS + R = RG$, et le triangle GAL, où $GL = 2R$, donne

$$\overline{AG}^2 = 2\,R\,.\,RG.$$

D'ailleurs

$$\frac{AG}{IG} = \frac{RG}{FG},$$

d'où

$$\overline{AG}^2 = \frac{\overline{IG}^2 . \overline{RG}^2}{\overline{FG}^2} = 2\,R\,.\,RG :$$

or,

$$\overline{IG}^2 = \overline{GC} = 2\,R\,.\,DG,$$

et il reste

$$\frac{DG\,.\,RG}{\overline{FG}^2} = 1,$$

ou

$$RG = \frac{\overline{FG}^2}{DG} = \frac{(r + DG)^2}{DG},$$

par conséquent

$$\frac{2\,DS + R}{r + DG} = \frac{r + DG}{DG}.$$

Il en résulte

$$\overline{TI}^2 = \frac{R^2}{4} + r^2 - r\,.\,2\,DS + \left[\,\overline{IG}^2 - (r + DG)^2\,\right]\left[\,1 - \frac{(r + DG)}{DG}\,\right],$$

c'est-à-dire qu'il faut retrancher de $\dfrac{R^2}{4} + r^2$ la quantité

$$r\,.\,2\,DS + \left[\,\overline{IG}^2 - (r + DG)^2\,\right]\frac{r}{DG},$$

où l'on trouve le facteur r.

On a obtenu $2\,DS = RG - R$, expression dans laquelle

$$RG = \frac{(r + DG)^2}{DG};$$

on a trouvé aussi

$$\overline{IG}^2 = \overline{GC}^2 = 2\,R\,.\,DG :$$

ainsi, dans cette quantité, r est multiplié par

$$\frac{(r+\mathrm{DG})^2}{\mathrm{DG}} - \mathrm{R} + \frac{2\,\mathrm{R}.\mathrm{DG} - (r+\mathrm{DG})^2}{\mathrm{DG}} = \mathrm{R}.$$

Donc il faut retrancher $\mathrm{R}r$ et il reste

$$\overline{\mathrm{TI}}^2 = \frac{\mathrm{R}^2}{4} + r^2 - \mathrm{R}\,r.$$

Pour avoir le droit d'en conclure $\mathrm{TI} = \dfrac{\mathrm{R}}{2} - r$, il faut se rappeler que $\dfrac{\mathrm{R}}{2} > r$ (282); on voit alors que *le cercle inscrit est tangent au cercle des neuf points et lui est intérieur.*

Quant à un cercle exinscrit, on aura

$$\overline{\mathrm{TI'}}^2 = (\mathrm{I'F'} + \mathrm{ST})^2 + (\mathrm{F'D} + \mathrm{DS})^2;$$

mais

$$\mathrm{F'D} = r' \quad \text{et} \quad \mathrm{I'F'} = \mathrm{IF},$$

donc,

$$\overline{\mathrm{TI'}}^2 = \frac{\mathrm{R}^2}{4} + r'^2 - 2\,\mathrm{TS}.\mathrm{IF} + 2\,r'.\mathrm{DS}.$$

Les calculs seront les mêmes que ci-dessus, puisque $\mathrm{F'G} = \mathrm{FG}$; seulement, au lieu de

$$\mathrm{FG} = r + \mathrm{DG},$$

on mettra son égal

$$\mathrm{F'G} = r' - \mathrm{DG}.$$

On aura enfin

$$\overline{\mathrm{TI'}}^2 = \frac{\mathrm{R}^2}{4} + r'^2 + \mathrm{R}\,r' \quad \text{ou} \quad \mathrm{TI'} = \frac{\mathrm{R}}{2} + r';$$

ainsi, *un cercle exinscrit a un contact extérieur avec le cercle des neuf points.*

VIII. — TROUVER UN POINT DONT LA SOMME DES DISTANCES AUX SOMMETS D'UN TRIANGLE SOIT MINIMUM.

290. Supposons le problème résolu, et soit M le point cherché (*fig.* 88); imaginons une ellipse passant en ce point et

ayant pour foyers les sommets B et C du triangle. Tous les points de cette ellipse donnant la même somme des distances pour B et C, le point M, qui donnera le minimum, sera sur la normale menée du point A à l'ellipse, puisque c'est la distance minimum de A à cette courbe. Or, nous savons que cette normale divise en deux parties égales l'angle BMC des rayons vecteurs. En faisant le même raisonnement pour BM et pour CM, on verra que les angles AMC, AMB sont aussi divisés en parties égales. Mais BMD $=$ AME comme opposés au sommet, de même

$$BMF = CME \quad \text{et} \quad AMF = CMD.$$

Donc toutes ces moitiés d'angles sont égales entre elles et l'on a autour du point M six angles égaux dont chacun est, par conséquent, le sixième de quatre droits, c'est-à-dire égal à 60 degrés. Ainsi

$$BMC = AMC = BMA = 120°,$$

et voici la solution du problème :

Sur chaque côté du triangle décrivez un segment capable de 120 degrés ; ces segments auront un point commun qui sera le point cherché.

291. Il est clair qu'on a en même temps résolu le problème suivant : *Trouver un point d'où les trois côtés d'un triangle paraissent de la même grandeur.*

En effet, ils sont vus du point M *sous le même angle* de 120 degrés.

292. Si l'un des angles du triangle était égal à 120 degrés, il est clair, à cette position limite, que *le sommet de cet angle obtus serait le point cherché.* Mais si un angle est plus grand que 120 degrés, la solution précédente est en défaut, quoiqu'il y ait toujours évidemment sur le plan du triangle un point qui jouisse de la propriété du minimum.

Nous allons démontrer que *le point cherché est toujours le sommet de l'angle obtus ;* mais nous serons conduits à faire diverses hypothèses successives.

293. Supposons que le point cherché soit du même côté de BC que le sommet A de l'angle obtus (*fig.* 89) : cela peut avoir lieu de plusieurs manières différentes.

1° Considérons un point M_1 compris dans le prolongement de l'angle obtus BAC, il est clair que la somme

$$M_1B + M_1C$$

des lignes enveloppantes sera plus grande que la somme des lignes enveloppées $AB + AC$; à plus forte raison,

$$M_1A + M_1B + M_1C > AB + AC.$$

2° Prenons un point M situé dans un angle supplémentaire de BAC, mais en dehors du triangle, de sorte que l'une MC des droites, qui joignent ce point aux sommets B et C, coupe en M' un côté AB. On a la ligne brisée

$$MA + MB > M'A + M'B;$$

ajoutons d'un côté M'C et de l'autre AC; on a, *à fortiori,*

$$MA + MB + M'C > AB + AC.$$

Car le point M' étant entre A et B et l'angle BAC étant obtus, l'oblique $M'C > AC$, et d'ailleurs

$$M'A + M'B = AB :$$

donc, à plus forte raison,

$$MA + MB + MC > AB + AC.$$

3° L'inégalité

$$M'A + M'B + M'C > AB + AC,$$

évidente d'après ce qui précède, montre que le point cherché ne peut pas être non plus sur l'un des côtés de l'angle obtus.

4° Enfin, pour achever de démontrer que le point cherché n'est pas au-dessus de BC du côté de A, il faut considérer un point m de l'intérieur du triangle : il suffira de reprendre le raisonnement du n° 290, c'est-à-dire d'imaginer une ellipse passant en m et ayant B et C pour foyers; on trouverait, comme ci-dessus, $BmC = 120$ degrés, ce qui est impossible, puisque l'angle enveloppant $BAC > 120$ degrés.

294. Si le point cherché était sur BC, ce serait évidemment (*fig.* 90) au pied de la perpendiculaire AD; mais imaginons l'ellipse qui passerait par ce point D et qui aurait pour foyers non plus B et C, mais B et A. On pourrait mener à cette ellipse, du point C, une normale qui différerait nécessairement de CD, puisque CD, prolongement de BD, ne divise point l'angle BDA en parties égales; ainsi cette normale donnerait une somme plus petite que le minimum supposé; donc D n'est pas le point cherché.

Enfin considérons (*fig.* 90) un point M situé, relativement à BC, du côté opposé à A: abaissons sur BC la perpendiculaire MP qui coupe BC en N, et soit AP parallèle à BC. Les distances relatives à M donnent une somme plus grande que celles qui sont relatives à N, car

$$MB > NB, \quad MC > NC,$$

et l'oblique MA $>$ NA, relativement à la perpendiculaire AP. Donc on retrouve par exclusion le sommet A de l'angle $>$ 120 degrés.

295. *Calculs relatifs au problème précédent.* — Posons (*fig.* 88)

$$AM = m, \quad BM = n, \quad CM = p,$$

le triangle BMC donne

$$a^2 = n^2 + p^2 - 2\,np \cos 120°;$$

mais

$$\cos 120° = -\frac{1}{2},$$

donc

$$a^2 = n^2 + p^2 + 2\,np.$$

De même,

$$b^2 = m^2 + p^2 + mp \quad \text{et} \quad c^2 = m^2 + n^2 + mn.$$

Ajoutons ces trois égalités, on obtient

$$a^2 + b^2 + c^2 = 2(m^2 + n^2 + p^2) + mn + mp + np.$$

Soit $\Sigma = m + n + p$ la quantité qui doit être minimum;

on a

$$\Sigma^2 = m^2 + n^2 + p^2 + 2\,mn + 2\,mp + 2\,np.$$

Retranchons cette égalité de la précédente multipliée par 2; il restera

$$2\,(a^2 + b^2 + c^2) - \Sigma^2 = 3\,(m^2 + n^2 + p^2).$$

D'un autre côté les relations précédentes donnent

$$a^2 - b^2 = n^2 - m^2 + p\,(n - m) = (n - m)\,\Sigma,$$

ou bien,

$$n^2 + m^2 - 2\,mn = \frac{(a^2 - b^2)^2}{\Sigma^2}.$$

Ajoutant cette équation aux deux autres analogues, nous trouvons

$$2\,(m^2 + n^2 + p^2) - (2\,mn + 2\,mp + 2\,np)$$

$$= \frac{1}{\Sigma^2}\left[(a^2 - b^2)^2 + (a^2 - c^2)^2 + (b^2 - c^2)^2\right].$$

Mais

$$m^2 + n^2 + p^2 + 2\,mn + 2\,mp + 2\,np = \Sigma^2.$$

Ajoutant encore à l'égalité ci-dessus, il vient

$$3\,(m^2 + n^2 + p^2) = \Sigma^2 + \frac{2}{\Sigma^2}\,(a^4 + b^4 + c^4 - a^2 b^2 - a^2 c^2 - b^2 c^2),$$

et comme déjà

$$3\,(m^2 + n^2 + p^2) = 2\,(a^2 + b^2 + c^2) - \Sigma^2,$$

il reste

$$2\,(a^2 + b^2 + c^2) - \Sigma^2 = \Sigma^2 + \frac{2}{\Sigma^2}\,(a^4 + b^4 + c^4 - a^2 b^2 - a^2 c^2 - b^2 c^2),$$

d'où

$$\Sigma^4 - (a^2 + b^2 + c^2)\,\Sigma^2 + a^4 + b^4 + c^4 - a^2 b^2 - a^2 c^2 - b^2 c^2 = 0,$$

on en tirera la valeur cherchée

$$2\,\Sigma^2 = a^2 + b^2 + c^2 + \sqrt{3}\,.\,\sqrt{2\,(a^2 b^2 + a^2 c^2 + b^2 c^2) - (a^4 + b^4 + c^4)}.$$

On rejette le signe $-$ qui donnerait $\Sigma = 0$ pour $a = b = c$.

La formule semble générale, car elle tomberait seulement en défaut au delà de la valeur de a, qui donnerait

$$a^4 + b^4 + c^4 - 2(a^2 b^2 + a^2 c^2 + b^2 c^2) = 0,$$

ou bien

$$a^4 - 2 a^2 (b^2 + c^2) + (b^2 - c^2)^2 = 0,$$

on en conclut

$$a^2 = b^2 + c^2 \pm \sqrt{(b^2 + c^2)^2 - (b^2 - c^2)^2} = b^2 + c^2 \pm 2 bc.$$

Les valeurs limites sont donc $a = b \pm c$, comme dans tout triangle : cependant, la formule obtenue par la *fig.* 88 est en défaut pour $A > 120°$; mais alors $\Sigma = b + c$ (292).

296. On peut aussi calculer séparément les trois quantités m, n, p.

On a

$$\alpha + \alpha' = A, \quad \beta + \beta' = B, \quad \gamma + \gamma' = C,$$

et aussi

$$\alpha + \beta' = 60°, \quad \beta + \gamma' = 60°, \quad \gamma + \alpha' = 60°;$$

mais la somme des trois premières relations donne le même résultat que celle des trois secondes, car ces six relations ne suffisent point pour déterminer les angles, puisque rien n'indique jusqu'à présent que les droites concourent en un point M.

Comme

$$\sin 120° = \frac{\sqrt{3}}{2},$$

nous avons dans le triangle ABM

$$\frac{m}{c} = \frac{2 \sin \beta'}{\sqrt{3}},$$

et dans le triangle ACM

$$\frac{m}{b} = \frac{2 \sin \gamma}{\sqrt{3}}.$$

Mais les égalités précédentes donnent

$$\beta' + \alpha = 60°, \quad \alpha' + \gamma = 60°,$$

d'où
$$\beta' + \gamma = 120 - A,$$

à cause de
$$\alpha + \alpha' = A;$$

donc
$$\beta' = (120 - A) - \gamma,$$

et l'on en tirera facilement, avec les deux valeurs de m, l'expression

$$m = \frac{2\,bc\,\sin(120^\circ - A)}{\sqrt{3}.\sqrt{b^2 + c^2 + 2\,bc\,\cos(120^\circ - A)}}.$$

On aura des valeurs analogues pour n et p.

IX. — Inscrire dans un triangle trois cercles dont chacun soit tangent aux deux autres et a deux côtés du triangle.

297. Soient M, N, P (*fig.* 91) les centres des cercles inscrits dans les angles A, B, C; soient PP′ et NN′ perpendiculaires sur BC, ce qui fait que P′ et N′ sont des points de contact, nous poserons

$$BN' = y, \quad CP' = z;$$

de même
$$AM' = x;$$

MM′ étant perpendiculaire sur AC.

Posons encore

$$a = p\sin^2\alpha, \quad b = p\sin^2\beta, \quad c = p\sin^2\gamma,$$

p étant le demi-périmètre $\frac{1}{2}(a + b + c)$; les angles α, β, γ sont déterminés au moyen de ces égalités. Soit alors

$$\lambda = \frac{1}{2}(\alpha + \beta + \gamma),$$

il faut démontrer que

$$x = p\sin^2(\lambda - \alpha), \quad y = p\sin^2(\lambda - \beta), \quad z = p\sin^2(\lambda - \gamma).$$

298. Pour y parvenir, observons que les deux rayons tangents à BC ont pour valeurs

$$NN' = y\,\text{tang}\,\frac{1}{2}B, \quad PP' = z\,\text{tang}\,\frac{1}{2}C.$$

De plus, soit NQ perpendiculaire sur PP' : il est clair que

$$NQ = N'P' = a - y - z.$$

Or, le triangle NPQ, dans lequel PH $=$ PP' et NH $=$ NN', donnera

$$\overline{NQ}^2 = (PP' + NN')^2 - (PP' - NN')^2 = 4\,PP'.NN',$$

ce qui revient à

$$a - y - z = 2\sqrt{yz\,\tang\frac{1}{2}\,B\,\tang\frac{1}{2}\,C}.$$

Mais on sait que

$$\tang\frac{1}{2}\,B = \sqrt{\frac{(p-a)(p-c)}{p(p-b)}}, \quad \tang\frac{1}{2}\,C = \sqrt{\frac{(p-a)(p-b)}{p(p-c)}},$$

d'où

$$\tang\frac{1}{2}\,B\,\tang\frac{1}{2}\,C = 1 - \frac{a}{p} = \cos^2\alpha.$$

On a donc

$$(\text{I})\quad \begin{cases} y + z + 2\cos\alpha\sqrt{yz} = p\sin^2\alpha\,; \\ \text{et de même,} \\ x + z + 2\cos\beta\sqrt{xz} = p\sin^2\beta, \\ x + y + 2\cos\gamma\sqrt{xy} = p\sin^2\gamma. \end{cases}$$

Maintenant, dans un cercle de diamètre égal à l'unité, construisons un triangle ayant pour angles $\lambda - \gamma$, $\lambda - \beta$ et $\pi - \alpha$. (On voit, d'après la valeur de λ, que la somme des trois angles est égale à π, comme cela doit être.) Les côtés de ce triangle seront représentés par

$$\sin(\lambda - \gamma), \quad \sin(\lambda - \beta) \quad \text{et} \quad \sin\alpha,$$

et l'on aura

$$(\text{II})\begin{cases} \sin^2\alpha = \sin^2(\lambda - \gamma) + \sin^2(\lambda - \beta) + 2\cos\alpha\sin(\lambda - \gamma)\sin(\lambda - \beta)\,; \\ \text{de même,} \\ \sin^2\beta = \sin^2(\lambda - \gamma) + \sin^2(\lambda - \alpha) + 2\cos\beta\sin(\lambda - \gamma)\sin(\lambda - \alpha), \\ \sin^2\gamma = \sin^2(\lambda - \beta) + \sin^2(\lambda - \alpha) + 2\cos\gamma\sin(\lambda - \beta)\sin(\lambda - \alpha). \end{cases}$$

Or, si l'on prend, comme nous l'avons dit,

$$x = p \sin^2(\lambda - \alpha), \quad y = p \sin^2(\lambda - \beta), \quad z = p \sin^2(\lambda - \gamma),$$

les équations (I) reviennent aux équations (II); donc les équations (I) sont satisfaites pour ces valeurs.

299. *Construction géométrique.* — Il faut d'abord construire les angles α, β, γ : pour cela, soit $DH = p$ (*fig.* 92) et $DE = a$, soit EE' perpendiculaire sur DH jusqu'à la rencontre de la demi-circonférence de diamètre DH, je dis que l'arc $DE' = 2\alpha$.

En effet, joignons $E'H$, $E'D$, ce qui donne des triangles rectangles dans lesquels $EHE' = EE'D = \varphi$, on a

$$DE = DE' \sin \varphi = a,$$

et dans le triangle $DE'H$

$$DE' = p \sin \varphi,$$

d'où

$$a = p \sin^2 \varphi :$$

mais déjà

$$a = p \sin^2 \alpha ;$$

donc $\varphi = \alpha$ et l'angle $E'HD = \varphi$ ayant pour mesure la moitié de l'arc DE' : on voit que cet arc $DE' = 2\alpha$.

On aura de même

$$DF' = 2\beta \quad \text{et} \quad DG' = 2\gamma,$$

en prenant

$$DF = b \quad \text{et} \quad DG = c.$$

Alors

$$E'G' = 2\alpha - 2\gamma,$$

et portant $E'G'$ de F' en I', nous aurons l'arc

$$DI' = DF' + E'G' = 2\beta + (2\alpha - 2\gamma),$$

c'est-à-dire

$$DI' = 2(\alpha + \beta - \gamma).$$

Soit K' le milieu de cet arc DI', l'arc $DK' = \alpha + \beta - \gamma$: donc, abaissant $K'K$ perpendiculaire sur DH et renversant le raisonnement précédent, on verra que

$$DK = p \sin^2 \frac{1}{2}(\alpha + \beta - \gamma) = p \sin^2(\lambda - \gamma) = z.$$

On aura de même x et y.

CHAPITRE XI.

SYSTÈMES DE POINTS EN LIGNE DROITE.

I. — Extension du principe des signes.

300. Nous avons vu (1) que le principe des signes pour les segments en ligne droite consistait en ce que l'on posait

$$ab = - ba, \quad \text{ou} \quad ab + ba = 0.$$

Quand il s'agit de trois points a, b, c en ligne droite, le même principe donne

$$ab + bc + ca = 0.$$

En effet, de quelque manière que soient disposés ces points, on revient ainsi au point de départ.

301. La relation établie d'après cette condition existera entre un nombre quelconque de segments en ligne droite; ainsi n points a, b, $c, \ldots, f$ donnent

$$ab + bc + \ldots + fa = 0.$$

Supposons que cette loi soit vraie pour $n - 1$ points, nous aurons

$$ab + bc + \ldots + ea = 0.$$

Mais les trois points a, e, f donnent

$$ac + ef + fa = 0;$$

ajoutant cette égalité à la précédente, comme $ea + ae = 0$, il reste l'équation indiquée entre n points.

II. — Moyenne harmonique.

302. Soient n points a, b, c, $d, \ldots$, sur une même droite;

si l'on prend un point m tel, que la valeur inverse de sa distance à un point déterminé O de cette même droite soit moyenne arithmétique entre les valeurs inverses des points a, b, c,..., au même point O, c'est-à-dire de manière que l'on ait

$$\frac{n}{Om} = \frac{1}{Oa} + \frac{1}{Ob} + \frac{1}{Oc} + \frac{1}{Od} + \cdots$$

(chaque distance devant être prise avec son signe), Mac Laurin a appelé Om la *moyenne harmonique* des distances Oa, Ob,..., et M. Poncelet a appelé le point m le *centre des moyennes harmoniques* de ces points a, b,.... On dit aussi que O et m sont *conjugués harmoniques* : cela généralise les n^{os} **22**, **23** et **24**.

303. Dans l'équation plus générale

$$\frac{\alpha + \beta + \gamma + \cdots}{Om} = \frac{\alpha}{Oa} + \frac{\beta}{Ob} + \frac{\gamma}{Oc} + \cdots,$$

soit l'origine en un point D tel que

$$OD = \omega, \quad Dm = x_1, \quad Da = x, \quad Db = x',\ldots:$$

on a

$$\frac{\alpha + \beta + \gamma + \cdots}{\omega + x_1} = \frac{\alpha}{\omega + x} + \frac{\beta}{\omega + x'} + \cdots.$$

Si ω est très-grand par rapport à x_1, x, x',..., on peut se borner aux premières puissances de ces quantités ; ainsi

$$\frac{\alpha}{\omega + x} = \frac{\alpha}{\omega} - \frac{\alpha x}{\omega^2}.$$

Opérant de même pour toutes les fractions et réduisant, il reste

$$(\alpha + \beta + \gamma + \ldots)\, x_1 = \alpha x + \beta x' + \gamma x'' + \cdots,$$

équation vraie quand O est à l'infini. Alors x_1 est la distance du *centre de gravité* de n points qui ont les masses α, β, γ,....

III. — Segments de quatre points.

304. Quatre points a, b, c, d étant disposés d'une manière

quelconque sur une droite, on a trouvé (93)

$$ab \cdot cd + ac \cdot db + ad \cdot bc = 0,$$

égalité qui peut s'écrire d'après la règle suivante : *La première lettre du premier facteur de chaque terme est la même, et la seconde lettre de ce facteur termine le terme suivant.*

305. De là résulte aussi le théorème suivant : *Le produit des parties extrêmes, plus celui de la ligne moyenne par la ligne totale, est égal à celui des segments qui empiètent l'un sur l'autre.*

Par exemple, les points étant disposés dans l'ordre a, c, b, d, l'égalité précédente s'écrira de la manière suivante :

$$ac \cdot bd + cb \cdot ad = ab \cdot cd.$$

306. L'égalité primitive peut se mettre sous la forme

$$\frac{ab \cdot cd}{ad \cdot bc} + \frac{ac \cdot db}{ad \cdot bc} + 1 = 0;$$

mais on a trouvé (101) qu'un faisceau de quatre droites A, B, C, D, partant d'un même point et passant par les points a, b, c, d, donnait la relation

$$\frac{ab \cdot cd}{ad \cdot bc} = \frac{\sin(A, B) \cdot \sin(C, D)}{\sin(A, D) \cdot \sin(B, C)}.$$

L'autre rapport s'exprimant de même, nous aurons

$$\sin(A, B) \cdot \sin(C, D) + \sin(A, C) \cdot \sin(D, B)$$
$$+ \sin(A, D) \cdot \sin(B, C) = 0.$$

307. Puisqu'il s'agit de faisceau, nous pouvons maintenant supposer chacun des points, non plus en ligne droite, mais placés n'importe où sur chaque droite, et l'égalité des sinus subsistera toujours. Supposons donc ces points sur une circonférence de cercle dont le centre soit l'origine du faisceau, nous aurons

$$(1) \qquad \sin ab \cdot \sin cd + \sin ac \cdot \sin db + \sin ad \cdot \sin bc = 0.$$

Si l'origine du faisceau est un point quelconque de la circonférence, il vient

$$(2) \quad \sin \tfrac{1}{2} ab . \sin \tfrac{1}{2} cd + \sin \tfrac{1}{2} ac . \sin \tfrac{1}{2} db + \sin \tfrac{1}{2} ad . \sin \tfrac{1}{2} bc = 0.$$

308. Dans la formule (1), posons

$$bd = 90°, \quad \text{d'où} \quad \sin db = -1,$$

elle devient, à cause de $\cos bc = \cos - bc$,

$$(3) \quad \sin ac = \sin ab . \cos bc + \sin bc . \cos ab,$$

relation entre trois points d'une circonférence.

Si l'on prend, au lieu du point a, un point a' situé à 90 degrés de distance, les sinus relatifs à a seront changés en cosinus relatifs à a', et les formules (1) et (3) deviendront (en supprimant l'accent devenu inutile)

$$(4) \quad \cos ab . \sin cd + \cos ac . \sin db + \cos ad . \sin bc = 0,$$

et

$$(5) \quad \cos ac = \cos ab . \cos cb - \sin ab . \sin bc.$$

Il est facile de voir que, suivant la position relative des points, les formules (3) et (5) donnent

$$\sin (\alpha \pm \beta) = \sin \alpha \cos \beta \pm \sin \beta \cos \alpha,$$

et

$$\cos (\alpha \pm \beta) = \cos \alpha \cos \beta \mp \sin \beta \sin \alpha.$$

309. Prenons la formule (2) sous la forme indiquée au n° 305, c'est-à-dire écrivons

$$\sin \tfrac{1}{2} ac . \sin \tfrac{1}{2} db = \sin \tfrac{1}{2} ab . \sin \tfrac{1}{2} cd + \sin \tfrac{1}{2} ad . \sin \tfrac{1}{2} bc,$$

en admettant que les arcs ac et db empiètent l'un sur l'autre. Alors les droites ab, bc, cd, ad seront les côtés d'un quadrilatère inscrit dont ac et bd seront les diagonales. Mais, dans la formule précédente, les sinus sont les moitiés des cordes correspondantes; par conséquent, *dans un quadrilatère inscrit, le produit des diagonales est égal à la somme des produits des côtés opposés.*

310. Joignons un point quelconque O aux sommets A, B, C, D d'un quadrilatère, la formule des sinus (306), étant multipliée par $\frac{1}{4}$ OA.OB.OC.OD, donnera, si l'on songe que l'aire d'un triangle a pour mesure la moitié du produit de deux côtés multiplié par le sinus de l'angle compris, la formule suivante :

$$\text{trg.AOB}\,.\,\text{trg.COD} + \text{trg.AOC}\,.\,\text{trg.DOB} + \text{trg.AOD}\,.\,\text{trg.BOC} = 0.$$

Si le quadrilatère est convexe et si l'on compte les angles dans un sens déterminé afin de donner des signes aux surfaces des triangles, cette formule revient au théorème suivant :

Si un point pris dans le plan d'un quadrilatère convexe est regardé comme le sommet commun de six triangles ayant pour bases les côtés et les diagonales, le produit des surfaces des triangles qui ont pour bases les diagonales est égal à la somme ou à la différence des produits des aires qui ont pour bases les côtés opposés, selon que le point est en dehors ou dans l'intérieur du quadrilatère.

IV. — Théorème général.

311. *Étant pris sur une même droite α points a, b, c,..., et $\alpha - 1$ points m, n, p,..., on a la relation*

$$\frac{am\,.\,an\,.\,ap\ldots}{ab\,.\,ac\,.\,ad\ldots} + \frac{bm\,.\,bn\,.\,bp\ldots}{ba\,.\,bc\,.\,bd\ldots} + \ldots = 1.$$

Nous allons prouver que, si cette relation est vraie pour deux systèmes de $\alpha - 1$ et $\alpha - 2$ points, elle sera vraie aussi pour le système proposé de α et $\alpha - 1$ points.

En effet, si l'équation proposée n'est pas identique, quels que soient les deux systèmes, on peut regarder tous ces points comme fixes, à l'exception d'un seul qu'on cherchera à déterminer de manière que l'équation soit satisfaite. On peut choisir ce point dans celui des systèmes que l'on voudra, et ce sera le point m. Ce point se déterminera par une équation du premier degré, puisqu'il ne figure pas dans les dénominateurs et qu'il n'entre que dans un segment de chaque numérateur. (Du reste, un segment tel que bm, partant de m, peut se ramener à un segment fixe am, au moyen de la relation

$$bm + ma + ab = 0.)$$

Cela posé, il ne devrait exister qu'une seule position du point m. Cependant, si l'on fait coïncider ce point avec l'un quelconque de ceux du premier système, on satisfait à la question : en effet, si c'est, par exemple, avec le point a, d'où $am = 0$, il reste, puisque $bm = ba$, etc., la relation suivante :

$$\frac{bn.bp\ldots}{bc.bd\ldots} + \ldots = 1,$$

et cette relation est vraie par hypothèse, puisqu'elle a lieu entre $\alpha - 1$ points $b, c, d, \ldots$ et $\alpha - 2$ points $n, p, \ldots$.

On vérifierait de même que m peut coïncider avec $b, c, d, \ldots$; donc il y aurait au moins α positions de m, tandis qu'il ne devrait y en avoir qu'une seule.

Par conséquent, la relation générale est une identité, car étant vraie pour deux points a, b et pour m qui donnent

$$am + mb + ba = 0,$$

ou bien

$$\frac{am}{ab} + \frac{bm}{ba} = 1,$$

elle sera vraie pour trois points a, b, c d'un côté, et pour deux points m, n de l'autre, et ainsi de suite.

V. — CONSÉQUENCES DU THÉORÈME PRÉCÉDENT.

312. Si l'on suppose qu'un des points du second système, par exemple le point p, aille à l'infini, on peut préalablement diviser par ap toute l'équation obtenue, ce qui fait disparaître ap du premier membre, et aussi des autres, car $\dfrac{bp}{ap} = 1$, si p est à l'infini : alors aussi le second membre $\dfrac{1}{ap} = 0$.

L'équation devient donc

$$\frac{am.an}{ab.ac} + \frac{bm.bn}{ba.bc} + \ldots = 0.$$

C'est une relation entre des points en ligne droite, dont α d'un premier système et $\alpha - 2$ d'un second.

Du reste, comme on peut supposer que d'autres points du second système aillent aussi à l'infini, cette nouvelle équation est vraie pour un nombre de points du second système, inférieur à $\alpha - 1$.

313. Enfin, si tous les points du second système vont à l'infini, on trouve entre un nombre quelconque de points a, b, c, d, ..., en ligne droite, la relation

$$\frac{1}{ab.ac.ad\ldots} + \frac{1}{ba.bc.bd\ldots} + \frac{1}{ca.cb.cd\ldots} + \ldots = 0.$$

314. Si tous les points du second système viennent à coïncider en un seul m, la formule du n° **311** devient

$$\frac{(am)^{\alpha-1}}{ab.ac.ad\ldots} + \frac{(bm)^{\alpha-1}}{ba.bc.bd\ldots} + \ldots = 1,$$

et la formule du n° **312** deviendra aussi

$$\frac{(am)^{\alpha-1-\varepsilon}}{ab.ac.ad\ldots} + \frac{(bm)^{\alpha-1-\varepsilon}}{ba.bc.bd\ldots} + \ldots = 0,$$

le nombre ε variant depuis 1 jusqu'à $\alpha - 1$.

VI. — Point situé hors de la droite.

315. Si les nombres $\alpha - 1$ et $\alpha - 1 - \varepsilon$ sont pairs, les formules du dernier numéro sont encore vraies, même quand le point m est en dehors de la droite. En effet, soit

$$\alpha - 1 = 2\gamma, \quad \text{d'où} \quad (am)^{\alpha-1} = [(am)^2]^\gamma,$$

et indiquons par m_1 le pied de la perpendiculaire abaissée du point m sur la droite, on a

$$(am)^2 = (am_1)^2 + (mm_1)^2;$$

par conséquent,

$$[(am)^2]^\gamma = [(am_1)^2]^\gamma + \gamma[(am_1)^2]^{\gamma-1}(mm_1)^2 + \ldots + [(mm_1)^2]^\gamma.$$

Donc

$$\sum \frac{(am)^{\alpha-1}}{ab \cdot ac \cdot ad \ldots} = \sum \frac{[(am_1)^2]^{\gamma}}{ab \cdot ac \cdot ad \ldots} + \gamma \, (mm_1)^{\gamma}$$

$$\times \sum \frac{[(am_1)^2]^{\gamma-1}}{ab \cdot ac \cdot ad \ldots} + \ldots + (mm_1)^{2\gamma} \sum \frac{1}{ab \cdot ac \cdot ad \ldots} \cdot$$

D'après la première formule du n° 314, on a

$$\sum \frac{(am_1)^{2\gamma}}{ab \cdot ac \; ad \ldots} = 1,$$

puisque $\alpha - 1 = 2\gamma$; mais, d'après la seconde, on a

$$\sum \frac{(am_1)^{2\gamma-2}}{ab \cdot ac \cdot ad \ldots} = 0,$$

puisque $2\gamma - 2 < \alpha - 1$, et il en sera de même, à plus forte raison, pour toutes les autres sommes. Il reste donc

$$\sum \frac{(am)^{\alpha-1}}{ab \cdot ac \cdot ad \ldots} = 1,$$

c'est-à-dire

$$\frac{(am)^{2\gamma}}{ab \cdot ac \cdot ad \ldots} + \frac{(bm)^{2\gamma}}{ba \cdot bc \cdot bd \ldots} + \frac{(cm)^{2\gamma}}{ca \cdot cb \cdot cd \ldots} + \ldots = 1.$$

316. Ainsi, soit α le nombre des points a, b, c, d,... en ligne droite, la formule précédente existe pour un point m en dehors de cette droite, dans le cas où $2\gamma = \alpha - 1$. Dans le cas où $2\gamma < \alpha - 1$, la seconde formule du n° 314 donnera

$$\frac{(am)^{2\gamma}}{ab \cdot ac \cdot ad \ldots} + \frac{(bm)^{2\gamma}}{ba \cdot bc \cdot bd \ldots} + \frac{(cm)^{2\gamma}}{ca \cdot cb \cdot cd \ldots} + \ldots = 0.$$

317. Comme cas particulier, posons $\gamma = 1$ dans la formule du n° 315, ce qui suppose trois points a, b, c en ligne droite, il reste

$$\frac{(am)^2}{ab \cdot ac} + \frac{(bm)^2}{ba \cdot bc} + \frac{(cm)^2}{ca \cdot cb} = 1,$$

ce qui revient à

$$(am)^2 \cdot bc + (bm)^2 \cdot ca + (cm)^2 \cdot ab + ab \cdot bc \; ca = 0.$$

CHAPITRE XII.

DROITES MOBILES, TRIANGLES HOMOLOGIQUES.

1. — Description d'une droite par points.

318. *Étant donnés un angle* ASA' (*fig.* 93) *et deux points* O *et* O' *en ligne droite avec son sommet, si autour d'un point fixe* ρ *on fait tourner une transversale qui rencontre les côtés de l'angle en* a *et* a', *le point de concours* m *des droites* Oa, Oa' *engendrera une droite.*

En effet, les lignes telles que ρaa' déterminant sur les côtés de l'angle donné des rapports anharmoniques égaux (98), on a sur ces côtés deux séries de points a et a' (102) où le sommet S est son correspondant à lui-même. Donc OSO' réunit deux rayons homologues dans les faisceaux O et O' dont Oa et Oa' font partie : par conséquent (109), leur intersection m sera sur une droite fixe.

Joignons ρO qui coupe SA' en p et ρO' qui coupe SA en n, la construction générale fait voir que p et n sont sur cette droite. (*Voir* une autre démonstration, n° 392.)

319. *Si autour d'un point fixe* ρ *on fait tourner une droite qui rencontre deux droites fixes* SA, SA' (*fig.* 94) *en deux points* a *et* a', *et que de deux autres points fixes* P *et* P', *en ligne droite avec le premier, on mène des rayons à ces deux points respectivement, le point d'intersection* m *de ces deux rayons décrira une ligne droite passant par le point de concours des deux droites fixes.*

En effet, les points a et a' marquent encore sur SA et SA' deux divisions homographiques; par conséquent P et P' sont les sommets de deux faisceaux homographiques aboutissant à ces divisions. Ces deux faisceaux ont deux rayons coïncidents suivant la droite PP', donc leur point d'intersection décrit une ligne droite (109), et comme, dans ces deux divisions, le point S se correspond à lui-même, on voit que cette ligne droite est mS.

320. Les rayons Pa, $P'a'$ rencontrent les deux droites SA', SA respectivement en deux points α, α', et *la droite $\alpha\alpha'$ tourne autour d'un point fixe R situé sur la droite $\rho PP'$*. Car les faisceaux P et P', étant homographiques, le seront dans un sens comme dans l'autre, c'est-à-dire que les points α et α' marqueront des divisions homographiques sur les côtés de l'angle ASA' dont le sommet S sera encore homologue à lui-même. Ainsi l'égalité des rapports anharmoniques fera, réciproquement à ce qu'on a vu dans le n° 98, que les droites telles que $\alpha\alpha'$ concourront en un même point, et ce point est sur la droite $\rho PP'$ parce que cette droite est elle-même une des positions de la droite $\alpha\alpha'$.

Si P' se confond avec P, et par conséquent avec m, les droites telles que $\alpha\alpha'$ concourent toujours en un point R placé sur ρP.

321. On peut considérer le triangle variable ama' (*fig.* 94) comme formé par trois côtés dont chacun passe par un des trois points fixes ρ, P, P', tandis que deux des sommets a et a' glissent sur deux droites fixes SA et SA' : alors le théorème précédent consiste en ce que le troisième sommet m est aussi sur une droite fixe qui passe par le point de concours S des deux premières.

Ce théorème, qui résume dix *porismes* d'Euclide, est généralisé par Pappus dans l'énoncé suivant :

Étant donné un polygone de n côtés, si on le déforme en faisant tourner tous ses côtés autour d'autant de pôles situés en ligne droite, de manière que tous ses sommets, moins un, glissent sur des droites fixes, 1° le dernier sommet décrira une ligne droite; 2° le point de concours de deux côtés quelconques non contigus décrira aussi une droite (*fig.* 95).

Soient a, a', a'',..., a_n les n sommets du polygone dont les n côtés $a_n a$, aa',..., tournent autour de n points fixes P, P', P'',..., situés en ligne droite, tandis que ses $n-1$ premiers sommets a, a',..., glissent sur $n-1$ droites A, A',...; je dis que le dernier sommet a_n décrit une ligne droite et que le point de concours de deux côtés quelconques, tels que aa' et $a''a'''$, décrit aussi une ligne droite.

En effet, deux côtés consécutifs tels que aa' et $a'a''$, qui tournent autour de deux points fixes P, P', forment deux faisceaux homographiques, puisque leur point d'intersection glisse sur une droite A', la droite PP' étant un rayon commun de ces deux faisceaux; cela se voit comme inverse du n° 109. Pareillement, le côté suivant $a''a'''$ forme autour du point P'' un faisceau homographique à celui qui a été formé autour du point P', et, par conséquent, à celui qui a P pour sommet; et ainsi successivement pour les faisceaux formés par les côtés suivants. De sorte que deux côtés quelconques forment, en tournant autour de leurs pôles fixes, deux faisceaux homographiques dans lesquels la droite PP'P''... est un rayon commun. Donc l'intersection de ces deux côtés décrit une ligne droite (109), ce qui démontre les deux parties du théorème.

II. — Droites concourantes en un point.

322. *Étant donné un angle* ASA' *(fig.* 93*), si autour de deux points* O *et* O' *en ligne droite avec son sommet* S *on fait tourner deux rayons dont le point de concours* m *glisse sur une droite fixe* np, *la droite qui joindra les points de rencontre* a, a' *des deux côtés de l'angle avec ces deux rayons passera par un point fixe* ρ.

Cette proposition est évidente comme reproduisant, sous une autre expression, le théorème du n° **318.**

323. *Si les trois sommets d'un triangle* ama' *(fig.* 94*) glissent sur trois droites fixes* SA, SA'. Sm *concourantes en un même point, tandis que deux de ses côtés tournent autour de deux points fixes* P *et* P', *le troisième côté* aa' *tournera autour d'un troisième point fixe* ρ *en ligne droite avec les deux premiers.*

Ce théorème est encore évident comme étant une expression inverse du théorème démontré n° **319**, tel qu'il est énoncé au commencement du n° **321.**

324. Ce théorème s'étend, comme il suit, à un polygone d'un nombre quelconque de côtés.

Étant donné un polygone de n *côtés, si on le déforme en faisant glisser ses* n *sommets sur des droites concourantes en* *un même point, tandis que n — 1 de ses côtés tournent autour de n — 1 points fixes pris arbitrairement, le n^{ième} côté du polygone tournera autour d'un point fixe, ainsi que chacune de ses diagonales (fig. 96).*

Soit $aa'a''a'''\ldots$ le polygone dont les sommets a, a', a'', ..., glissent sur les droites A, A', A'', ..., toutes concourantes en un même point S, tandis que les n — 1 côtés aa', $a'a''$, $a''a'''$, ..., tournent autour des points P, P', P'', ..., pris arbitrairement. Je dis que le dernier côté aa_n passera toujours par un même point, et qu'il en sera de même de chacune des diagonales, telles que $a'a'''$, ...

En effet, deux points contigus a', a'' marquent sur deux droites SA', SA'' deux divisions homographiques dont le point S est un point commun, puisque le côté $a'a''$ tourne autour d'un point P' (98). Pareillement, le point suivant a''' marque sur la droite SA''' une division qui est homographique à la division marquée sur A'', et, par conséquent, à celle qui est marquée sur la droite A', et ainsi de suite. Donc deux sommets quelconques forment sur les deux droites qu'ils parcourent deux divisions homographiques qui ont un point commun en S, point de concours de ces deux droites. Donc la droite qui joint ces deux sommets tourne autour d'un point fixe, ce qui démontre les deux parties du théorème.

III. — TRIANGLES HOMOLOGIQUES.

325. Les théorèmes qui précèdent, relatifs à des triangles ou polygones variables, nous amènent naturellement à considérer les triangles qu'on appelle *homologiques*, et qui se correspondent l'un à l'autre dans les circonstances que nous allons étudier.

Quand deux triangles ont leurs sommets deux à deux sur trois droites concourantes en un même point, leurs côtés se rencontrent, deux à deux, en trois points situés en ligne droite (fig. 97).

Soient ABC, abc les deux triangles dont les sommets sont, deux à deux, sur les trois droites Aa, Bb, Cc concourantes en un même point S; je dis que les trois côtés AB, BC, CA du premier rencontrent respectivement les trois côtés ab, bc, ca

du second en trois points γ, α, β situés en ligne droite.

En effet, puisque Cc, Aa, Bb passent en S, ces droites seront trois rayons d'un faisceau S que nous compléterons par $S\gamma$, et ces droites diviseront dans le même rapport anharmonique les directions ab et AB (98) : soient donc d et D les points où ab et AB rencontrent Cc, les points d, a, b, γ ont le même rapport anharmonique que les points D, A, B, γ. Par conséquent, les deux faisceaux cd, ca, cb, $c\gamma$ et CD, CA, CB, Cγ sont homographiques, et les deux rayons homologues cd, CD sont en ligne droite : il en résulte donc (109) que les points α, β, γ où se coupent les autres rayons homologues sont en ligne droite

326. Réciproquement, *si deux triangles sont tels, que leurs côtés se coupent, deux à deux respectivement, en trois points situés en ligne droite, leurs sommets sont sur trois droites concourantes en un même point.*

Il suffit de renverser le raisonnement précédent.

Les trois points α, β, γ étant en ligne droite, cette droite est coupée aux quatre mêmes points par les lignes cd, ca, cb, $c\gamma$ et CD, CA, CB, Cγ. Donc les faisceaux c, C sont homographiques, c'est-à-dire que les points d, a, b, γ et leurs homologues D, A, B, γ ont un même rapport anharmonique. Par conséquent, les rayons cd, CD étant en ligne droite et le point γ étant commun à deux autres rayons homologues, les droites Aa, Bb concourent sur la ligne Cc.

327. *Lemme* (*fig.* 98). — *Étant pris sur une première droite deux points* A, B, *et sur une seconde deux points* a, b, *et étant menées les droites* Aa, Bb *qui se rencontrent en un point* S; *si l'on fait tourner la seconde droite* ab *autour de son point de rencontre* γ *avec la première, le point* S *change de position, et alors il arrive :*

1° *Que la droite menée par le point* S *parallèlement à la droite* ab *dans chacune de ses positions rencontre la droite* AB *toujours en un même point* I;

2° *Que le point* S *décrit un cercle qui a pour centre le point* I.

En effet, malgré la rotation de la ligne ab autour du point γ, les distances de a et de b à γ étant invariables, on peut regarder le point S, dans chacune de ses positions, comme le sommet d'un faisceau par lequel les droites AB, ab sont divisées homographiquement : ici A correspond à a, B à b, γ à lui-même, et enfin, SI étant parallèle à ab, le point I sur AB est le correspondant de l'infini sur ab. Or, nous avons vu (**105**) que trois points correspondants A, B, γ et a, b, γ sur deux droites homographiques suffisaient pour trouver sur la première le point I, correspondant de l'infini sur la seconde. Donc ce point I est constant, ce qui démontre la première partie du lemme.

Quant à la seconde, les triangles semblables SBI et $b\,\mathrm{B}\gamma$ donnent

$$\frac{\mathrm{SI}}{b\gamma} = \frac{\mathrm{BI}}{\mathrm{B}\gamma} \quad \text{ou} \quad \mathrm{SI} = \frac{\mathrm{BI}.b\gamma}{\mathrm{B}\gamma}.$$

Cette valeur de SI étant constante, le point S décrit un cercle qui a pour centre le point I.

328. Le numéro précédent suppose que la *fig.* 98 est toujours dans un même plan.

Si, au contraire, la droite ab, en tournant autour de son point de rencontre γ avec la ligne immobile AB, passe dans des plans différents, cette figure pourra toujours se construire dans chacun de ces plans et SI gardera toujours la même valeur : donc *le point* S *décrira une sphère ayant le point* I *pour centre.*

329. Étant donnés deux triangles homologiques, comme dans les n°s **325** et **326**, on appelle *axe d'homologie* la droite où se coupent les côtés correspondants. Cela posé, nous démontrerons le théorème suivant :

Quand deux triangles sont homologiques, si l'on fait tourner le plan de l'un d'eux autour de l'axe d'homologie, les droites qui joignent deux à deux leurs sommets homologues concourent en un même point, et ce point, variable de position, décrit un cercle dont le plan est perpendiculaire à l'axe d'homologie (fig. 99).

En effet, si l'on fait tourner le triangle acb autour de la droite $\alpha\beta$, les deux droites AB, ab, qui se rencontrent en γ, sont dans un même plan, et par conséquent les deux droites $\mathrm{A}a$, $\mathrm{B}b$ se rencontrent, puisqu'elles sont dans ce plan. Pareillement la droite $\mathrm{A}a$ rencontre la droite $\mathrm{C}c$, et celle-ci rencontre la droite $\mathrm{B}b$. Or, ces trois droites $\mathrm{A}a$, $\mathrm{B}b$ et $\mathrm{C}c$ qui se rencontrent deux à deux ne sont pas dans un même plan :

il s'ensuit qu'elles se rencontrent en un même point S.

Menons par ce point, aux trois côtés du triangle *abc*, des parallèles qui, étant dans un même plan parallèle à celui du triangle, rencontreront les côtés de l'autre triangle ABC resté fixe en trois points I, J, K, situés sur une droite parallèle à l'axe d'homologie $\alpha\beta\gamma$, puisque cet axe est l'intersection du plan de ABC par le plan de *abc*, parallèle à celui qui passe en S. D'après ce qu'on a vu (328), ces trois points resteront fixes et seront les centres de trois sphères sur lesquelles se mouvra le point S. Donc ce point décrira un cercle, intersection commune de ces trois sphères : de plus, comme elles ont leurs centres sur la droite IJK, cette droite contiendra aussi le centre de ce cercle, dont le plan sera aussi perpendiculaire à IJK, ainsi qu'à sa parallèle $\alpha\beta\gamma$.

On verra plus loin (370) une démonstration analytique du même théorème.

330. Les trois droites A*a*, B*b*, C*c* concourant dans chaque position en un même point S de l'espace, les deux triangles sont toujours la perspective l'un de l'autre, ce point S étant la position de l'œil; on a donc aussi l'énoncé suivant :

Quand on a mis en perspective une figure plane sur un tableau plan, si l'on fait tourner le tableau autour de la ligne de terre (on appelle ainsi l'intersection du plan de la figure par celui du tableau), les deux figures restent en perspective, et le lieu de l'œil, qui change de position dans l'espace, décrit un cercle situé dans un plan perpendiculaire à la ligne de terre.

IV. — NOTIONS SUR LES FIGURES HOMOLOGIQUES.

331. Il est évident que l'on peut étendre, comme nous venons de le faire, les résultats obtenus sur des triangles à des polygones et à des figures quelconques. Mais si le plan de la seconde figure *abc* finit par s'appliquer sur celui de la première ABC, il n'y a plus perspective proprement dite; cependant, comme les droites AB, BC, CA rencontrent toujours leurs homologues *ab*, *bc*, *ca* sur la droite fixe $\alpha\beta\gamma$, les droites A*a*, B*b*, C*c* concourront toujours en un même point S (326) qui sera, sur le plan commun des deux figures, la position limite de l'œil.

On aura donc sur un plan *deux figures telles, que les côtés correspondants se couperont sur une droite fixe, et que les droites qui joignent les sommets correspondants concourront en un point fixe.* On les appelle des *figures homologiques.*

La droite fixe est l'*axe d'homologie,* et le point de concours est le *centre d'homologie.*

332. Cependant **M.** Poncelet, qui a donné ces définitions, considère, dans son *Traité des Propriétés projectives des figures,* la génération des figures homologiques sous un autre point de vue.

Mettons en perspective, sur un tableau plan, deux figures homothétiques contenues dans un même plan (*fig.* 61); il sera facile de reconnaître que les perspectives de abc... et de $a'b'c'$... jouiront des deux propriétés qui définissent (**331**) les figures homologiques. D'abord, imaginons la droite qui joint la position S de l'œil au centre de similitude O des figures homothétiques : nous aurons ainsi la perspective Σ du point O. Comme Oa passe aussi en a', le plan des droites SOΣ et Oa coupera le tableau suivant une droite qui contiendra à la fois la perspective de a et celle de a', c'est-à-dire que le point Σ sera le centre de similitude des deux figures.

Pour achever la démonstration, observons que les parallèles ab, $a'b'$ sont projetées par les deux plans Sab, S$a'b'$ qui se coupent suivant une droite SA, évidemment parallèle à ces lignes; donc SA ne rencontrera pas le plan $ab\,a'b'$ où elles sont contenues, mais coupera le plan du tableau en un point A, qui sera l'intersection des projections de ab et de $a'b'$.

Chaque couple de côtés parallèles, dans les figures homothétiques, donnera ainsi une droite analogue à SA, et l'ensemble de ces droites, étant formé de lignes parallèles à un même plan, sera un plan parallèle à celui des figures homothétiques. Ce plan parallèle coupera donc le tableau suivant une droite parallèle à la ligne de terre, et qui contient l'intersection A des projections d'un couple quelconque de côtés parallèles; donc cette droite sera l'axe d'homologie.

CHAPITRE XIII.

FIGURES HOMOLOGIQUES.

I. — Formules générales.

333. D'après la définition des figures homologiques (331), il est facile de résoudre le problème suivant : *Étant donnés les éléments de l'homologie et un point de l'une des figures, trouver le point correspondant de l'autre figure* (*fig.* 100).

Soient S le centre et αP l'axe d'homologie ; soient a et A deux points correspondants, qui sont placés, par conséquent, sur une droite passant en S ; enfin soit b un point de l'une des figures : il est clair que, pour avoir son correspondant B, il faudra joindre ab qui coupe αP en α, joindre αA qui coupe Sb en B, et que B sera le point demandé.

334. Cette construction peut se traduire en calcul pour donner les formules de l'homologie. Nous prendrons pour axe des x la droite SaA qui coupe l'axe d'homologie en P, et l'axe des y sera la parallèle menée du centre S à l'axe d'homologie : nous poserons SP $= p$, S$a = \delta$, SA $= \delta'$, et enfin x et y seront les coordonnées de b, x' et y' celles de B.

Cela posé, on aura évidemment

$$(1) \qquad \frac{x}{x'} = \frac{y}{y'}.$$

Ensuite, soit αP $= h$, les triangles $a\alpha$P, abn donnent

$$\frac{h}{y} = \frac{p - \delta}{x - \delta} :$$

de même, les triangles AαP, ANB donnent aussi

$$\frac{h}{y'} = \frac{\delta' - p}{\delta' - x'} ;$$

divisant pour éliminer h, il reste

$$(2) \qquad \frac{y}{y'} = \frac{x}{x'} = \frac{(x - \delta)(\delta' - p)}{(\delta' - x')(p - \delta)}.$$

Nous allons exprimer x et y en fonction de x' et de y', car l'équation d'une courbe en x et y donnera ainsi celle de la courbe homologique en x' et y'.

Il vient donc

$$x(\delta' - x')(p - \delta) = x'(x - \delta)(\delta' - p),$$

d'où

$$x[\delta'(p - \delta) - x'(\delta' - \delta)] = - x'\delta(\delta' - p),$$

et

$$x = \frac{x'\delta(\delta' - p)}{x'(\delta' - \delta) - \delta'(p - \delta)}.$$

De là on tire

$$x - \delta = \frac{x'\delta(\delta - p) + \delta\delta'(p - \delta)}{x'(\delta' - \delta) - \delta'(p - \delta)} = \frac{\delta(p - \delta)(\delta' - x')}{x'(\delta' - \delta) - \delta'(p - \delta)}.$$

D'après cela, l'égalité (2) se réduit à

$$(3) \qquad \frac{y}{y'} = \frac{x}{x'} = \frac{\delta(\delta' - p)}{x'(\delta' - \delta) - \delta'(p - \delta)},$$

et il faut bien observer que le numérateur du dernier membre est constant.

Si l'origine, au lieu d'être le centre d'homologie S, était un point quelconque O, les coordonnées du point S étant x_0, y_0, les formules deviendraient

$$(4) \qquad \frac{y - y_0}{y' - y_0} = \frac{x - x_0}{x' - x_0} = \frac{\delta(\delta' - p)}{(x' - x_0)(\delta' - \delta) - \delta'(p - \delta)},$$

les coordonnées gardant encore la même direction.

335. Nous allons maintenant démontrer que si les coordonnées des points correspondants de deux figures homologiques sont liées, pour un certain système de coordonnées, par deux relations de la forme

$$(5) \qquad \frac{y - y_0}{y' - y_0} = \frac{x - x_0}{x' - x_0} = \frac{1}{lx' + my' + n},$$

tout autre système de coordonnées conduira à des équations de la même forme.

En effet, posons

$$x = \alpha X + \beta Y + \gamma, \quad y = \alpha' X + \beta' Y + \gamma',$$

il en résultera

$$\frac{\alpha'(X - X_0) + \beta'(Y - Y_0)}{\alpha'(X' - X_0) + \beta'(Y' - Y_0)} = \frac{\alpha(X - X_0) + \beta(Y - Y_0)}{\alpha(X' - X_0) + \beta(Y' - Y_0)}$$

$$= \frac{1}{LX' + MY' + N} = A.$$

Alors

$$\alpha(X - X_0) + \beta(Y - Y_0) = A\alpha(X' - X_0) + A\beta(Y' - Y_0),$$

et

$$\alpha'(X - X_0) + \beta'(Y - Y_0) = A\alpha'(X' - X_0) + A\beta'(Y' - Y_0).$$

Multiplions la première égalité par β', la seconde par β, et retranchons; en supprimant le facteur commun $\alpha\beta' - \alpha'\beta$, il vient

$$X - X_0 = A(X' - X_0),$$

ou

$$\frac{X - X_0}{X' - X_0} = A;$$

de même,

$$\frac{Y - Y_0}{Y' - Y_0} = A,$$

et enfin

$$\frac{X - X_0}{X' - X_0} = \frac{Y - Y_0}{Y' - Y_0} = \frac{1}{LX' + MY' + N},$$

qui présente la même forme que les équations (5).

En divisant les deux termes du dernier membre par $\delta(\delta' - p)$ dans l'équation (4), on trouve un cas particulier des équations (5) qui, par conséquent, représentent l'homologie d'une manière générale.

336. Maintenant nous allons, au contraire, prendre ces équations (5) comme définition de l'homologie, et en conclure les propriétés géométriques exposées au n° 331.

D'abord on reconnaîtra qu'*une droite d'un système corres-pond à une droite de l'autre;* car si la fonction en x et y est du premier degré, la fonction en x' et y' que l'on obtiendra en remplaçant, d'après les équations (5), x et y par leurs va-leurs, sera aussi du premier degré. En général, le degré des lignes ne change pas par l'homologie.

Ensuite, les *points communs aux deux systèmes* donnant

$$x = x', \quad y = y',$$

les équations (5) reviennent à

$$1 = \frac{1}{lx' + my' + n},$$

c'est-à-dire que l'on a

$$lx' + my' + n = 1, \quad \text{ou bien} \quad lx + my + n = 1.$$

C'est l'équation d'une droite qui sera l'*axe d'homologie;* car il est clair, à plus forte raison, que les droites correspondantes des deux systèmes se couperont sur ce lieu géométrique.

Enfin, *deux points correspondants sont sur une droite qui passe par un centre constant d'homologie* représenté par x_0, y_0. En effet, les équations (5) donnent

$$\frac{y - y_0}{x - x_0} = \frac{y' - y_0}{x' - x_0},$$

ce qui démontre ce dernier théorème.

337. Nous venons de voir que l'axe d'homologie est géné-ralement *le lieu des points qui se correspondent à eux-mêmes.* Cependant, en dehors de cet axe, *le centre d'homologie est à lui-même son correspondant :* en effet, si l'on a

$$x' = x_0, \quad y' = y_0,$$

il en résulte

$$x = x_0, \quad y = y_0,$$

et réciproquement.

Si une droite est parallèle à l'axe d'homologie, la droite correspondante est aussi parallèle à cet axe, car nous venons de voir que le point de concours de ces droites correspondantes est sur l'axe d'homologie; or, comme la première est parallèle à cet axe, la seconde doit ne le rencontrer qu'à l'infini.

L'homologie étant un cas particulier de la perspective (331), *quatre points d'une figure ont le même rapport anharmonique que leurs correspondants de l'autre figure ;* de même, *les rapports anharmoniques de deux faisceaux correspondants de quatre droites seront égaux.* Mais cette réduction de l'homologie à la perspective et, par suite, les théorèmes précédents, seront démontrés par l'analyse (369) en partant des formules (5).

Observons enfin que les équations

$$(5) \qquad \frac{y - y_0}{y' - y_0} = \frac{x - x_0}{x' - x_0} = \frac{1}{lx' + my' + n}$$

donnent symétriquement

$$(6) \qquad \frac{y' - y_0}{y - y_0} = \frac{x' - x_0}{x - x_0} = \frac{1}{l'x + m'y + n'}.$$

Les équations (5) ont donné

$$lx + my + n - 1 = 0$$

pour équation de l'axe d'homologie : les équations (6) donneraient de même

$$l'x + m'y + n' - 1 = 0.$$

On aura donc les identités

$$\frac{l}{n-1} = \frac{l'}{n'-1}, \quad \frac{m}{n-1} = \frac{m'}{n'-1}.$$

II. — APPLICATION AUX CONIQUES.

338. *Deux coniques quelconques sur un même plan sont toujours deux figures homologiques.*

Soient $S = 0$, $S' = 0$ les équations de ces coniques ; le théorème sera démontré si l'on peut, en remplaçant dans la première de ces équations x et y par leurs valeurs tirées des équations (5), reproduire l'équation de la seconde. Or cela est toujours possible en général, car l'équation d'une conique n'a que cinq coefficients, et l'on a ici cinq quantités à déterminer, savoir : x_0, y_0, l, m et n.

On trouve donc tous les éléments de l'homologie. Du reste,

cette propriété fondamentale des coniques est évidente d'après le n° 331, dans lequel nous avons vu que *l'homologie était un cas particulier de la perspective*, théorème que nous démontrerons encore par l'analyse au n° 369.

339. *Le centre d'homologie de deux coniques est le point de concours de deux tangentes communes à ces courbes.*

Du centre d'homologie, quel qu'il soit, menons à la première conique deux tangentes dont chacune rencontrera cette courbe en deux points infiniment voisins; les homologues de ces points, sur la seconde courbe, seront aussi infiniment voisins deux à deux; par conséquent, les droites homologues des tangentes à la première courbe seront des tangentes à la seconde. Cependant toutes ces tangentes peuvent être imaginaires.

Nous reconnaîtrons bientôt (347) que la réciproque n'est pas vraie, c'est-à-dire que *le point de concours de deux tangentes communes n'est pas toujours un centre d'homologie.*

340. *L'axe d'homologie de deux coniques est une corde commune à ces courbes.*

En effet, chacun des points où l'axe d'homologie rencontre la première conique étant son homologue à lui-même (336) se trouve aussi sur la seconde.

Cet axe étant une sécante réelle, rien n'empêche cependant les points communs d'être imaginaires.

341. Pour plus de simplicité, prenons l'origine au centre d'homologie. Ce point étant l'intersection de deux tangentes communes (339), l'équation $S = o$ sera de la forme

$$ay^2 + bxy + cx^2 - \lambda\,(px + qy + 1)^2 = o.$$

Ici, en effet, l'équation

$$ay^2 + bxy + cx^2 = o$$

représente l'ensemble des tangentes réelles ou imaginaires conjuguées qui passent par l'origine; car, si cette équation est satisfaite, on ne peut plus satisfaire à celle de la conique qu'en écrivant l'équation *du premier degré*

$$px + qy + 1 = o.$$

Par conséquent, chacune de ces droites, passant à l'origine, ne rencontre la courbe qu'en un point.

De plus, comme ces deux points de contact sont sur la droite qui a pour équation $px + qy + 1 = 0$, on voit que cette équation représente la *polaire du centre d'homologie*, qui est ici l'origine.

342. L'équation $S' = 0$ de l'autre conique sera de la forme

$$ay'^2 + bx'y' + cx'^2 - \lambda'(p'x' + q'y' + 1)^2 = 0.$$

Ici a, b, c sont les mêmes quantités que dans $S = 0$, puisqu'il s'agit de tangentes communes aux deux coniques.

Afin d'établir entre les autres coefficients de ces équations les conditions nécessaires pour que ces coniques soient homologiques, il faudra poser dans $S = 0$ (puisque x_0 et y_0 sont nuls)

$$x = \frac{x'}{lx' + my' + n}, \quad y = \frac{y'}{lx' + my' + n}.$$

Après cela, supprimant le dénominateur $(lx' + my' + n)^2$, on a

$$ay'^2 + bx'y' + cx'^2 - \lambda[x'(p+l) + y'(q+m) + n]^2 = 0.$$

Afin d'identifier avec $S' = 0$ cette transformée de $S = 0$, il suffit de poser

$$\lambda'(p'x' + q'y' + 1)^2 = \lambda[x'(p+l) + y'(q+m) + n]^2.$$

Comme l'identification doit être vraie pour toutes les valeurs de x' et de y', on a

$$n = \sqrt{\frac{\lambda'}{\lambda}}, \quad q'\sqrt{\frac{\lambda'}{\lambda}} = q + m, \quad p'\sqrt{\frac{\lambda'}{\lambda}} = p + l.$$

(Si le trinôme $px + qy + 1$ avait été écrit au premier degré et non au second, les termes du second degré auraient été les mêmes dans les équations des deux coniques, et ces courbes auraient été semblables, cas particulier que l'on ne suppose point.)

343. *A un centre d'homologie de deux coniques correspondent deux axes d'homologie.*

Nous avons vu (336) que l'axe d'homologie avait pour équation

$$lx + my + n - 1 = 0.$$

Mais, d'après le numéro précédent, $l = p'n - p$, $m = q'n - q$, de sorte que cette équation devient

$$(p'n - p)\,x + (q'n - q)y + n - 1 = 0,$$

ou bien

$$n(p'x + q'y + 1) = px + qy + 1.$$

Comme $n = \pm\sqrt{\dfrac{\lambda'}{\lambda}}$, le théorème est démontré.

344. On vérifie ainsi le théorème du n° 340; car, si l'on retranche les équations $S = 0$, $S' = 0$, il reste, d'après la forme de ces équations (341 et 342),

$$\lambda'(p'x + q'y + 1)^2 = \lambda(px + qy + 1)^2,$$

d'où

$$\pm\sqrt{\dfrac{\lambda'}{\lambda}}\,(p'x + q'y + 1) = px + qy + 1;$$

ainsi l'on retombe sur l'équation précédente. Or, en retranchant $S = 0$ et $S' = 0$, on obtient évidemment des sécantes communes.

Outre cela, nous avons vu (341) que les équations

$$px + qy + 1 = 0, \quad p'x + q'y + 1 = 0,$$

représentaient les polaires du centre d'homologie relativement à chacune des coniques. Or, d'après ce que nous venons de voir, l'ensemble de ces équations satisfera celle des deux axes d'homologie : *donc l'intersection des axes d'homologie est aussi celle des polaires du centre d'homologie relativement à chaque conique.*

345. *Si deux coniques ont un même point de contact avec une même droite, ce point est un centre d'homologie; on dit alors que les coniques se touchent.*

Une conique tangente en un point donné, que nous prendrons pour origine, à une droite fixe, qui sera l'axe des abscisses, aura pour équation

$$x^2 - y(\alpha x + \beta y + \gamma) = 0.$$

En effet, si l'on pose $y = 0$, il reste la seule valeur $x = 0$, ce qui montre que l'axe des abscisses est tangent à l'origine. On ne met ici que trois constantes α, β, γ, parce que la tangente et le point de contact font deux conditions.

Maintenant, si l'on pose

$$x = \frac{x'}{lx' + my' + n}, \quad y = \frac{y'}{lx' + my' + n},$$

il est clair que l'on obtiendra une équation de même forme ; par conséquent, la conique homologique de la première, et ayant l'origine pour centre d'homologie, sera aussi tangente en un même point à la même droite.

On aurait pu prévoir ce théorème d'après les résultats précédents ; mais, quoique la tangente commune, ayant le même point de contact avec les deux courbes, puisse être regardée comme une sécante commune, rien n'aurait prouvé que cette sécante fût une de celles qui servent d'axe d'homologie.

346. *Si deux coniques ont un foyer commun, ce point est un centre d'homologie.*

L'équation d'une conique rapportée à un foyer comme origine, avec des axes rectangulaires, est de la forme

$$x^2 + y^2 - (\alpha x + \beta y + \gamma)^2 = 0,$$

car cette relation indique que la distance d'un point de la courbe à l'origine est proportionnelle à la distance de ce même point de la courbe à une droite fixe.

Si l'on pose

$$x = \frac{x'}{lx' + my' + n}, \quad y = \frac{y'}{lx' + my' + n},$$

on obtiendra une équation de même forme représentant une conique qui aura encore l'origine pour foyer, mais avec une autre directrice. Comme chacune de ces coniques aura, dans son équation, trois constantes arbitraires, elles sont quelconques, sauf leur foyer commun qui équivaut à deux conditions : du reste, comme elles sont homologiques, le théorème est démontré.

Cela rentre dans la théorie du n° 339 ; en effet on sait, et d'ailleurs il serait facile de vérifier, que le coefficient angulaire des tangentes menées à une conique par l'un de ses foyers est $\pm\sqrt{-1}$, les coordonnées étant rectangulaires. Donc ces tangentes imaginaires seront les mêmes pour deux coniques qui auront ce foyer commun.

347. Nous avons posé (341 et 342) les équations $S = 0$, $S' = 0$, de deux coniques ayant pour tangentes communes deux droites dont l'intersection est prise pour origine et dont l'ensemble est représenté par $ay^2 + bxy + cx^2 = 0$, ces droites étant réelles ou imaginaires. On a aussi déterminé (343) les deux axes d'homologie correspondant à l'origine, en partant de la relation $n = \pm\sqrt{\dfrac{\lambda'}{\lambda}}$; mais cette détermination devient illusoire si λ et λ' sont de signe contraire. Ainsi l'intersection de ces tangentes communes est un centre d'homologie si λ et λ' sont *de même signe ;* il n'en est plus de même dans le cas contraire.

Il est important de voir la signification géométrique de ce résultat dans le cas où ces tangentes communes sont réelles. Prenons alors ces tangentes pour axes des coordonnées ; l'équation $S = 0$ devient $xy = \dfrac{\lambda}{b}(px + qy + 1)^2$; en effet, il faut que a soit nul pour que $x = 0$ donne une seule valeur de y, et que c soit nul aussi pour que $y = 0$ donne une seule valeur de x.

On aura de même, pour $S' = 0$,

$$x'y' = \frac{\lambda'}{b}(p'x' + q'y' + 1)^2 ;$$

du reste, il est clair que b ne peut être nul, sans quoi chacune des coniques se réduirait à une droite.

Or, si λ et λ' sont de même signe, il est visible que xy et $x'y'$ sont aussi de même signe. Ainsi, *le point de concours de deux tangentes réelles à deux coniques est un centre d'homologie, si ces deux coniques sont comprises dans le même angle de ces tangentes ou dans les angles opposés au sommet.*

Au contraire, si les angles qui contiennent chacune de ces coniques étaient supplémentaires, leur sommet ne serait point un centre d'homologie.

III. — Problème de Halley.

348. Pour arriver à la solution du problème qui porte ce nom, nous allons démontrer, d'après M. de Jonquières, le théorème suivant énoncé par Nicollic (*fig.* 101) :

D'un foyer F *d'une conique, décrivons un cercle de rayon quelconque r et menons à deux points quelconques* A *et* A′ *de la conique les rayons* FA, F′A′ *qui déterminent sur la circonférence les points correspondants a et a′; le point* D, *où concourent* AA′ *et aa′, est sur une droite* DE *sécante commune au cercle et à la conique, et perpendiculaire à l'axe focal.*

De plus, soit B *le milieu de* AA′ *et b le point où* FB *coupe aa′; la perpendiculaire abaissée de b sur* AA′ *coupe l'axe focal en un point P qui est constant, et tel que* $\dfrac{FP}{r} = \dfrac{c}{a} = e$. (Ici *c* est la demi-distance des foyers, et *a* la moitié de l'axe focal.)

Pour démontrer la première partie de ce théorème, observons que le centre d'un cercle étant aussi son foyer, le point F est un centre d'homologie (346). Donc les droites homologues AA′, *aa′* se coupent sur l'axe d'homologie (336), et l'on sait que cet axe est une sécante commune aux deux coniques (340). Enfin, la symétrie des deux courbes montre que cette sécante commune est perpendiculaire à l'axe focal.

349. Observons que chaque rayon vecteur coupe la conique en deux points, tels que A et A_1, et la circonférence en deux autres points a et a_1 ; de même pour l'autre rayon. Les points D et D_1, où concourent deux cordes AA′ et *aa′*, ou bien A_1A_1 et a_1a_1', qui sont *d'un même côté du foyer*, sont sur une même sécante que nous avons représentée comme passant par deux points communs réels. Mais on sait que deux coniques ont toujours au moins deux sécantes réelles; il y aura ici, comme second axe d'homologie correspondant au centre F d'homologie (343), une autre sécante passant par deux points communs imaginaires, et où concourront les cordes homologues du cercle et de la conique placées *de côtés opposés du foyer*, telles que AA′ et a_1a_1', A_1A_1' et *aa′*; mais les limites de la figure n'ont pas permis de tracer cette autre sécante.

350. Quant à la seconde partie du théorème, imaginons dans la conique une série de cordes parallèles à AA'; les milieux de ces cordes sont sur le diamètre OB qui coupe la conique en deux points opposés T et T'. La droite homologue de OB joindra le point b, homologue de B, au point P, homologue du centre O, qui sera sur la direction FO (336), c'est-à-dire sur l'axe focal. Enfin, nous indiquerons par t et t' les points où bP rencontre la circonférence. Comme t et t' sont respectivement homologues aux points T et T', les lignes FtT, FT't' sont droites (336), en sorte que les angles TFT', tFt' sont identiques.

Cela posé, imaginons par le point F une droite parallèle à AA', c'est-à-dire aux tangentes en T et en T'. Soit aussi F' l'autre foyer, le parallélogramme FTF'T' montre que TF' est parallèle à FT'; donc, d'après les propriétés fondamentales de la tangente, cette parallèle, menée de F à AA', sera bissectrice de l'angle TFT' $= t$Ft'. Mais, puisque F$t' =$ Ft comme rayons d'un même cercle, cette bissectrice sera perpendiculaire à tt', c'est-à-dire à bP; donc aussi bP sera perpendiculaire à AA'.

351. Enfin, il reste à calculer sur FO la position du point constant P, correspondant de O. L'axe non focal OC étant parallèle à l'axe d'homologie DD$_1$, il en sera de même pour Pc, homologue de OC (337). La ligne FcC étant droite, puisque c et C sont homologues, on a

$$\frac{FP}{F c} = \frac{FO}{FC};$$

mais

$$F c = r, \quad FO = c,$$

et l'on sait que FC est égal à a, moitié de l'axe focal; donc

$$\frac{FP}{r} = \frac{c}{a} = e.$$

352. Ce qui précède permet de déterminer le second foyer F' de la conique. Menons de l'un des deux points pris sur cette courbe, tel que A', le diamètre A'O, dont l'homologue a'P coupe encore la circonférence en g. On voit que Fg passera au point G, homologue de g, et qui est la seconde intersection de A'O avec la conique; du reste, le point g est connu

puisqu'il se trouve sur a'P. Dès lors, le parallélogramme A'FGF' montre que A'F' est parallèle à Fg.

353. On peut encore démontrer sur cette figure le théorème accessoire que voici :

La médiane AB *d'un triangle* FAA' *coupe la corde* aa' *d'un arc de cercle de rayon* F, *en un point* b *tel, que le rapport de* ba *à* ba' *est inverse du rapport de* FA *à* FA'.

En effet, soit D l'intersection de AA' et de aa', et considérons successivement les triangles DaA, Da'A' coupés par la transversale FbB.

Nous aurons les deux égalités (2)

$$D b . a F . AB = DB . AF . ab,$$

$$DB . A'F . a' b = D b . a' F . A'B.$$

Multipliant, et effaçant de part et d'autre Db, $aF = a'F$, AB $=$ A'B, il reste en effet

$$A'F . a' b = AF . ab$$

354. Voici maintenant l'énoncé du problème de Halley :

Étant donnés trois points A, A', A″ *et un foyer* F *d'une conique, construire la courbe.*

Soient D et E les points où se coupent AA' et aa', A'A″ et $a'a''$: seulement, D et E devant être sur la même sécante commune, nous avons vu (349) que, si AA' et aa' étaient d'un même côté du foyer, il fallait prendre de même A'A″ et $a'a''$.

La perpendiculaire abaissée de F sur DE sera l'axe focal : soit B le milieu de AA'; du point b où FB coupe aa' nous abaisserons sur AA' une perpendiculaire qui coupera cet axe focal au point P, homologue du centre inconnu O de la conique.

Joignons a'P qui coupe en g la circonférence; A'F' parallèle à Fg coupe FP au second foyer F' : alors O est le milieu de FF'. Enfin, $c =$ FO étant connu, on trouve le demi-axe

$$a = \frac{rc}{\mathrm{FP}} .$$

Cette méthode, applicable à des ellipses peu excentriques, telles que les orbites des planètes, remplace la méthode ordinaire où l'on emploie la directrice, située alors à une distance considérable.

355. Cependant il y a quatre solutions, et même on pourrait d'abord en supposer huit. Il s'agit de grouper les points de la circonférence a, a', a'' et leurs opposés a_1, a'_1, a''_1 : or, on reconnaîtra que, quand on a pris une combinaison telle que a, a', a'', *les points opposés donnent la même conique.* On trouverait en effet le point P_1 situé sur l'axe focal à la distance $FP_1 = FP$, et de sens contraire. Alors Fg_1 est le prolongement de Fg, ce qui donne les mêmes points F' et O, et la même valeur de l'axe focal.

Mais les trois combinaisons suivantes,

$$a,\ a',\ a''_1, \quad a,\ a'_1,\ a'', \quad a_1,\ a',\ a'',$$

ou bien celles des points respectivement opposés, donnent trois autres coniques qui satisfont aussi au problème. *Ces quatre coniques ont le même axe focal,* car les deux axes d'homologie auxquels on est conduit sont parallèles par suite de la symétrie.

La première conique, celle pour laquelle les points du cercle sont, relativement au foyer donné, *tous du même côté que les points de la conique, ou tous de côtés opposés*, est, soit une *ellipse*, soit une *parabole*, soit une *hyperbole dans laquelle les trois points sont sur la même branche.* En effet, cette condition est nécessaire pour que cette hyperbole puisse dégénérer en parabole.

Enfin, les trois autres coniques sont des *hyperboles où deux points donnés sont sur une branche et le troisième sur l'autre branche.*

356. *Théorèmes sur les tangentes.* — Dans la *fig.* 101, si A et A' se confondent en un seul point avec B, pour que AA' devienne tangente, le rayon vecteur FB de ce point coupera le cercle en b, et l'on obtiendra la tangente en abaissant du point de contact une perpendiculaire sur bP. Mais, pour que la construction soit plus simple, nous prendrons $r = a$, de sorte que la formule

$$\frac{FP}{r} = \frac{c}{a}$$

se réduira à FP $= c$, le point P étant alors confondu avec O. Voici donc la construction (*fig.* 102).

Du foyer F *comme centre et d'un rayon* FC $= a$ *décrivez un cercle, joignez* F *au point donné* B *par une droite qui coupe la circonférence en b, enfin joignez* O b *; la perpendiculaire* BT *sur* O b *est tangente en* B.

La figure est faite pour une ellipse, mais la construction serait la même pour une hyperbole, sauf que B et b devraient être pris de côtés opposés du foyer F.

Quant à la parabole, $\dfrac{\mathrm{FP}}{r} = e = 1$; alors $r =$ FP est arbitraire (*fig.* 103). Des points où la circonférence coupe l'axe focal soit P celui qui est *opposé à la directrice,* et l'on aura pour tangente BT perpendiculaire à P b. Ici, comme pour l'ellipse, B et b sont du même côté du foyer. Du reste, P_1 opposé à B et b_1 opposé à b donnent la même tangente.

IV. — LIEU GÉOMÉTRIQUE.

357. *Si par deux points fixes* A *et* B, *pris sur une ellipse donnée, on fait passer des circonférences de rayons variables, on demande le lieu géométrique des points* M *où concourent les tangentes menées à l'ellipse et à chacun de ces cercles* (*fig.* 104).

Cette question a été résolue géométriquement par M. Gerono (*Nouvelles Annales,* t. X, p. 408). Mais l'analyse ordinaire ne donnerait pas uniquement l'équation du lieu cherché, parce que les quatre tangentes communes, que le calcul indique toujours pour deux coniques, se coupent deux à deux en six points. Cependant il n'y en a que deux qui réunissent des tangentes contenant les coniques dans le même angle ou dans l'angle opposé, et nous avons vu que cette condition est remplie dans l'homologie (347). Il fallait donc avoir recours aux formules de cette nature pour n'obtenir, au lieu de cette équation complète, que le facteur du second degré qui seul résout la question : c'est ce qu'a fait M. Breton (de Champ), par le calcul suivant.

Le centre d'homologie entre l'ellipse et un cercle étant le point M du lieu, l'axe d'homologie sera la corde commune AB qui a pour équation $y = \mu x + \nu$. Mais l'équation de l'axe d'homologie étant (336)

$$lx + my + n - 1 = 0,$$

on trouvera, en identifiant,

$$l = - m\mu, \quad n = 1 - m\nu;$$

donc le dénominateur $lx' + my' + n$ des formules d'homologie devient

$$m(y' - \mu x' - \nu) + 1.$$

Par conséquent, d'après les formules (5), il faudra substituer, dans l'équation

$$\frac{x^2}{a^2} + \frac{y^2}{b^2} = 1$$

de l'ellipse, les expressions

$$x = x_0 + \frac{x' - x_0}{m(y' - \mu x' - \nu) + 1}, \quad y = y_0 + \frac{y' - y_0}{m(y' - \mu x' - \nu) + 1}.$$

Ici x_0 et y_0 sont les coordonnées du point M, x' et y' celles d'un point de la courbe homologique : il reste à exprimer les conditions nécessaires pour que cette courbe soit une circonférence.

L'équation obtenue par cette substitution est

$$\frac{1}{a^2}\left(x_0 + \frac{x' - x_0}{m(y' - \mu x' - \nu) + 1}\right)^2$$

$$+ \frac{1}{b^2}\left(y_0 + \frac{y' - y_0}{m(y' - \mu x' - \nu) + 1}\right)^2 = 1,$$

ou bien

$$\frac{1}{a^2}\left[x'(1 - m\mu x_0) + mx_0 y' - m\nu x_0\right]^2$$

$$+ \frac{1}{b^2}\left[y'(1 + my_0) - m\mu y_0 x' - m\nu y_0\right]^2$$

$$= \left[m(y' - \mu x' - \nu) + 1\right]^2.$$

Mais il est inutile de développer cette équation ; il suffit d'annuler le coefficient de $x'y'$ et d'égaler ceux de x'^2 et de y'^2, afin que la courbe homologique de l'ellipse soit un cercle. Entre ces deux relations, il faudra éliminer m et il restera l'équation cherchée en x_0 et y_0. Seulement nous allons, dès à présent, supprimer ces indices.

La première condition donnera, en supprimant le facteur commun $2m$,

$$\frac{x(1 - m\mu x)}{a^2} - \frac{\mu y(1 + my)}{b^2} + m\mu = 0,$$

d'où

$$m\mu \left(\frac{x^2}{a^2} + \frac{y^2}{b^2} - 1 \right) = \frac{x}{a^2} - \frac{\mu y}{b^2}.$$

La seconde condition donne encore

$$\frac{(1 - m\mu x)^2}{a^2} + \frac{m^2\mu^2 y^2}{b^2} - m^2\mu^2 = \frac{m^2 x^2}{a^2} + \frac{(1 + my)^2}{b^2} - m^2,$$

ou bien

$$m^2(\mu^2 - 1)\left(\frac{x^2}{a^2} + \frac{y^2}{b^2} - 1 \right) = 2m\left(\frac{\mu x}{a^2} + \frac{y}{b^2} \right) + \frac{1}{b^2} - \frac{1}{a^2}.$$

Dans le premier membre, remplaçant $m\left(\dfrac{x^2}{a^2} + \dfrac{y^2}{b^2} - 1 \right)$ par sa valeur déjà trouvée $\dfrac{1}{\mu}\left(\dfrac{x}{a^2} - \dfrac{\mu y}{b^2} \right)$, on a

$$m\left[2\left(\frac{\mu x}{a^2} + \frac{y}{b^2} \right) + \frac{(\mu^2 - 1)}{\mu}\left(\frac{\mu y}{b^2} - \frac{x}{a^2} \right) \right] = \frac{1}{a^2} - \frac{1}{b^2},$$

ce qui se réduit à

$$\frac{m(1 + \mu^2)}{\mu}\left(\frac{x}{a^2} + \frac{\mu y}{b^2} \right) = \frac{1}{a^2} - \frac{1}{b^2}.$$

Remplaçant encore m par sa valeur et réduisant, on a

$$(1 + \mu^2)\left(\frac{x^2}{a^4} - \frac{\mu^2 y^2}{b^4} \right) = \left(\frac{1}{a^2} - \frac{1}{b^2} \right)\left(\frac{x^2}{a^2} + \frac{y^2}{b^2} - 1 \right)\mu^2,$$

qui donne l'équation cherchée

$$\left(\frac{x^2}{a^2\mu^2} - \frac{y^2}{b^2} \right)\left(\frac{1}{a^2} + \frac{\mu^2}{b^2} \right) = \frac{1}{b^2} - \frac{1}{a^2}.$$

Divisant par

$$\frac{1}{b^2} - \frac{1}{a^2}$$

afin de ramener à la forme

$$\frac{x^2}{a_1^2} - \frac{y^2}{b_1^2} = 1,$$

on trouve, en identifiant,

$$a_1^2 = \frac{a^2 \mu^2 (a^2 - b^2)}{b^2 + a^2 \mu^2}, \qquad b_1^2 = \frac{b^2 (a^2 - b^2)}{b^2 + a^2 \mu^2},$$

ce qui montre que

$$a_1^2 + b_1^2 = a^2 - b^2.$$

Ainsi le lieu cherché est une hyperbole homofocale à l'ellipse donnée.

358. Les valeurs de a_1^2 et de b_1^2 ne dépendant que de μ et non de ν, on voit que le lieu géométrique n'est pas déterminé par la position des points A et B, mais seulement par la direction de la ligne qui les joint. Ainsi *toutes les droites parallèles, prises comme cordes communes, donneront la même hyperbole.*

On peut donc concevoir que les points A et B soient imaginaires, c'est-à-dire que la corde commune ne rencontre pas l'ellipse ni les cercles homologiques. La question peut même s'étendre à des *tangentes communes imaginaires;* on comprend ainsi comment l'hyperbole pénètre dans l'intérieur de l'ellipse.

Réciproquement, *le même problème proposé pour l'hyperbole donne une ellipse homofocale.*

Enfin, à une parabole correspond une parabole homofocale égale à la courbe donnée et tournée en sens inverse.

359. On sait (343) qu'un centre M d'homologie correspond à deux axes d'homologie, qui sont des sécantes communes aux deux courbes (340) : on n'a représenté ici que celle qui passe par deux points communs réels A et B. Mais on a vu encore (344) que l'intersection de ces deux sécantes est aussi celle des polaires du centre d'homologie dans les deux coni-

ques : or, ces polaires sont ici les cordes de contact CD et C'D' ; donc ces cordes se couperont en un point G de AB.

V. — APPLICATION AUX CONIQUES HOMOTHÉTIQUES.

360. L'axe d'homologie de deux coniques est toujours une sécante commune ; d'ailleurs, deux coniques ont au moins deux sécantes communes réelles ; mais, pour deux coniques homothétiques, nous verrons que l'une de ces sécantes va à l'infini.

On sait (**187**) qu'un centre de similitude est un point de concours de tangentes communes à deux figures homothétiques. Il en résulte que, pour deux figures homothétiques à centre, et, en particulier, *pour deux coniques homothétiques, les centres de similitude sont aussi les centres d'homologie.* En effet, deux figures homothétiques à centre sont comprises dans un même angle ayant pour sommet le centre de similitude externe, et dans deux angles opposés ayant pour sommet le centre de similitude interne ; cela s'accorde avec ce que l'on a vu pour les centres d'homologie (**347**).

De plus (**189**), *ces centres de similitude ou d'homologie sont sur la même droite que les centres de figure et y forment une division harmonique.*

361. Par conséquent, si les équations $S = 0, S' = 0$ (**341, 342**) représentent deux coniques homothétiques, on voit que l'origine est un centre de similitude en même temps que d'homologie. Donc, en posant, dans $S' = 0$, $x' = rx$, $y' = ry$, on retrouvera $S = 0$, r étant le rapport de similitude.

Cette équation $S' = 0$ deviendra

$$ay^2 + bxy + cx^2 - \frac{\lambda'}{r^2}(p'rx + q'ry + 1)^2 = 0,$$

et comme l'identification avec $S = 0$ doit être vraie pour toutes les valeurs de x et de y, on aura

$$\frac{\lambda'}{r^2} = \lambda, \quad p'r = p \quad \text{et} \quad q'r = q.$$

Mais déjà (**342**)

$$\frac{\lambda'}{\lambda} = n^2, \quad l = p'n - p, \quad m = q'n - q,$$

donc

$$n = \pm r, \quad l = \pm p - p, \quad m = \pm q - q.$$

Ainsi, l'équation

$$lx + my + n - 1 = 0$$

de l'axe d'homologie (336) devient, avec les signes inférieurs,

$$px + qy + \frac{r+1}{2} = 0,$$

équation de la sécante commune aux coniques.

Les valeurs

$$n = -r, \quad l = -2p, \quad m = -2q$$

donnent alors pour les formules d'homologie

$$\frac{x}{x'} = \frac{y}{y'} = -\frac{1}{2px + 2qy + r}.$$

Quant aux signes supérieurs, ils donnent

$$n = r, \quad l = 0, \quad m = 0,$$

et l'axe d'homologie correspondant, c'est-à-dire *la seconde tangente, est à l'infini*. On retombe alors sur les formules ordinaires de l'homothétie

$$\frac{x}{x'} = \frac{y}{y'} = \frac{1}{r}.$$

Il résulte de là que l'idée de deux points homologues par homologie est plus générale que celle de deux points homologues par homothétie. En effet, les deux signes donnent des points homologiques, tandis que le signe supérieur ne donne que des points homothétiques. De plus, puisque r est différent de l'unité, sans quoi les deux courbes coïncideraient, il est clair que deux points homothétiques ne peuvent coïncider.

362. Les polaires du centre d'homologie pris pour origine, relativement à chacune des coniques données, auront respectivement pour équation (341)

$$px + qy + 1 = 0 \quad \text{et} \quad px + qy + r = 0,$$

d'après les valeurs

$$p' = \frac{p}{r}, \quad q' = \frac{q}{r}:$$

le numéro précédent nous a donné aussi

$$px + qy + \frac{r+1}{2} = 0$$

pour équation de l'axe d'homologie; ainsi *ces trois droites sont parallèles, et l'axe d'homologie est à égale distance des deux polaires.*

Soit donc cc' (*fig.* 105) la ligne des centres de deux coniques homothétiques, S un centre d'homologie, ab et $a'b'$ ses polaires dans les deux courbes, et mn l'axe d'homologie; ab, $a'b'$ et mn sont parallèles, et mn passe au milieu des deux autres lignes.

Comme l'équation

$$px + qy + \frac{r+1}{2} = 0$$

a été obtenue sans que l'on ait supposé que S fût le centre externe plutôt que le centre interne de similitude, on voit que cet axe mn d'homologie sera *le même pour les deux centres; il passera donc aussi à égale distance de ses polaires de, d'e', qui lui seront encore parallèles.* Rien ne prouve que ee' et dd' concourent au point S.

363. Enfin, *la direction de ces quatre polaires et de l'axe, d'homologie sera celle des diamètres conjugués avec ceux qui sont sur la droite des centres.*

En effet, si les coniques homothétiques sont deux ellipses, on peut toujours imaginer qu'elles aient été obtenues par la projection de deux cercles situés sur un même plan. Alors les diamètres cg, $c'g'$ de ces ellipses, conjugués avec ceux qui se trouvent sur la ligne des centres, sont les projections des diamètres des cercles perpendiculaires à la droite qui joint de son côté les centres de ces cercles. Comme ces diamètres perpendiculaires sont parallèles à l'axe radical des deux cercles, c'est-à-dire à leur sécante commune, la projection de cette sécante, qui sera évidemment la sécante commune des ellipses, se trouvera aussi parallèle à ces diamètres conjugués.

Le théorème s'étendra aux autres coniques par le principe de continuité.

La même considération de projections cylindriques fait voir que trois ellipses, et par suite *trois coniques homothétiques, ont deux à deux trois axes d'homologie qui se coupent en un même point.* C'est la conséquence du n° 74.

364. Nous avons vu que deux coniques homothétiques ont deux sécantes communes réelles parallèles, dont l'une est à une distance finie, et l'autre à une distance infinie. Mais si ces courbes sont concentriques, *les deux sécantes se rejoignent à l'infini.*

On peut dire alors que ces coniques ont un *double contact imaginaire* à l'infini, parce que leurs quatre points d'intersection coïncident deux à deux sur la droite située à l'infini.

VI. — Divers théorèmes.

365. Deux coniques qui se touchent en un point ont ce point pour centre d'homologie (345); donc, un angle qui a son sommet en ce point intercepte sur les deux courbes deux cordes correspondantes ou homologiques. Si cet angle tourne autour de son sommet, en restant de grandeur constante, les deux cordes envelopperont deux courbes qui seront homologiques; de sorte que les propriétés de l'une feront connaître celles de l'autre.

Cela posé, concevons que l'une des coniques soit un cercle : l'angle tournant détermine dans ce cercle une corde qui enveloppe un cercle concentrique; donc la corde interceptée dans la conique enveloppe une seconde conique.

Or, deux cercles concentriques peuvent être regardés comme ayant un double contact sur une droite située à l'infini (364); donc la nouvelle conique a un double contact avec la proposée sur la droite qui, dans cette conique, correspond à l'infini du cercle.

On a donc ce théorème :

Si autour d'un point d'une conique on fait tourner un angle de grandeur constante, la corde qu'il intercepte dans la conique enveloppe une seconde conique qui a un double contact avec la proposée.

366. Si l'angle tournant est droit, la corde qu'il intercepte dans le cercle est un diamètre de cette circonférence, c'est-à-dire qu'elle passe toujours par le centre du cercle. Or les deux courbes, ayant par hypothèse même tangente au sommet de l'angle, ont aussi même normale dont la direction sera celle du rayon mené du centre du cercle à ce sommet; ainsi ce centre sera sur la normale à la conique donnée, d'où résulte le théorème suivant :

Un angle droit tournant autour d'un point d'une conique intercepte sur cette courbe une corde qui passe par un point fixe situé sur la normale au sommet.

CHAPITRE XIV.

FIGURES HOMOGRAPHIQUES ET CORRÉLATIVES.

I. — RÉDUCTION DE L'HOMOGRAPHIE A L'HOMOLOGIE.

367. On appelle figures *homographiques* deux figures dans lesquelles, à des points et à des droites de l'une, correspondent respectivement des points et des droites dans l'autre, de manière que quatre points en ligne droite dans une figure aient leur rapport anharmonique égal à celui des quatre points correspondants de la seconde figure, et que quatre droites issues d'un même point dans la première figure aient leur rapport anharmonique égal à celui des quatre droites correspondantes de la seconde figure.

D'après cette définition, je dis que x et y, x' et y' représentant les coordonnées de deux points correspondants de chaque figure, on aura

$$x = \frac{ax' + by' + c}{\alpha x' + \beta y' + 1}, \quad y = \frac{a'x' + b'y' + c'}{\alpha x' + \beta y' + 1}.$$

Ces formules, qui contiennent huit constantes, sont aussi générales que si le terme indépendant était quelconque dans le dénominateur, car il est toujours possible de supposer, comme nous l'avons fait, qu'on ait divisé les deux termes de chaque fraction par un même coefficient du dénominateur commun. Il sera d'abord facile de reconnaître que ces formules sont les plus générales qui puissent représenter l'homographie; en effet, la condition qu'une droite corresponde à une autre droite ne serait pas remplie, si les expressions de x et de y n'étaient pas du premier degré, et même si les dénominateurs étaient différents.

Mais il faut aussi démontrer que, réciproquement, les formules précédentes donnent toujours des figures homographiques, c'est-à-dire sur lesquelles on vérifie les égalités de rapports anharmoniques exigées par la définition.

368. Pour commencer la démonstration de ce théorème, nous allons faire voir que deux figures déterminées par les relations précédentes proviennent, sans déformation, de deux figures homologiques; c'est-à-dire que *l'on peut toujours, dans le plan commun, placer l'une d'elles de manière qu'elle soit homologique avec l'autre.*

Nous supposerons d'abord qu'on a tout ramené à des axes rectangulaires qui donneront toujours des relations du premier degré telles que les précédentes. Examinons ensuite quel mouvement la première figure peut faire dans le plan commun sans se déformer.

Chaque point P de cette figure (*fig.* 106) pourra subir un mouvement de translation de P en Π, mouvement déterminé par les quantités $PA = A$, $A\Pi = B$. Comme la figure se meut ainsi parallèlement à elle-même, puisqu'elle ne se déforme pas, on voit en effet que la longueur $P\Pi$ et l'angle ΠPA sont les mêmes pour tous les points.

Chaque point peut encore être soumis à un mouvement de rotation d'un angle ω autour d'un point fixe, mais arbitraire, que nous prendrons à l'origine O; alors le point P, déjà arrivé en Π, viendra en P_1 en décrivant l'angle $\Pi OP_1 = \omega$; comme la figure tourne encore sans se déformer, l'angle ω est aussi constant, c'est-à-dire le même dans le même temps pour tous les points. Enfin, nous indiquerons par ρ la distance

$$O\Pi = OP_1,$$

et par θ l'angle $P_1 Ox$, variable d'un point à l'autre. Le point P', correspondant de P, n'est pas indiqué sur la figure.

Cela posé, les coordonnées de P étant x et y, celles de Π sont $x + A$, $y + B$, et celles de P_1 sont x_1 et y_1.

La figure donne

$$x_1 = \rho \cos\theta, \quad y_1 = \rho \sin\theta,$$

et

$$x + A = \rho \cos(\theta + \omega), \quad y + B = \rho \sin(\theta + \omega);$$

donc

$$x = x_1 \cos\omega - y_1 \sin\omega - A, \quad y = y_1 \cos\omega + x_1 \sin\omega - B.$$

Si la figure transportée dans son plan devient, comme on veut le démontrer, homologique à l'autre figure, on aura (335) les relations

$$\frac{x_1 - x_0}{x' - x_0} = \frac{y_1 - y_0}{y' - y_0} = \frac{1}{lx' + my' + n},$$

d'où l'on tire

$$x_1 = \frac{x'(lx_0 + 1) + mx_0 y' + (n-1)x_0}{lx' + my' + n},$$

$$y_1 = \frac{y'(my_0 + 1) + ly_0 x' + (n-1)y_0}{lx' + my' + n}.$$

Transportant ces valeurs dans l'expression précédente de x, et observant que les formules établies donnent

$$x_1 \cos\omega - y_1 \sin\omega - A = \frac{ax' + by' + c}{\alpha x' + \beta y' + 1},$$

on a

$$\frac{\cos\omega\,[x'(lx_0+1)+mx_0 y'+(n-1)x_0] - \sin\omega\,[y'(my_0+1)+ly_0 x'+(n-1)y_0] - A\,(lx'+my'+n)}{lx' + my' + n}$$
$$= \frac{ax' + by' + c}{\alpha x' + \beta y' + 1}.$$

Le théorème sera démontré si cette relation peut se vérifier pour toutes les valeurs de x' et de y'.

Observons d'abord que, si les deux dénominateurs différaient autrement que par un facteur constant, la réduction donnerait des termes du second degré en x' et y', de sorte que l'identification deviendrait impossible. On posera donc

$$l = \alpha n, \quad m = \beta n,$$

et il ne restera plus qu'à identifier dans les numérateurs le coefficient de x', celui de y' et le terme indépendant. On trouve ainsi

$$(1) \qquad an = \alpha n \cdot M + \cos\omega,$$

$$(2) \qquad bn = \beta n \cdot M + \sin\omega,$$

$$(3) \qquad cn = (n-1)M - A,$$

en posant

$$M = x_0 \cos\omega - y_0 \sin\omega - A.$$

La dernière relation est facile à vérifier en observant que

$$- A\,n = - A\,(n-1) - A.$$

On aura de même les trois équations suivantes :

(4) $a'n = \alpha\,n\,.\,N + \sin\omega,$

(5) $b'n = \beta\,n\,.\,N + \cos\omega,$

(6) $c'n = (n-1)N - B,$

en posant

$$N = y_0\cos\omega + x_0\sin\omega - B.$$

Les six inconnues sont ω, n, A, B, avec M et N qui contiennent x_0 et y_0; mais considérons d'abord les équations (1) et (2), (4) et (5). Entre (1) et (2) éliminons M, entre (4) et (5) éliminons N : il reste deux équations en n et ω, entre lesquelles on éliminera n, ce qui donnera tang ω et par suite aussi la valeur de n; on obtient donc ainsi les valeurs de M et de N en substituant n et ω dans deux équations telles que (1) et (4). Dès lors, les équations (3) et (6) donnent A et B : en substituant ces quantités, ainsi que ω, dans les expressions de M et de N dont les valeurs sont déjà connues, on a entre x_0 et y_0 deux équations qui déterminent ces dernières inconnues. On réduit donc ces figures à l'homologie, et même le centre de rotation reste arbitraire.

II. — RÉDUCTION DE L'HOMOLOGIE A LA PERSPECTIVE.

369. Ainsi, nous avons démontré que les formules du n° 367 correspondent toujours à deux figures qui deviennent homologiques par le mouvement de l'une dans le plan commun. Pour achever de démontrer la proposition réciproque qui termine ce numéro, il reste à faire voir par l'analyse, comme nous l'avons annoncé au n° 337, que l'homologie est un cas particulier de la perspective, théorème déjà démontré par la Géométrie (331).

Il faut donc prouver que *deux figures homologiques peuvent toujours être considérées comme deux figures perspectives dont l'une a été rabattue sur le plan de l'autre*, la ligne de terre devenant l'axe d'homologie.

Nous prendrons pour plan des xy (*fig.* 107) celui de l'objet, et pour axe des y l'intersection de ce plan avec celui du tableau, c'est-à-dire la ligne de terre, l'angle de ces deux plans étant ω. Enfin le plan des zx sera le plan mené perpendiculairement à celui des xy par la position S de l'œil ; on aura donc pour ce point $y_1 = 0$, les autres coordonnées de S étant x_1 et z_1.

Soit m' un point quelconque de l'objet, la droite Sm' perce le tableau au point m ; soit le plan mnp perpendiculaire sur Oy, on voit que, si le tableau se rabat sur xoy, le point m vient en M à la distance nM $= nm$. Soient donc x' et y', X et Y les coordonnées des points m' et M pour lesquels z' et Z sont nuls, il s'agit de démontrer qu'il existe des relations d'homologie entre ces quantités x' et y', X et Y. Les coordonnées du point m étant x, y, z, on a, pour équations de Smm',

$$\frac{x_1 - x'}{x_1 - x} = \frac{y_1 - y'}{y_1 - y} = \frac{z_1 - z'}{z_1 - z},$$

ou plutôt

$$\frac{x_1 - x'}{x_1 - x} = \frac{y'}{y} = \frac{z_1}{z_1 - z}.$$

Le point m donne

$$\frac{z}{x} = \tang \omega ;$$

donc l'équation du plan du tableau est $z = x \tang \omega$; mettant cette valeur dans les équations de la droite, on trouve

$$np = x = \frac{z_1 x'}{z_1 + (x' - x_1) \tang \omega}$$

et

$$nO = y = \frac{y'(z_1 - x_1 \tang \omega)}{z_1 + (x' - x_1) \tang \omega}.$$

Soient x_0, y_0 les coordonnées du point que nous devrons déterminer comme centre d'homologie ; nous allons d'abord reconnaître que $y_0 = 0$. En effet, il est clair que Y $= y$; donc

$$\frac{Y}{y'} = \frac{z_1 - x_1 \tang \omega}{z_1 - x_1 \tang \omega + x' \tang \omega} = \frac{1}{1 + \dfrac{x' \tang \omega}{z_1 - x_1 \tang \omega}} ;$$

posons donc

$$l = \frac{\tang\omega}{z_1 - x_1 \tang\omega},$$

il reste

$$\frac{\mathrm{Y}}{y'} = \frac{1}{lx' + 1}.$$

Le premier membre devrait s'écrire

$$\frac{\mathrm{Y} - y_0}{y' - y_0} = \frac{1}{lx' + 1};$$

mais on voit qu'il faut prendre $y_0 = 0$, comme nous l'avons annoncé.

De plus, l'équation de l'axe d'homologie sera (336) $lx' = 0$, ce qui montre que cet axe est la ligne de terre, comme cela doit être.

Cependant, pour constater et déterminer l'homologie, il reste encore à vérifier la formule

$$\frac{\mathrm{X} - x_0}{x' - x_0} = \frac{1}{1 + lx'}.$$

Pour cela observons que, d'après le sens du rabattement, $\mathrm{X} = -nm$; d'ailleurs,

$$np = x = nm \cos\omega,$$

donc

$$\mathrm{X} = -\frac{x}{\cos\omega}.$$

Mais le dénominateur de x est

$$z_1 - x_1 \tang\omega + x' \tang\omega = (z_1 - x_1 \tang\omega)(1 + lx') = \frac{\tang\omega(1 + lx')}{l}$$

et

$$x = \frac{z_1 lx'}{\tang\omega(1 + lx')}, \quad \text{d'où encore} \quad \mathrm{X} = \frac{-z_1 lx'}{\sin\omega(1 + lx')}.$$

Donc l'égalité $\dfrac{x_0 - \mathrm{X}}{x_0 - x'} = \dfrac{1}{1 + lx'}$ devient

$$\left[x_0 + \frac{z_1 lx'}{\sin\omega(1 + lx')}\right](1 + lx') = x_0 - x',$$

c'est-à-dire

$$x_0(1 + lx') + \frac{z_1\, lx'}{\sin \omega} = x_0 - x',$$

Retranchant de part et d'autre x_0 et supprimant le facteur commun x', il reste

$$lx_0 = -1 - \frac{lz_1}{\sin \omega},$$

ce qui donne x_0, puisque $l = \dfrac{\tang \omega}{z_1 - x_1 \tang \omega}$; on a aussi

$$x_0 - x_1 = \frac{-z_1(1 + \cos \omega)}{\sin \omega}.$$

370. On peut demander le lieu que décrit la position de l'œil pendant que le plan du tableau tourne de l'axe Oy ($fig.$ 108).

Pour cela, menons du point S deux rayons visuels à deux points de l'objet, c'est-à-dire à deux points du plan xoy, et marquons les points où ces rayons percent le tableau. Ensuite faisons tourner le tableau d'un certain angle autour de Oy; les droites qui joignent les points mobiles du tableau aux points fixes du plan xoy concourront à la nouvelle position de l'œil; en effet, ces droites seront dans un plan, puisque le point commun où l'axe Oy est coupé par la droite qui joint les deux points du plan xoy et par celle qui joint les deux points du tableau reste immobile sur cet axe.

Pour abréger les calculs, nous prendrons sur le plan xoy deux points situés à l'infini, l'un sur l'axe Ox, l'autre sur la bissectrice OD de l'angle xoy.

Alors la première droite menée du point S sera $S\alpha$ parallèle à Ox; cette droite coupe le plan du tableau, représenté, comme dans le numéro précédent, par $z = x \tang \omega$, en un point α dont les coordonnées sont

$$y = 0, \quad z = \alpha\beta = z_1, \quad \text{et} \quad x = 0\beta = \frac{z_1}{\tang \omega};$$

de plus,

$$0\alpha = \frac{z_1}{\sin \omega}.$$

Maintenant, si le tableau quitte la position donnée pour faire l'angle ω' avec le plan xoy, le point α vient en α', de manière que

$$O\alpha' = O\alpha = \frac{z_1}{\sin \omega}.$$

Donc les équations de $S'\alpha'$ sont

$$y = 0, \quad z = \frac{z_1 \sin \omega'}{\sin \omega}.$$

Passons à la seconde droite. Sa position primitive est la droite SA menée du point S, parallèlement à la bissectrice OD qui est représentée par $z = 0$, $y = x$. Cette parallèle aura donc pour équations $z = z_1$, $y = x - x_1$; elle rencontre le plan primitif en un point A dont les coordonnées sont

$$z = z_1, \quad x = \frac{z_1}{\tang \omega}, \quad z = \frac{z_1}{\tang \omega} - x_1.$$

D'après ces valeurs, qui sont données par l'équation

$$z = x \tang \omega$$

de ce plan primitif du tableau, on voit que l'expression $x = \dfrac{z_1}{\tang \omega}$ est la même pour α et pour A, c'est-à-dire que $CB = O\beta$; comme on a aussi

$$\alpha\beta = SP = AB = z_1,$$

les triangles $O\alpha\beta$, ACB sont égaux, et

$$CA = O\alpha = \frac{z_1}{\sin \omega}.$$

Maintenant, ce plan primitif du tableau venant à tourner de manière à faire avec le plan des xy l'angle ω', la droite CA prendra la direction CA', qui aura pour équations

$$y = \frac{z_1}{\tang \omega} - x_1, \quad z = x \tang \omega'.$$

Prenons sur cette nouvelle droite la distance

$$CA' = CA = \frac{z_1}{\sin \omega},$$

les coordonnées du point A' seront

$$y = \frac{z_1}{\tang \omega} - x_1, \quad z = \frac{z_1 \sin \omega'}{\sin \omega}, \quad x = \frac{z_1 \cos \omega'}{\sin \omega}.$$

Alors la parallèle menée de A' à OD a pour équations

$$z = \frac{z_1 \sin \omega'}{\sin \omega}, \quad y - \left(\frac{z_1}{\tang \omega} - x_1 \right) = x - \frac{z_1 \cos \omega'}{\sin \omega};$$

il reste donc à chercher l'intersection S' de cette parallèle $S'A'$ avec $S'\alpha'$, ce qui revient à poser $y = 0$ dans l'équation de $S'A'$.

Soient donc x'', y'' les coordonnées de S'; puisque $y'' = 0$, nous aurons

$$x'' = x_1 - \frac{z_1}{\tang \omega} + \frac{z_1 \cos \omega'}{\sin \omega},$$

ce qui revient à

$$x'' - x_1 + \frac{z_1}{\tang \omega} = \frac{z_1 \cos \omega'}{\sin \omega}.$$

D'ailleurs, les équations de $S'\alpha'$ et de $S'A'$ donnent

$$z'' = \frac{z_1 \sin \omega'}{\sin \omega}.$$

Élevons ces deux relations au carré et ajoutons-les, afin de faire disparaître ω' pour avoir le lieu cherché; nous aurons, en réduisant,

$$z''^2 + (x'' - x_1)^2 + 2 (x'' - x_1) \frac{z_1 \cos \omega}{\sin \omega} = z_1^2.$$

Il est évident que cette équation représente un cercle situé dans le plan des zx et ayant son centre sur Ox. Il serait facile de constater que le point H est ici identique avec celui que nous avions reconnu dans le numéro précédent pour centre d'homologie : ce cercle coupe l'axe des x en un autre point I, ce qui tient à ce que la rotation peut se faire dans un sens ou dans l'autre.

Ainsi se trouve démontré par l'analyse le théorème du n° **329**.

III. — Résumé.

371. Nous avons achevé, au n° 369, de démontrer le théorème du n° 367 dont les formules doivent être maintenant considérées comme définissant l'homographie. En effet, nous avons vu (368) que les figures représentées par ces formules revenaient, sans déformation, à des figures homologiques; et nous avons vu enfin (369) que l'homologie se ramenait à la perspective qui conserve évidemment les rapports anharmoniques.

Ainsi deux figures homographiques peuvent à leur tour se ramener à deux figures perspectives l'une de l'autre.

IV. — Notions sur les figures corrélatives.

372. Étant donné un polygone M, on comprend qu'à chacun A de ses sommets corresponde, d'après des conditions quelconques, une droite A'B' que l'on peut considérer comme appartenant à un second polygone M'. Ainsi le sommet B de M donnera le côté A'C' de M' : par conséquent, le sommet A' de M' correspondra réciproquement au côté AB de M; de cette façon chaque sommet d'un polygone correspond à un côté de l'autre.

On considère seulement le cas où les coordonnées x et y du sommet A n'entrent qu'au premier degré dans l'équation de la droite correspondante. Cette équation sera donc de la forme

$$x(a_1 x' + b_1 y' + c_1) + y(a_2 x' + b_2 y' + c_2) + a_3 x' + b_3 y' + c_3 = 0.$$

Ici x' et y' sont les coordonnées courantes d'un point de cette droite, dont l'équation prend aussi la forme

$$x'(a_1 x + a_2 y + a_3) + y'(b_1 x + b_2 y + b_3) + c_1 x + c_2 y + c_3 = 0.$$

Ce point et cette droite s'appellent *pôle* et *polaire* l'un par rapport à l'autre.

373. La première forme devient aussi

$$x X' + y Y' + U' = 0,$$

en posant

$$\mathbf{X}' = a_1 x' + b_1 y' + c_1, \quad \mathbf{Y}' = a_2 x' + b_2 y' + c_2,$$
$$\mathbf{U}' = a_3 x' + b_3 y + c_3.$$

Observons que cette équation est aussi celle d'une droite du premier système correspondante à un point x', y' du second : donc, soit $px + qy + r = 0$ (m) l'équation d'une droite faisant partie de la figure $\mathbf{M}$, si l'on pose

$$\frac{\mathbf{X}'}{\mathbf{U}'} = \frac{p}{r}, \quad \frac{\mathbf{Y}'}{\mathbf{U}'} = \frac{q}{r} \ \left(\text{ce qui revient à } \frac{\mathbf{X}'}{p} = \frac{\mathbf{Y}'}{q} = \frac{\mathbf{U}'}{r} \right),$$

on peut identifier ces deux formes de l'équation. Comme p, q, r sont *donnés*, on trouvera

$$\frac{\mathbf{X}'}{\mathbf{U}'} \quad \text{et} \quad \frac{\mathbf{Y}'}{\mathbf{U}'},$$

ce qui suffira pour déterminer les coordonnées x' et y' du point de la seconde figure correspondant à une droite donnée dans le premier.

374. *La polaire d'un point quelconque situé sur une droite passe par le pôle de cette droite.*

Nous avons vu qu'un point indiqué par x, y sur une droite (m) qui a pour équation $px + qy + r = 0$, avait pour polaire une droite représentée par $x\mathbf{X}' + y\mathbf{Y}' + \mathbf{U}' = 0$, équation dans laquelle x', y' sont les coordonnées courantes. Mais nous venons de voir aussi que cette dernière équation était satisfaite pour un point quelconque de (m), si l'on donnait à x', y' les valeurs spéciales des coordonnées du pôle de cette droite (m). Ainsi la polaire d'un point quelconque de la droite (m) passe par le pôle de cette droite, dont les coordonnées sont x', y', ce qui démontre le théorème.

Cela s'exprime encore en disant que :

Si un point du premier système décrit une droite, la polaire de ce point dans le second système passe par un point fixe.

375. On peut renverser ce théorème en faisant observer que si, par un point dont les coordonnées sont x', y', on fait passer une infinité de droites, les pôles de ces droites seront sur une même droite (m) qui a pour pôle le point représenté par x', y'. Donc *les pôles des droites qui passent par un point fixe sont sur la polaire de ce point.* Observons que les théorèmes des n°s 57 et 58, appliqués aux coniques, sont des cas particuliers de ceux que nous venons de voir.

376. *Le rapport anharmonique de quatre points en ligne droite est égal à celui des quatre polaires correspondantes.*

Soient a, b, c, d quatre points en ligne droite et A′, B′, C′, D′ leurs polaires qui concourent, comme on vient de le voir (374), en un point S, et prenons pour axe des abscisses la droite $abcd$ qui coupe le faisceau S en quatre points a', b', c', d'.

Les ordonnées des points donnés a, b, c, d étant nulles, une polaire, telle que A′, a une équation de la forme

$$x\,\mathrm{X}' + \mathrm{U}' = \mathrm{o},$$

et comme $y' = \mathrm{o}$ pour a', on a

$$x = -\frac{\mathrm{U}'}{\mathrm{X}'} = -\frac{a_3 x' + c_3}{a_1 x' + c_1},$$

x' étant l'abscisse de a'.

Cette valeur de x rentre dans les formules de l'homographie (376), et il en est de même pour la valeur $y = \mathrm{o}$ qui permet de supposer une expression de même forme, où les constantes du numérateur seraient nulles. Il y a donc relation homographique et par conséquent égalité de rapports anharmoniques entre les points a, b, c, d et a', b', c', d', ce qui suffit pour l'étendre au faisceau S.

377. Nous pouvons donc appeler *corrélatives* les figures correspondantes que nous venons d'étudier, c'est-à-dire leur appliquer la définition suivante :

Deux figures sont *corrélatives* lorsque les points de l'une correspondent aux droites de l'autre, de manière qu'à des points en ligne droite correspondent des droites passant par un même point, avec cette condition que le rapport anharmonique de quatre points soit égal à celui des quatre droites correspondantes.

Deux figures *supplémentaires* étant tracées sur la sphère, à un *point* de l'une correspond un *arc de grand cercle* de l'autre, et le rapport anharmonique de quatre points situés sur un arc de grand cercle est égal à celui des quatre arcs de grand cercle qui correspondent à ces points.

On a donc une idée géométrique des figures corrélatives en les considérant comme déterminées par un plan ou par deux plans différents, sur deux cônes ayant pour sommet le centre de la sphère et pour bases deux figures supplémentaires (*).

378. Si les côtés des deux polygones M et M′ deviennent infiniment petits, ils dégénèrent en deux *courbes corrélatives*. Chaque point de la courbe M correspond encore à une droite qui sera tangente à la courbe M′ : ainsi chaque courbe sera l'*enveloppe* formée par les polaires des points de l'autre courbe.

Par conséquent, *à un point de l'une des courbes correspond aussi un point de l'autre*. En effet, soit a un point de M, et A′ la tangente correspondante à M′; soit encore A″ la tangente à M′ qui correspond au point de M infiniment voisin de a; les tangentes infiniment voisines A′ et A″ se coupent en a', point de la courbe M′ qui correspond au point a de M.

V. — Coniques corrélatives.

379. *La courbe corrélative d'une conique est aussi une conique.*

Soit

$$ay^2 + bxy + cx^2 + dy + ex + f = 0$$

l'équation de la conique donnée; nous avons représenté (373) par

$$x\,\mathrm{X}' + y\,\mathrm{Y}' + \mathrm{U}' = 0$$

l'équation de la polaire d'un point de cette courbe. Si nous augmentons très-peu les coordonnées de ce point, nous aurons une autre polaire infiniment voisine de la première, et l'intersection de ces deux droites nous donnera (378) les coordonnées x', y' du point de la courbe corrélative correspondant à celui qui est indiqué par x, y.

(*) Dans les trois dimensions, ce sont des *plans* qui correspondent à des *points*, et des *droites* à des *droites*.

Par conséquent, différentiant

$$x\,X' + y\,Y' + U' = 0,$$

et posant

$$z = -\frac{2\,cx + by + e}{2\,ay + bx + d},$$

on a

$$X' + z\,Y' = 0 ;$$

comparant cette équation avec la précédente, il vient

$$Y'(y - zx) + U' = 0, \quad X'(zx - y) + U'z = 0.$$

Comme on trouve

$$y - zx = -\frac{dy + ex + 2f}{2\,ay + bx + d},$$

ces dernières équations donnent les relations symétriques

$$y(2\,a\,U' - d\,Y') + x(b\,U' - e\,Y') + d\,U' - 2f\,Y' = 0,$$
$$y(b\,U' - d\,X') + x(2\,c\,U' - e\,X') + e\,U' - 2f\,X' = 0.$$

Éliminant entre ces deux équations, pour avoir la valeur de x et celle de y, on remarque que les termes en $X'Y'$ se détruisent dans le coefficient de chaque variable, ainsi que dans le terme indépendant, relatif à cette variable. Alors U' disparaîtra comme facteur commun dans les expressions de x et de y où figureront seulement à la première puissance les quantités X', Y', U'.

On pourra donc écrire

$$x = \frac{\alpha x' + \beta y' + \gamma}{\alpha_1 x' + \beta_1 y' + \gamma_1}, \quad y = \frac{\alpha' x' + \beta' y' + \gamma'}{\alpha_1 x' + \beta_1 y' + \gamma_1}.$$

Les coefficients de ces expressions dépendent des constantes a_1, b_1, $c_1, \ldots$, qui entrent dans les valeurs de X', Y', U' (373), ainsi que des coefficients a, b, $c, \ldots$ de l'équation de la conique.

Remplaçant donc, dans l'équation de cette conique, x et y par leurs expressions, on voit que l'équation en x' et y' sera aussi du second degré.

Enfin les formules qui donnent x et y en fonction de x'

et y' étant celles de l'homographie, on voit que *les points correspondants de deux coniques corrélatives sont en relations homographiques.*

380. Ces théories ont une foule d'applications : par exemple, si, dans la figure M, on voit une courbe coupée par une droite en deux points, la figure M' présentera une courbe corrélative à la première et deux tangentes, polaires des deux points de rencontre indiqués, se coupant en un point qui sera le pôle de la droite donnée.

Tandis que l'homographie généralise les propriétés des figures, et que, par exemple, elle étend aux coniques les propriétés du cercle, la corrélation double le nombre des théorèmes.

Ainsi, nous avons déjà vu diverses propositions que nous aurions pu nous dispenser de démontrer, parce qu'elles étaient corrélatives d'autres propositions déjà connues. Par exemple, le rapport anharmonique que nous avons vu, à la fin du Chapitre V, exister entre les tangentes d'une conique, pouvait se conclure de celui qui venait d'être observé entre les points d'une conique (112).

De même, le théorème du n° **175** sur l'involution de six tangentes résultait de celui du n° **172** sur l'involution de six points dans une conique.

VI. — Corrélation réciproque.

381. Les figures M et M' que nous avons considérées jusqu'à présent sont corrélatives, parce qu'elles s'engendrent l'une l'autre ; mais elles ne sont pas *réciproques*, parce que la génération de la première par la seconde ne se fait pas de la même manière que celle de la seconde par la première. Pour qu'il en fût ainsi, il faudrait que les constantes fussent les mêmes dans les deux modes de génération.

Or, le point représenté par x, y dans la première figure correspond, dans la seconde, à la droite qui a pour équation

$$x\,\mathrm{X}' + y\,\mathrm{Y}' + \mathrm{U}' = 0,$$

c'est-à-dire

$$x(a_1 x' + b_1 y' + c_1) + y(a_2 x' + b_2 y' + c_2) + a_3 x' + b_3 y' + c_3 = 0.$$

Mais cette équation pouvant se mettre sous la forme

$$x' X + y' Y + U = o,$$

en posant

$$X = a_1 x + a_2 y + a_3, \quad Y = b_1 x + b_2 y + b_3, \quad U = c_1 x + c_2 y + c_3,$$

la relation sera réciproque si les conditions suivantes sont remplies :

$$a_2 = b_1, \quad a_3 = c_1, \quad b_3 = c_2.$$

382. Alors, considérons la conique qui a pour équation

$$ay^2 + bxy + cx^2 + dy + ex + f = o.$$

Nous poserons

$$a_1 = 2c, \quad b_1 = a_2 = b, \quad c_1 = a_3 = e, \quad b_2 = 2a, \quad c_2 = b_3 = d, \quad c_3 = 2f,$$

et l'on reconnaîtra que *pour les deux figures la polaire d'un point quelconque est prise par rapport à cette conique.* Dans ce cas, les deux figures sont réciproques.

Si l'on supposait les constantes égales et de signe contraire, on serait obligé d'en admettre trois comme nulles : la seconde figure se réduirait à un point, et ce mode de génération serait illusoire.

VII. — Coniques inscrites et circonscrites a un même quadrilatère.

383. *Si plusieurs coniques sont circonscrites à un même quadrilatère, les polaires d'un point quelconque* P, *prises relativement à ces coniques, passent par un même point.*

L'équation d'une conique a six coefficients, mais comme on peut toujours la diviser par un terme, tel que le terme indépendant, on peut supposer ce terme égal à l'unité et l'équation sera mise sous la forme

$$ay^2 + bxy + cx^2 + dy + ex + 1 = o.$$

Cela posé, nous allons établir les conditions nécessaires pour que la conique passe par les sommets d'un quadrilatère donné. Mais, pour simplifier les calculs, nous ferons passer l'axe Ox par deux de ces sommets A et A', et l'axe Oy par deux autres B et B' (la figure n'est pas faite). Soit donc

$$OA = \alpha, \quad OA' = \alpha', \quad OB = \beta, \quad OB' = \beta';$$

on voit que α et α', β et β' sont les racines des équations

$$c\alpha^2 + e\alpha + 1 = 0, \quad a\beta^2 + d\beta + 1 = 0,$$

c'est-à-dire que $\dfrac{1}{\alpha}$ et $\dfrac{1}{\alpha'}$, $\dfrac{1}{\beta}$ et $\dfrac{1}{\beta'}$ sont les racines des équations

$$\frac{1}{\alpha^2} + \frac{e}{\alpha} + c = 0, \quad \frac{1}{\beta^2} + \frac{d}{\beta^2} + a = 0.$$

Donc

$$c = \frac{1}{\alpha\alpha'}, \quad e = -\left(\frac{1}{\alpha} + \frac{1}{\alpha'}\right),$$

et de même

$$a = \frac{1}{\beta\beta'}, \quad d = -\left(\frac{1}{\beta} + \frac{1}{\beta'}\right).$$

Observons qu'aucune des quantités α, α', β, β' ne sera nulle, sans quoi la conique aurait trois points en ligne droite.

Remarquons aussi que le coefficient b reste indéterminé, ce qui montre, comme l'énoncé le suppose, qu'on peut faire passer une infinité de coniques par quatre points donnés. Ainsi, l'équation devient

$$\frac{y^2}{\beta\beta'} + bxy + \frac{x^2}{\alpha\alpha'} - y\left(\frac{1}{\beta} + \frac{1}{\beta'}\right) - x\left(\frac{1}{\alpha} + \frac{1}{\alpha'}\right) + 1 = 0,$$

c'est-à-dire que a, c, d, e sont connus.

Alors, soient x_1, y_1 les coordonnées du point quelconque P; la polaire de ce point a pour équation (67)

$$y(2ay_1 + bx_1 + d) + x(2cx_1 + by_1 + e) + dy_1 + ex_1 + 2 = 0,$$

et si nous posons les deux équations de lignes droites

$$y(2ay_1 + d) + x(2cx_1 + e) + dy_1 + ex_1 + 2 = 0$$

et

$$x_1 y + y_1 x = 0,$$

il est certain que le point P', où se couperont les deux droites ainsi représentées, appartiendra à la polaire du point P, quelle que soit la valeur de b dans l'équation de la conique.

Ces deux droites étant les mêmes pour toutes les coniques circonscrites, le théorème est démontré; mais nous observerons que l'équation $x_1 y + x y_1$ représente la polaire du point P relativement à l'angle des coordonnées, puisque l'ensemble des deux axes a pour équation $xy = 0$.

384. On en conclut le corollaire suivant :

Les polaires d'un point donné, prises par rapport aux trois angles qu'on obtient en joignant deux à deux quatre points fixes, concourent en un même point.

En effet, nous avons mené les droites AA', BB' qui se coupent en O; de même, les droites AB, A'B' donneront l'angle O', et les droites BA', B'A l'angle O''. Comme chacun de ces angles est une conique circonscrite au quadrilatère AA'BB', les polaires de P, relativement à ces angles, concourront en un même point P'.

Ce corollaire permet donc de construire le point constant du théorème précédent.

385. *Les pôles d'une même droite, relativement à une série de coniques inscrites dans un même quadrilatère, sont en ligne droite.*

En effet, soit mn la droite dont on considère les pôles relativement à plusieurs coniques A, B, C,..., inscrites dans le quadrilatère des tangentes ab, bc, cd, da. Imaginons, corrélativement à la première, une seconde figure qui sera composée (380) des coniques A', B', C',..., circonscrites au quadrilatère formé par les pôles a', b', c', d' des tangentes susdites, et du pôle m' de la droite mn. On sait que, dans cette seconde figure, les polaires de m' relativement à A', B', C',... concourent en un point p' (383). Or, un pôle de mn sur la première figure correspond à une polaire de m' sur la seconde, et comme les polaires de m' passent par un même point p', les pôles de mn sont sur une même droite pq, polaire de p'.

CHAPITRE XV.

THÉORÈME DE PASCAL, ETC.

I. — HEXAGONE INSCRIT A UNE CONIQUE.

386. *Les points de concours des côtés opposés d'un hexagone inscrit à une conique sont en ligne droite* (*fig.* 109).

Considérons d'abord le cercle circonscrit à l'hexagone ABCDEF. Si nous indiquons les côtés FA, AB, ... par les chiffres 1, 2, 3, 4, 5, 6, il est clair que l'on aura pour côtés opposés 1 et 4, 2 et 5, 3 et 6; ces côtés donnent les points de concours N, L et M, et je dis que la ligne NLM est droite. Pour le démontrer, considérons le triangle RPQ formé par les côtés impairs et coupons-le successivement par les côtés pairs FEM, ABL, DCN, considérés comme transversales. Il vient ainsi (2)

$$PE.QF.RM = PM.RF.QE,$$
$$QA.RB.PL = QL.PB.RA,$$
$$PD.QN.RC = PC.RN.QD.$$

Multipliant et observant que les produits PE.PD et PB.PC, QF.QA et QE.QD, RB.RC et RA.RF sont égaux deux à deux par le théorème des sécantes, il reste

$$RM.PL.QN = PM.QL.RN.$$

Par conséquent (4), les points N, L, M sont une transversale de ce même triangle RPQ.

Ce théorème, étant démontré pour le cercle, se conclut, au moyen de la perspective, pour une conique quelconque. Cet énoncé est dû à Pascal.

387. Ce théorème peut encore se mettre sous la forme suivante :

Soit MNC un triangle variable dont les côtés sont assujettis respectivement à passer par trois points fixes L, B, D, et dont les sommets M et N s'appuient sur deux droites fixes MF et NF ; le lieu du troisième sommet C est une conique qui passe en F, en B et en D, ainsi qu'aux points A et E, où BL coupe FN, et où DL coupe FM. Nous généraliserons ce théorème (393).

388. En renversant le théorème de Pascal, observons que les six points A, B, C, D, E, F, où se coupent ainsi deux à deux des couples de droites partant de trois points N, L, M situés en ligne droite, sont sur une même conique. Or, ces couples se coupent aussi aux points R, V, P, T, Q, U ; donc ces six autres points sont aussi sur une conique.

Du reste, on peut encore combiner ces douze points de bien des manières : six d'entre eux seront sur une conique si l'on évite d'en prendre trois en ligne droite. D'ailleurs, rien n'exige que l'hexagone soit convexe.

II. — Cas particuliers.

389. *Pentagone inscrit (fig.* 110). — Supposons qu'un côté de l'hexagone inscrit, par exemple celui qui porte le chiffre 6, devienne nul, c'est-à-dire dégénère en tangente, cette tangente rencontrera le côté 3 en un point M, sur la droite LN, où se coupent déjà 2 et 5, 1 et 4.

Alors, l'hexagone dégénérant en pentagone, on voit comment on pourra mener une tangente à un point donné d'une conique dont on a déjà quatre points.

390. *Quadrilatère inscrit.* — On peut supposer d'abord que les deux côtés nuls sont des tangentes à deux sommets consécutifs *b, c* du quadrilatère (*fig.* 111).

Mais considérons surtout le cas de la *fig.* 112, où les côtés nuls sont les tangentes à deux sommets opposés *b* et *d*. On voit alors que *dans un quadrilatère inscrit à un conique, les côtés opposés et les tangentes aux sommets opposés se coupent sur une même droite.*

En effet, il est évident par la symétrie que les tangentes en *a* et en *c* se couperont aussi sur MN.

391. *Triangle inscrit (fig.* 113). — Dans un triangle inscrit,

les tangentes aux sommets jouant le rôle de côtés, on a le théorème suivant :

Dans un triangle inscrit à une conique, les points de concours des tangentes aux sommets avec les côtés opposés sont en ligne droite.

392. *Hexagone inscrit dans un angle.* — Les polygones précédents ne sont pas nécessairement convexes, non plus que l'hexagone inscrit.

Nous allons voir ce que devient cet hexagone non convexe quand la conique dégénère dans le système de deux droites (*fig.* 93). Soient $\rho aa'$, OSO' ces deux droites, et pOρ le côté numéroté 1 qui rencontre OO' en O. La droite Oa porte le chiffre 2, aS le chiffre 3, et Sa' le chiffre 4; enfin, les lignes a'O' et O'ρ sont numérotées 5 et 6. Les côtés 1 et 4 se coupent en p, 2 et 5 en m, et 3 et 6 en n; donc m, n, p sont en ligne droite : c'est ce qu'on a déjà vu au n° **318**.

III. — Point décrivant une conique.

393. *Si les n côtés d'un polygone tournent autour de n points fixes, tandis que n — 1 sommets glissent sur des droites données, le dernier sommet décrit une conique.*

Soit ABCD…M le polygone en question et M le sommet qui n'est pas assujetti à décrire une droite : A, B, C étant trois sommets consécutifs, joignons AC. Par suite des hypothèses, le côté AC passera aussi par un point fixe (**323**); il restera donc le polygone ACD…M, de n — 1 côtés, dont les côtés et les sommets seront soumis aux mêmes conditions que ceux du polygone donné.

En réduisant ainsi un à un le nombre des côtés, on arrive à un triangle tel que celui pour lequel cette proposition a été démontrée (**387**), proposition qui se trouve ainsi généralisée par le théorème actuel.

IV. — Hexagone circonscrit.

394. *Dans un hexagone circonscrit à une conique, les droites qui joignent les sommets opposés concourent en un même point* (*fig.* 114). En effet, soient a et b les points de contact des côtés de l'angle BAF, la droite ab est la polaire du point A, relativement à la conique. De même, *ed* sera la polaire du sommet CD opposé à A : donc le point où se rencontrent *ab* et *ed* est le pôle de AD. De même, les points de concours de *bc* et de *ef*, de *cd* et de *af*, seront respectivement les pôles de BE et de CF. Mais le théorème de Pascal (386) appliqué à l'hexagone inscrit *abcdef* fait voir que ces trois points de concours sont en ligne droite; donc aussi les polaires AD, BE, CF de ces points se couperont en un point S qui sera le pôle de cette droite.

Ce théorème, ainsi que celui du numéro précédent, est dû à M. Brianchon. Il présente un exemple de corrélation réciproque, mais assez simple pour qu'on puisse le démontrer directement, comme on vient de le faire.

Ce théorème peut encore s'énoncer comme il suit : si, dans un triangle variable SBC, les sommets sont assujettis à glisser sur trois droites fixes AD, BA, CD et si deux côtés BS, CS tournent autour de deux points fixes E, F, le troisième côté BC est toujours tangent à une même conique, à laquelle les droites BA et CD sont aussi tangentes, ainsi que la droite EF.

C'est l'inverse du n° 387.

Rien ne suppose ici que l'hexagone soit convexe, non plus que les polygones dont nous allons parler.

V. — CAS PARTICULIERS.

395. *Pentagone circonscrit* (*fig.* 115). — Si l'angle AFE (*fig.* 114) s'approche de 180 degrés, on voit que les droites AF, FE se réunissent en une seule à cette limite et que F sera un point de contact qui réunira *a* et *f*; on arrive ainsi à la *fig.* 115. Ainsi, étant donné un pentagone ABCDE circonscrit à une conique, on trouvera le contact d'un côté AE, en joignant AD, BE qui se coupent en S, puis menant CS qui coupe AE au point F de contact.

396. *Quadrilatère circonscrit.* — Dans un quadrilatère circonscrit, si deux points de contact consécutifs F et B (*fig.* 116) représentent des angles, la diagonale AO passe au point S où concourent EB et CF.

Mais si l'on prend pour angles les points de contact opposés B et E (*fig.* 117), on obtient ce théorème déjà démontré (**174**): *Un quadrilatère étant circonscrit à une conique, le point de* *concours des diagonales est le même que celui des droites qui joignent les points de contact des côtés opposés.*

397. Triangle circonscrit (*fig.* 118). — Enfin, dans un triangle circonscrit, les points de contact devenant des sommets d'angles, on a le théorème suivant :

Dans un triangle circonscrit à une conique, les droites qui joignent les sommets aux points de contact opposés concourent en un même point.

VI. — DROITE ENVELOPPE D'UNE CONIQUE.

398. Relativement à une conique quelconque, construisons la figure réciproque (382) de celle que l'on pourrait construire pour le n° 393 : chaque côté passant par un point fixe correspondra à un sommet glissant sur une droite fixe, et réciproquement. Comme la conique de la première figure donne aussi une conique dans la seconde (379), on a le théorème suivant :

Les n sommets d'un polygone glissant sur n droites données, tandis que n — 1 côtés tournent autour de n — 1 points fixes, le $n^{ième}$ côté enveloppe une conique.

On sait, en effet, qu'un point de la conique, dans la première figure, a pour polaire une tangente à la seconde conique. Cela généralise ce qu'on a vu à la fin du n° 394.

VII. — FAISCEAUX MOBILES.

399. Nous avons vu (112) que si l'on joint quatre points fixes A, B, C, D d'une conique à deux points quelconques M et M' de cette conique, les deux faisceaux des sommets M et M' sont homographiques, c'est-à-dire qu'ils ont les mêmes rapports anharmoniques.

Réciproquement, soient deux faisceaux homographiques M et M', et A, B, C, D les points où se coupent leurs lignes homologues : si, par les cinq points A, B, C, D et M on fait passer une conique, elle passera aussi en M'.

Cela revient à dire que *si deux faisceaux homographiques tournent autour de leurs sommets M et M', les points d'intersection de leurs droites homologues sont sur une même conique avec M et M'*, que l'on peut maintenant supposer fixes.

400. Si chaque faisceau a un mouvement quelconque ; si, par exemple, le premier est mobile, le second restant immobile, ou réciproquement, le théorème précédent fait voir que chaque position donne six points placés sur une certaine conique : mais *pour que les points appartenant à toutes les positions soient sur une même conique, il faut que le mouvement d'un des faisceaux soit déterminé par celui de l'autre.*

401. *Autre démonstration du théorème de Pascal.* — Considérons un angle fixe AOa et une droite mobile passant par un point fixe S : quatre positions de la droite détermineront sur les côtés de l'angle les points A, B, C, D et a, b, c, d qui auront de part et d'autre le même rapport anharmonique. Donc, si l'on joint les quatre premiers points à un point fixe F, et les quatre autres à un second point fixe f, les faisceaux F et f seront homographiques. Dans ces faisceaux, deux droites homologues FA, fa se coupent en M suivant une conique passant en F et f; c'est la conséquence des numéros précédents. On en conclut le théorème que voici :

Soit un triangle mobile A a M dont les côtés passent par trois points fixes F, f et S, et dont deux sommets A et a glissent sur deux droites fixes OA et Oa; le troisième sommet M décrit une conique.

Mais nous avons vu (387) que ce théorème était identique avec celui de Pascal ; donc celui-ci est démontré.

402. *Description des coniques.* — Soient AMB, AM'B (*fig.* 119) deux angles de grandeur constante α et α', mais mobiles autour de leurs sommets fixes M et M'; si ces angles tournent de manière que le point A se meuve sur une conique passant aux sommets M et M', *le point B décrira aussi une autre conique passant par les deux mêmes sommets.*

En effet, les positions consécutives des droites MA, M'A se coupant par hypothèse sur une même conique, passant en M et M', les rapports anharmoniques des positions consécutives de MA seront les mêmes que ceux des positions correspondantes de M'A : c'est une réciproque évidente des n°s 399 et 400.

Mais comme α et α' sont constants, le mouvement angulaire de MB et de M'B sera tel, que les positions consécutives de MB feront entre elles les mêmes angles que celles de **MA**, et les positions de **M′B** les mêmes angles que celles de **M′A**. Il en résulte que les faisceaux **MB** et **M′B′** sont respectivement homographiques avec les faisceaux **MA** et **M′A** : donc ils le sont entre eux ; ainsi, d'après les numéros cités, le point **B** décrit une conique passant aussi en **M** et en **M′**.

403. Si nous imaginons que la conique A se réduise à l'ensemble de la droite **MM′** et d'une autre droite sur laquelle le point A doive glisser, nous avons la construction suivante, due à Newton :

Si deux angles donnés de grandeur $AMB = \alpha$, $AM'B = \alpha'$, *tournent autour de leurs sommets* M *et* M′ *de manière que le point* A *soit sur une droite donnée, le point* B *décrira une conique qui passera par les points* M *et* M′.

Pour trouver la tangente au point **M**, il faut prendre la position où le point **B**, après s'être rapproché de **M**, finit par s'y confondre. Alors **M′B** venant sur **M′M**, **M′A** viendra en $M'A_1$, tel que $A_1M'M = \alpha'$. Soit donc $A_1MB_1 = \alpha$, MB_1 sera tangente en **M**, puisque **B** et **M** se réunissent en **M**.

On trouvera de même la tangente en **M′** : seulement, en faisant tourner les angles, il ne faut pas intervertir le sens des côtés respectifs, c'est-à-dire ne pas confondre **MA** et **MB**, **M′A** et **M′B**.

CHAPITRE XVI.

THÉORÈMES DE NEWTON ET DE CARNOT.

I. — Théorème *ad quatuor lineas.*

404. Ce théorème, dû à Pappus, a été développé par Newton, qui en a fait la base de la théorie des coniques. Nous allons d'abord démontrer un lemme relatif au cercle.

Dans un quadrilatère inscrit au cercle, le produit des distances d'un point de la circonférence à deux côtés opposés est égal au produit des distances de ce point aux deux autres côtés (fig. 120).

Joignons ce point quelconque M de la circonférence à deux sommets opposés A et C, les triangles MAH, MCI' sont semblables, parce que les angles MAD, MCD sont supplémentaires; on aura donc $\dfrac{MH}{MA} = \dfrac{MI'}{MC}$: de même, les triangles MCH', MAI sont semblables, parce que les angles inscrits MAB, MCB ont la même mesure; donc $\dfrac{MH'}{MC} = \dfrac{MI}{MA}$. Multipliant, il reste en effet $MH . MH' = MI' . MI$.

405. Concevons la section circulaire d'un cylindre droit à base elliptique, afin de passer du cercle à l'ellipse par les projections; nous établirons le lemme suivant :

Si d'un point du plan du cercle on abaisse une perpendiculaire sur une droite contenue dans ce plan, et si, de la projection du point donné, on abaisse une perpendiculaire sur la projection de la droite donnée, le rapport de ces deux perpendiculaires est constant, c'est-à-dire indépendant de la position du point donné (fig. 121).

Soit A_1B_1 projection de AB et M_1 projection de M; soit MH perpendiculaire sur AB et M_1H_1 sur A_1B_1: menons aussi, parallèlement à la génératrice MM_1, les droites Hh_1 et H_1h qui

14.

seront nécessairement dans le plan projetant ABA_1B_1, de sorte que h_1 sera sur A_1B_1 et h sur AB.

Nous remarquerons que le plan MHh_1 a une direction déterminée, puisqu'il est parallèle aux génératrices, et qu'il coupe le plan du cercle suivant une perpendiculaire à AB; donc la droite M_1h_1, suivant laquelle ce plan coupe celui de la base, a aussi une direction déterminée, c'est-à-dire indépendante de la position du point M : ainsi le triangle $M_1H_1h_1$, rectangle en H_1, est d'espèce donnée. De même, le plan MM_1H_1 est d'une direction déterminée, puisque M_1H_1 est perpendiculaire sur A_1B_1; donc sa trace Mh sur le plan du cercle aura aussi une direction déterminée, et le triangle MHh, rectangle en H, sera encore d'espèce donnée.

D'après cela, les rapports $\dfrac{M_1H_1}{H_1h_1}$ et $\dfrac{MH}{Hh}$ sont constants : de plus, le rapport de H_1h_1 à Hh est aussi constant, puisqu'il ne dépend que de l'inclinaison mutuelle des droites AB et A_1B_1. Donc enfin le rapport $\dfrac{M_1H_1}{MH}$ est indépendant de la position du point M.

D'après ce lemme, on voit que $\dfrac{M_1H_1 \cdot M_1H'_1}{MH \cdot MH'}$ et $\dfrac{M_1I'_1 \cdot M_1I_1}{MI' \cdot MI}$ sont deux rapports constants et qu'il en sera de même pour celui qu'on obtiendra en les divisant : mais, dans cette opération, les diviseurs disparaissent (404), ce qui donne

$$\frac{M_1H_1 \cdot M_1H'_1}{M_1I'_1 \cdot M_1I_1} = \text{const.}$$

406. Ce théorème, étant démontré pour l'ellipse, s'étend à toutes les coniques par le principe de continuité; on peut donc formuler de la manière suivante le théorème *ad quatuor lineas :*

Dans un quadrilatère inscrit à une conique, le produit des distances d'un point de la courbe à deux côtés opposés du quadrilatère est au produit des distances de ce point aux deux autres côtés dans un rapport constant.

Rien n'exige que le quadrilatère soit convexe.

407. Le théorème que nous venons de démontrer peut encore se conclure de celui de Desargues (170). En effet, soient p et p' les perpendiculaires abaissées du point c (*fig.* 55)

sur les côtés opposés AD, BC ; soient q et q' les perpendiculaires abaissées du même point c sur les autres côtés opposés AB, DC : nous aurons les relations

$$p = ca \sin a, \quad p' = ca' \sin a', \quad q = cb \sin b, \quad q' = cb' \sin b',$$

ce qui donnera

$$pp' = ca.ca'.\sin a.\sin a', \quad qq' = cb.cb'.\sin b \sin b',$$

et

$$\frac{pp'}{qq'} = \frac{ca.ca'}{cb.cb'} \cdot \frac{\sin a.\sin a'}{\sin b.\sin b'}.$$

Soient P et P', Q et Q' les perpendiculaires analogues pour c', on aura de même

$$\frac{PP'}{QQ'} = \frac{c'a.c'a'}{c'b.c'b'} \cdot \frac{\sin a.\sin a'}{\sin b.\sin b'}.$$

Mais le théorème de Desargues a fait voir que

$$\frac{ca.ca'}{cb.cb'} = \frac{c'a.c'a'}{c'b.c'b'}; \quad \text{donc} \quad \frac{pp'}{qq'} = \frac{PP'}{QQ'},$$

ce qui démontre le théorème de Pappus.

On voit que c et c' sont ici deux points pris arbitrairement sur une conique quelconque, quoique la *fig.* 55 représente un cercle.

408. *Application au triangle.* — Si un des côtés dégénère en tangente, on a le théorème suivant :

Dans un triangle inscrit à une conique, le produit des distances d'un point de la courbe à deux côtés du triangle est dans un rapport constant avec le produit des distances de ce point au troisième côté et à la tangente au sommet opposé.

409. Si deux côtés opposés du quadrilatère dégénèrent en tangentes, les autres côtés se confondent dans la corde qui joint les deux points de contact. Voici donc le théorème qui en résulte :

Le produit des distances d'un point quelconque d'une conique aux tangentes à deux points fixes de cette conique es dans un rapport constant avec le carré de la distance du premier point à la corde qui joint les points fixes.

II. — Théorème des segments.

410. *D'un point* O *dans le plan d'une conique, menons deux cordes qui coupent la courbe aux points* A *et* B, C *et* D : *d'un autre point* O' *menons, parallèlement aux premières, deux autres cordes qui coupent la conique aux points* A' *et* B', C' *et* D'; *on a toujours*

$$\frac{OA.OB}{OC.OD} = \frac{O'A'.O'B'}{O'C'.O'D'}.$$

Supposons que ces cordes, considérées d'abord dans une ellipse, soient, sur le plan de cette courbe prise comme base d'un cylindre droit, les projections des cordes analogues obtenues dans une section circulaire oblique. On sait, par un théorème élémentaire, que ce cercle donne

$$\frac{oa.ob}{oc.od} = \frac{o'a'.o'b'}{o'c'.o'd'} = 1.$$

Mais les triangles projetants, déterminés par des droites parallèles, étant semblables, on aura

$$\frac{O'A'}{OA} = \frac{o'a'}{oa} \quad \text{et} \quad \frac{O'B'}{OB} = \frac{o'b'}{ob};$$

d'où

$$\frac{O'A'.O'B'}{OA.OB} = \frac{o'a'.o'b'}{oa.ob}.$$

On aura de même

$$\frac{O'C'.O'D'}{OC.OD} = \frac{o'c'.o'd'}{oc.od}:$$

on obtient donc, en divisant,

$$\frac{O'A'.O'B'}{O'C'.O'D'} : \frac{OA.OB}{OC.OD} = 1,$$

ce qui revient au théorème énoncé.

Cette proposition s'étend de l'ellipse aux autres coniques par le principe de continuité.

411. Ce théorème, établi par Apollonius sur une conique, a été étendu par Newton à une courbe algébrique quelconque de degré m; seulement, ici, les points tels que A et B sont en nombre m, réels ou imaginaires.

La courbe, rapportée à OA et OC comme axes, aura pour équation

$$M x^m + \ldots + N y^m + \ldots + U = 0;$$

or, d'après la théorie des équations, on sait que

$$OA.OB\ldots = \pm \frac{U}{M} \quad \text{et} \quad OC.OD\ldots = \pm \frac{U}{N}:$$

donc

$$\frac{OA.OB\ldots}{OC.OD\ldots} = \frac{N}{M}.$$

Transportons l'origine en un autre point O', sans changer la direction des axes, nous trouverons la même valeur pour l'autre quotient.

III. — Théorème de Newton sur le quadrilatère circonscrit.

412. Nous commencerons par rappeler le lemme suivant (*fig.* 122):

Dans un quadrilatère circonscrit au cercle, la somme de deux côtés opposés est égale à celle des deux autres côtés.

En effet, soient a, b, c, d les points de contact des côtés AB, BC, CD, DA; posons

$$Aa = Ad = \alpha,$$

et soient de même β, γ, δ les longueurs des tangentes qui partent des sommets B, C, D : il est clair que

$$AB + CD = \alpha + \beta + \gamma + \delta,$$

et que telle sera aussi la valeur de BC + AD.

La réciproque est vraie; ainsi supposons

$$AB + CD = BC + AD,$$

et décrivons un cercle tangent à AB, à AD et à BC, il faut prouver que ce cercle est aussi tangent à CD. Soit

$$Aa = Ad = \alpha, \quad Ba = Bb = \beta \quad \text{et} \quad Cc = Cb = \gamma.$$

Posons

$$Dd = \delta,$$

l'égalité supposée donne

$$CD = \gamma + \delta ;$$

mais déjà sur cette droite on a pris la distance

$$Cc = \gamma,$$

il reste donc

$$Dc = \delta ;$$

donc le point c, ainsi marqué sur CD, est un point de contact pour la tangente partant de C et pour celle qui part de D : par conséquent, ces deux tangentes se réunissent en DC.

413. Voici maintenant l'énoncé du théorème en question :

Dans un quadrilatère circonscrit à une conique, la ligne qui joint les milieux des diagonales passe par le centre de la courbe.

Considérons d'abord le cercle de centre O. Soit M le milieu de AC, MO coupe BD en N, et il faut prouver que $BN = ND$. Il suffira pour cela de montrer que les triangles BMO, DMO sont équivalents ; comme ils ont déjà la base commune MO, leurs hauteurs BE, DF seront égales, et les triangles rectangles BEN, DEF étant égaux, BN sera égal à ND.

Il faut donc calculer le triangle

$$BMO = OAB - OAM - AMB,$$

ou bien

$$BMO = OMC + BMC - OBC,$$

d'où

$$2\,BMO = OAB - OBC,$$

car OAM et OMC se détruisent, ainsi que AMB et BMC, puisque M est le milieu de AC : donc

$$2\,BMO = \frac{R}{2}\,(AB - BC),$$

R étant le rayon du cercle.

On aura de même

$$DMO = DAO + AOM - DAM,$$

et aussi

$$DMO = DMC - OMC - DOC,$$

Par conséquent,

$$2\,DMO = DAO - DOC,$$

car AOM et OMC se détruisent ainsi que DAM et DMC; il reste

$$2\,\mathrm{DMO} = \frac{\mathrm{R}}{2}\,(\mathrm{DA} - \mathrm{DC}).$$

Mais il résulte du lemme (412) que

$$\mathrm{AB} - \mathrm{BC} = \mathrm{DA} - \mathrm{DC}:$$

donc

$$\mathrm{BMO} = \mathrm{DMO},$$

et, par suite,

$$\mathrm{BN} = \mathrm{DN}.$$

Ce théorème s'étend à l'ellipse par les projections cylindriques qui font correspondre les centres des deux courbes; il s'étend à toutes les coniques par le principe de continuité.

414. Ainsi une droite telle que MN, c'est-à-dire joignant les milieux des diagonales du quadrilatère circonscrit à une conique, passe toujours par le centre de la courbe. Donc, si cette courbe devient une parabole, la droite MN sera parallèle à l'axe focal.

415. La démonstration, même faite sur le cercle, est sujette à certaines modifications, suivant la nature du quadrilatère. Du reste, ce quadrilatère circonscrit à la conique peut ne pas être convexe.

Enfin on sait (168) que la droite MN passe par la troisième diagonale du quadrilatère complet.

416. Comme corollaire du théorème général, nous observerons que *toutes les coniques inscrites dans un même quadrilatère ont leur centre sur une même droite.*

417. *Théorème de Gergonne sur le triangle circonscrit.* — Supposons que, dans la *fig.* 122, deux côtés, tels que DA, DC, se rapprochent de manière à se mettre en ligne droite : le quadrilatère se réduira à un triangle circonscrit ABC, où le côté AC sera tangent au point D dans lequel se réunissent aussi les points de contact *c* et *d* (*fig.* 123). On a donc le théorème suivant :

Dans un triangle circonscrit à une conique, la droite qui joint le milieu d'un côté avec le milieu de la distance du point de contact de ce côté au sommet opposé passe par le centre de la courbe.

Il y aurait deux autres droites analogues à **MN**.

La *fig.* 123 montre qu'un polygone circonscrit n'entoure pas toujours la courbe, même lorsqu'il est convexe, comme un triangle l'est nécessairement.

IV. — Théorèmes sur les faisceaux harmoniques.

418. *Les côtés d'un angle sur le plan d'une conique font partie d'un faisceau harmonique dont les autres droites conjuguées sont la ligne qui joint le sommet de l'angle au centre de la courbe, et la polaire du milieu de la distance entre les pôles des côtés de cet angle (fig.* 124).

D'un point S, sur le plan d'un cercle, menons deux sécantes S*ad*, S*bc* qui détermineront le quadrilatère inscrit *abcd*, et le quadrilatère circonscrit ABCD : cherchons la polaire du milieu M de la diagonale AC.

Il est clair que AC est la polaire de S, puisque cette droite contient les pôles A et C de *ad* et de *bc* : donc AC est perpendiculaire sur OS (53), puisqu'il s'agit d'un cercle. Enfin la polaire de M, comme celle de tout point de AC, passe en S : observons aussi que BD passe en S, car B et D, ainsi que S, sont sur la polaire du point R où concourent *ba* et *cd*.

Cela posé, pour avoir l'équation de cette polaire de M, nous prendrons SO pour axe des abscisses et S pour origine. Alors les équations de S*ad* et de S*bc* sont

$$y = mx, \quad y = m'x,$$

l'équation du cercle étant

$$(x - p)^2 + y^2 = r^2,$$

en posant OS $= p$. Donc celle de la polaire d'un point représenté par x' et y' sera

$$(x - p)(x' - p) + yy' = r^2.$$

S'il s'agit du point S, pour lequel $x' = 0$, $y' = 0$, l'équation de AC, polaire de S, sera

$$(x - p)p + r^2 = 0 :$$

donc, en indiquant par $X = SH$ cette valeur de x, on a

$$X = p - \frac{r^2}{p}.$$

Maintenant, pour trouver l'ordonnée $HA = y_1$ du point A, pôle de ad, il suffit d'identifier les équations

$$y = mx \quad \text{et} \quad yy_1 + (x - p)(X - p) = r^2,$$

dont la seconde, à cause de $r^2 + (X - p)\, p = 0$, devient

$$yy_1 + x(X - p) = 0.$$

Donc l'identification donne

$$m = \frac{p - X}{y_1}, \quad \text{d'où} \quad y_1 = \frac{r^2}{pm}.$$

On aura de même

$$CH = y_2 = \frac{r^2}{pm'}.$$

Alors

$$MH = \frac{y_1 + y_2}{2} = Y = \frac{r^2}{2p}\left(\frac{1}{m} + \frac{1}{m'}\right);$$

l'équation de la polaire de M, étant de la forme $y = \mu.x$, devra encore être identifiée avec l'équation

$$(x - p)(X - p) + yY = r^2, \quad \text{ou bien} \quad yY + x(X - p) = 0;$$

ainsi

$$\mu = \frac{p - X}{Y} = \frac{r^2}{p} \cdot \frac{2p}{r^2\left(\frac{1}{m} + \frac{1}{m'}\right)} = \frac{2}{\frac{1}{m} + \frac{1}{m'}},$$

ou enfin

$$\mu = \frac{2mm'}{m + m'}.$$

Maintenant, dans l'égalité

$$(a_1 + a_3)(a_2 + a_4) = 2(a_1 a_3 + a_2 a_4.) \quad (32),$$

qui constate le rapport harmonique de quatre points ou de quatre droites, posons

$$a_1 = m, \quad \text{puis} \quad a_2 = 0$$

pour la droite SO, et

$$a_3 = m',$$

il reste

$$(m + m')\,a_4 = 2\,mm' \quad \text{et} \quad a_4 = \mu.$$

Ainsi SS', conjuguée de SO pour former un faisceau harmonique avec Sad et Sbc, est en effet la polaire du milieu **M** de AC. Par conséquent, *le diamètre OM est perpendiculaire sur SS'* (53).

419. Le théorème, étant ainsi démontré pour le cercle, s'étendra à l'ellipse au moyen des projections cylindriques dans lesquelles les milieux des droites se correspondent. Ensuite on le généralisera pour les autres coniques au moyen du principe de continuité (177).

Dans ces transformations, le diamètre OM et sa perpendiculaire SS' deviennent évidemment les directions de deux diamètres conjugués de la conique. Nous pouvons donc compléter l'énoncé du n° 418 par l'observation suivante :

La polaire du milieu de la distance indiquée est parallèle au diamètre conjugué de celui qui passe par ce milieu.

420. *On prend le sommet d'un des trois angles dont les côtés réunissent deux à deux quatre points donnés d'une conique, et l'on cherche par rapport aux côtés de cet angle la conjuguée harmonique de la droite qui joint ce sommet au centre de la conique; démontrer que cette conjuguée harmonique et les deux autres droites analogues sont parallèles* (*fig.* 124).

Ces quatre points étant a, b, c, d, les sommets des angles sont S, R, T. On vient de trouver SS' conjuguée de SO relativement à l'angle aSb, on trouvera de même RR' conjuguée de RO relativement à l'angle aRd : d'après ce que l'on vient de voir, RR' sera la polaire du milieu N de BD. Soit I le point d'intersection de ces polaires SS' et RR', il est clair que I sera le pôle de MN. Mais nous avons vu (413) que MN passe par le centre; donc le pôle I est à l'infini, c'est-à-dire que SS' et RR' sont parallèles : le raisonnement serait le même pour la troisième droite TT'; ainsi le théorème est démontré. On sait (396) que T est à la fois le point de concours des diagonales de ABCD et de $abcd$. Donc les points où concourent AD et BC, AB et DC sont, ainsi que R et S, sur la polaire de T.

Les deux propositions de ce paragraphe sont dues à Newton ; mais on les croyait nouvelles quand la dernière a été démontrée directement par la Géométrie et par l'Analyse (*Nouvelles Annales de Mathématiques*, 1863, p. 49 et suiv.).

421. *Application au triangle.* — Si les directions AB, AD se rapprochent et finissent par coïncider, les points A, a, d, R, T se réunissent en un seul point T, contact du côté BD, dans le triangle BDC ; on aura encore SS' parallèle à TT', conjuguée de TO relativement à l'angle bTc.

V. — THÉORÈME DE CARNOT.

422. Considérons les intersections d'une conique par un polygone donné : il y a sur chaque côté de ce polygone deux sommets A et B et deux points de la conique M et S, ce qui donne deux produits de segments à partir de chaque sommet, savoir : AS.AM et BS.BM. Mais par le sommet A il passe aussi un autre côté qui coupe la courbe aux points T et Q, ce qui donne le produit AT.AQ : de même, par le sommet B passe un autre côté qui coupe la conique en V et en P, d'où résulte le produit BV.BP. On obtient ainsi deux séries de produits que l'on peut disposer de manière que ceux de la première série n'aient entre eux aucune lettre commune ; il en sera de même pour ceux de la seconde.

Cela posé, le théorème de Carnot consiste en ce que *le résultat obtenu en multipliant tous les produits de la première série est égal à celui que l'on obtient en multipliant tous ceux de la seconde.*

Ainsi

$$\text{AS.AM} \times \text{BV.BP} \times \ldots = \text{AT.AQ} \times \text{BS.BM} \times \ldots.$$

423. Nous vérifierons d'abord cette proposition sur le cercle (*fig.* 125). Le théorème connu des sécantes donne

$$\text{AS.AM} = \text{AT.AQ}, \quad \text{BV.BP} = \text{BS.BM}, \ldots.$$

La relation écrite ci-dessus est donc évidente ; ainsi, le quadrilatère de la figure actuelle donnera

$$AS.AM \times BV.BP \times CN.CR \times DQ.DT$$
$$= AT.AQ \times BS.BM \times CV.CP \times DN.DR.$$

424. La proposition s'étendra d'abord à l'ellipse par le principe de continuité. En effet, soient a, b, m, s les projections de A, B, M, S sur le plan de l'ellipse : comme ces quatre points du plan du cercle sont sur une même droite AB, toutes ces projections seront dans le même plan projetant; on aura donc

$$\frac{AS}{as} = \frac{AM}{am} = \frac{BS}{bs} = \frac{BM}{bm}, \quad \text{d'où} \quad \frac{AS.AM}{as.am} = \frac{BS.BM}{bs.bm},$$

et enfin

$$\frac{AS.AM}{BS.BM} = \frac{as.am}{bs.bm}.$$

Or, l'égalité de produits démontrée dans le cercle peut se mettre sous la forme

$$\frac{AS.AM}{BS.BM} \times \frac{BV.BP}{CV.CP} \times \cdots = 1,$$

en prenant, pour former le numérateur et le dénominateur de chaque fraction partielle, les deux produits binaires formés sur un même côté : on aura donc aussi

$$\frac{as.am}{bs.bm} \times \frac{bv.bp}{cv.cp} \times \cdots = 1,$$

ce qui démontre le théorème pour l'ellipse. On l'étendra aux autres coniques par le principe de continuité.

425. Non-seulement le polygone n'a pas besoin d'être convexe, mais il n'est pas nécessaire que tous les côtés coupent la conique. En effet, comme il n'entre dans la formule que le produit des segments déterminés par chaque côté, ce produit est réel, même quand les segments sont imaginaires.

426. Ce théorème s'étend à un polygone *non terminé*, c'est-à-dire aboutissant à deux côtés parallèles; par exemple, deux parallèles coupées par une sécante représentent un triangle dont un sommet est à l'infini. En général, A étant à l'infini, il reste

$$\frac{AS.AM}{AT.AQ} = 1,$$

et le point A disparaît de la formule.

Si un côté, tel que AD, devient tangent, il n'en résulte rien de particulier, seulement les produits AT.AQ, DT.DQ deviennent des carrés.

427. Voyons ce qui se passe quand un sommet du polygone est sur la conique même : considérons d'abord le cas où ce sommet B est très-près de la courbe; le triangle BSV donnera toujours

$$\frac{BS}{BV} = \frac{\sin V}{\sin S}.$$

Ainsi, quand les points B, S, V se confondent, la limite du rapport $\frac{BS}{BV}$ est égale au rapport des sinus que font les côtés *opposés* de l'angle inscrit avec la tangente en ce point : par conséquent, l'indécision disparaît de la formule.

Cette formule permet alors de trouver la tangente à celui des sommets qui est sur la courbe, car ce rapport des sinus suffit pour déterminer la direction de la tangente.

428. Nous pouvons encore, en admettant que trois points M, V, S (*fig.* 126) viennent à se rapprocher indéfiniment, trouver le cercle qui passe par ces trois points infiniment voisins, c'est-à-dire le cercle *osculateur*. La corde MS étant coupée par les autres cordes VP et TQ, nous appliquerons le théorème de Carnot au triangle ABC ainsi formé, ce qui donne

$$\frac{AT.AQ}{CT.CQ} \times \frac{CP.CV}{BP.BV} \times \frac{BM.BS}{AM.AS} = 1.$$

Soit K le point où la circonférence qui passe en M, V et S vient couper BC, on a

$$BM.BS = BV.BK,$$

et l'équation précédente revient à

$$\frac{AT.AQ}{CT.CQ} \cdot \frac{CP.CV}{BP} \cdot \frac{BK}{AM.AS} = 1;$$

enfin, comme B, M et S se confondent en V, il reste

$$\frac{VK}{VP} \times \frac{AT.AQ}{CT.CQ} \times \frac{CP.CV}{\overline{AV}^2} = 1.$$

Ainsi, pour trouver un point K de la circonférence osculatrice en un point donné V d'une conique, il faut mener la tangente AV et la couper par deux droites CA, CV dont la dernière passe en V; sur cette droite on porte la valeur VK que l'on vient d'obtenir au moyen des segments que les lignes font sur la conique : on trouvera ainsi autant de points que l'on voudra de la circonférence osculatrice. On peut prendre AC parallèle à chaque direction de la sécante CV : alors le point C, étant à l'infini, disparaît de la formule (422), et l'on obtient

$$VK = \frac{VP.\overline{AV}^2}{AT.AQ}.$$

429. Le théorème de Carnot peut se démontrer pour toutes les courbes algébriques, dont l'équation est de la forme

$$M\,x^m + \ldots + N\,x^m + \ldots + U = 0.$$

Nous considérerons l'intersection de cette courbe par le quadrilatère ABCD (*fig.* 125) : nous représenterons les côtés AB, BC, CD, DA par les chiffres 1, 2, 3, 4 et nous supposerons que, dans l'équation précédente, la courbe est rapportée au point B comme origine, en prenant pour axe des abscisses le côté 1, et pour axe des ordonnées le côté 2.

D'après cela, et en raisonnant comme nous l'avons déjà fait (411), si nous indiquons par p le produit des segments déterminés par le côté 1 à partir de B, et par q le produit analogue pour le côté 2, nous aurons

$$p\,M = q\,N.$$

Comme changement provisoire de coordonnées, prenons pour axe des abscisses, au lieu du côté 1, une parallèle menée par B au côté 3, le côté 2 restant toujours l'axe des ordonnées. Il est clair, d'après les formules de transformation, que le terme indépendant U ne changera pas, puisque l'origine reste la même. Comme l'axe des y ne varie pas non plus, le produit q

reste encore le même, et puisque l'on a

$$q = \pm \, \frac{U}{N},$$

le coefficient N n'est pas altéré ; mais le coefficient de x^m deviendra M', et l'équation sera de la forme

$$M' x^m + \ldots + N y^m + \ldots + U = 0.$$

Maintenant transportons l'origine à l'autre sommet C du côté 2, sans changer la direction des axes. Le côté 3 deviendra celui des abscisses, et le côté 2 restera toujours celui des ordonnées : il suffira, dans l'équation générale, de changer y en $y + BC$. Cette équation deviendra donc

$$M' x^m + \ldots + N y^m + \ldots + U' = 0.$$

Soit q' le produit des segments déterminés encore par le côté 2, mais à partir de C, et p' le produit des segments déterminés, à partir du même sommet, sur le côté 3 ; nous aurons, comme précédemment,

$$p' M' = q' N.$$

On trouverait, en répétant les mêmes raisonnements, que l'équation de la courbe, rapportée encore au côté 3 comme axe des abscisses, et au côté 4 comme axe des ordonnées, sera

$$M' x^m + \ldots + N' y^m + \ldots + U'' = 0,$$

ce qui donne une égalité telle que

$$p'' M' = q'' N',$$

et l'on ferait ainsi le tour du polygone, quel que fût le nombre des côtés.

Enfin l'on revient à faire usage du côté 1. Si le polygone a un nombre pair de côtés, comme le quadrilatère que nous prenons pour exemple, on peut remarquer que ce côté 1, pris une seconde fois, sera encore l'axe des abscisses comme tous les côtés impairs. Donc, le côté 4 étant pris en même temps comme axe des ordonnées, l'origine sera le point A, et l'on aura

$$M x^m + \ldots + N' y^m + \ldots + U''' = 0.$$

Ici N′ reste ce qu'il était dans l'équation précédente, puisque l'axe des ordonnées reste le même, et M redevient ce qu'il était dans la première équation, puisque l'on revient au premier axe des abscisses. Ainsi l'on aura, à partir du point A, la relation

$$p''' \, \mathrm{M} = q''' \, \mathrm{N}'.$$

Ces diverses relations peuvent s'écrire de la manière suivante :

$$\frac{p}{q} = \frac{\mathrm{N}}{\mathrm{M}}, \quad \frac{q'}{p'} = \frac{\mathrm{M}'}{\mathrm{N}'}, \quad \frac{p''}{q''} = \frac{\mathrm{N}'}{\mathrm{M}'}, \quad \frac{q'''}{p'''} = \frac{\mathrm{M}}{\mathrm{N}'}.$$

Multipliant ces relations, et supposant un nombre quelconque de côtés, on a

$$\frac{p}{q} \cdot \frac{q'}{p'} \cdot \frac{p''}{q''} \cdot \frac{q'''}{p'''} \ldots = \mathrm{I}.$$

Pour voir ce qui se passe quand le nombre des côtés est impair, supposons qu'il y en ait cinq. Alors la dernière équation écrite, ramenant à un cinquième sommet E, sera

$$\mathrm{M}'' x^m + \ldots + \mathrm{N}' y^m + \ldots + \mathrm{U}''' = 0,$$

et la dernière relation écrite deviendra

$$p''' \mathrm{M}'' = q^{\scriptscriptstyle \mathit{iv}} \mathrm{N}', \quad \text{ou} \quad \frac{q'''}{p'''} = \frac{\mathrm{M}''}{\mathrm{N}'}.$$

Enfin la dernière de toutes les équations où le côté des abscisses sera 5, celui des ordonnées étant I et l'origine étant A, s'écrira

$$\mathrm{M}'' x^m + \ldots + \mathrm{M} y^m + \ldots + \mathrm{U}^{\scriptscriptstyle \mathit{iv}} = 0.$$

Ici le coefficient M reparaît, mais relativement aux ordonnées : on aura donc

$$p^{\scriptscriptstyle \mathit{iv}} \mathrm{M}'' = q^{\scriptscriptstyle \mathit{iv}} \mathrm{M}, \quad \text{ou} \quad \frac{p^{\scriptscriptstyle \mathit{iv}}}{q^{\scriptscriptstyle \mathit{iv}}} = \frac{\mathrm{M}}{\mathrm{M}''},$$

et par conséquent

$$\frac{p}{q} \cdot \frac{q'}{p'} \cdot \frac{p''}{q''} \cdot \frac{q'''}{p'''} \cdot \frac{p^{\scriptscriptstyle \mathit{iv}}}{q^{\scriptscriptstyle \mathit{iv}}} = \mathrm{I}.$$

Ainsi, que le nombre des côtés soit pair ou impair, on a toujours la relation

$$\frac{p}{q} \cdot \frac{q'}{p'} \cdot \frac{p''}{q''} \cdot \frac{q'''}{p'''} \cdots = 1 \,;$$

elle constitue le théorème de Carnot.

430. On comprend que ce que nous avons dit, relativement aux coniques, sur les segments imaginaires, les sommets à l'infini, les tangentes et les cercles osculateurs s'appliquerait de même aux courbes algébriques quelconques.

Il ne faut pas négliger de considérer les signes des segments et de leurs produits : il sera toujours facile d'écrire les segments de manière que les deux membres de l'équation aient le même signe.

431. Si $m = 1$, c'est-à-dire si, au lieu d'une courbe, on prend une ligne droite, chacune des quantités p, q... se réduit à une seule droite, et l'on retrouve un théorème déjà démontré (13).

Considérons enfin le cas dans lequel la courbe se réduit au système de deux droites se coupant en O (*fig.* 127). Nous prendrons simplement l'intersection de ces droites par les côtés d'un triangle ABC qui donneront, avec leurs prolongements, la formule

$$AM \cdot AS \times BV \cdot BP \times CR \cdot CN = AR \cdot AN \times BM \cdot BS \times CV \cdot CP.$$

432. Prenons encore une courbe de degré p, indiquée par

$$A + Bx + Cy + \ldots = 0,$$

et que coupent des droites représentées par $y = ax$; on a

$$A\,\frac{1}{x^p} + (B + Ca)\,\frac{1}{x^{p-1}} + \ldots = 0.$$

Pour m, conjugué harmonique de l'origine O (302), $y_1 = ax_1$ et la somme des racines donne

$$\frac{p}{x_1} = \frac{-(B + Ca)}{A}.$$

De là,

$$Bx_1 + Cy_1 + pA = 0,$$

et le lieu des points m est une droite, *polaire* de O. Si les cordes sont parallèles, O est à l'infini (303).

CHAPITRE XVII.

AUTRES PROPRIÉTÉS DES CONIQUES.

I. — Proposition inverse du théorème de Pappus (406).

433. *Un quadrilatère étant circonscrit à une conique, le produit des distances de deux sommets opposés, à une cinquième tangente quelconque, est dans un rapport constant avec le produit analogue, relatif aux deux autres sommets du quadrilatère (fig. 128).*

Soit ABCD le quadrilatère circonscrit à la conique que nous supposerons, pour fixer les idées, être une ellipse rapportée à ses axes. Soient a, b, c, d les points de contact du quadrilatère, et m celui de la cinquième tangente : pour comparer le théorème *ad quatuor lineas* avec celui que nous voulons démontrer, il faut considérer d'un côté la distance $mp = \delta$ du point m à ad, polaire de A, et de l'autre côté la distance $AP = \Delta$ du point A à la tangente mP, polaire de m.

Soient x et y les coordonnées du point A, x_1 et y_1 celles du point m; nous cherchons d'abord δ. Or ad étant polaire de A, nous avons

$$\delta = \frac{y_1 + \frac{b^2 x}{a^2 y} y_1 - \frac{b^2}{y_1}}{\sqrt{1 + \frac{b^4 x^2}{a^4 y^2}}} = \frac{a^2 y y_1 + b^2 x x_1 - a^2 b^2}{\sqrt{a^4 y^2 + b^4 x^2}}.$$

De même, mP étant tangente en m, la distance AP aura pour expression

$$\Delta = \frac{a^2 y y_1 + b^2 x x_1 - a^2 b^2}{\sqrt{a^4 y_1^2 + b^4 x_1^2}},$$

d'où l'on tire,

$$\frac{\delta}{\Delta} = \frac{\rho_1}{\rho},$$

en indiquant les radicaux par ρ et ρ_1.

Soient x'', y'' les ordonnées du sommet C, opposé à A; on aura de même

$$\frac{\delta''}{\Delta''} = \frac{\rho_1}{\rho''}, \quad \text{d'où} \quad \frac{\delta\delta''}{\Delta\Delta''} = \frac{\rho_1^2}{\rho\rho''}.$$

De même, soient x', y' et x'', y''' les coordonnées des deux autres sommets B et D, nous trouverons aussi

$$\frac{\delta'\delta'''}{\Delta'\Delta'''} = \frac{\rho_1^2}{\rho'\rho'''}.$$

Cela posé,

$$\frac{\delta\delta''}{\delta'\delta'''} : \frac{\Delta\Delta''}{\Delta\Delta'''} = \frac{\rho'\rho'''}{\rho\rho''}.$$

Mais, d'après le théorème de Pappus (406), le rapport $\dfrac{\delta\delta''}{\delta'\delta'''}$ est indépendant de la position du point m : le second membre l'est aussi, puisque la quantité ρ_1^2 a disparu; donc $\dfrac{\Delta\Delta''}{\Delta'\Delta'''}$ sera encore indépendant de la position du point m.

434. *Ce rapport constant est égal à celui que l'on trouverait en remplaçant la cinquième tangente par un foyer de la conique.*

Soit $y = \alpha x + \beta$ l'équation d'une tangente quelconque, le rapport précédent a pour expression

$$r = \frac{(y - \alpha x - \beta)(y'' - \alpha x'' - \beta)}{(y' - \alpha x' - \beta)(y''' - \alpha x''' - \beta)}.$$

On sait qu'un foyer de la courbe peut être considéré comme le point de concours de deux tangentes, représentées par

$$y = \pm \sqrt{-1}\,(x - c).$$

Or, le rapport constant, pris relativement à l'une de ces tangentes, a pour expression

$$r = \frac{[y - \sqrt{-1}\,(x - c)]\,[y'' - \sqrt{-1}\,(x'' - c)]}{[y' - \sqrt{-1}\,(x' - c)]\,[y''' - \sqrt{-1}\,(x''' - c)]}.$$

L'autre tangente donne un résultat identique, sauf le signe du radical ; donc, multipliant ces deux valeurs de r, il reste

$$r^2 = \frac{\left[y^2+(x-c)^2\right]\left[y''^2+(x''-c)^2\right]}{\left[y'^2+(x'-c)\right]\left[y'''^2+(x'''-c)^2\right]},$$

ce qui démontre la proposition. Il est clair que la valeur de r est la même pour les deux foyers.

435. *Application au triangle.* — Concevons que le point D se rapproche de la courbe et finisse par faire un point de contact qui se réunisse avec c et d ; le quadrilatère se réduira au triangle circonscrit ABC, mais le théorème deviendra :

Un triangle étant circonscrit à une conique, le produit des distances d'une tangente quelconque à deux sommets est dans un rapport constant avec le produit des distances de cette tangente au troisième sommet et au point de contact du côté opposé à ce sommet.

La valeur de ce rapport s'apprécie toujours en remplaçant la tangente quelconque par un foyer.

II. — Proposition inverse du théorème de Desargues (170).

436. *Un quadrilatère ABCD étant circonscrit à une conique, si l'on forme avec les sommets un faisceau ayant pour origine le point O où concourent deux autres tangentes OH, Oh, ce sera un faisceau d'involution dans lequel seront conjuguées les droites OA et OC, OB et OD, enfin OH et Oh (fig. 129).*

En effet, soient p et p' les perpendiculaires abaissées sur Oh des sommets opposés A et C ; soient q et q' les quantités analogues pour B et D ; on sait, d'après le théorème précédent (429), que $\dfrac{pp'}{qq'}$ est constant, c'est-à-dire indépendant de la position de la tangente Oh. Donc, soit $\dfrac{PP'}{QQ'}$ le rapport obtenu pour l'autre tangente OH, on aura $\dfrac{pp'}{qq'} = \dfrac{PP'}{QQ'}$.

Mais

$$p = OA \sin AOh, \quad p' = OC \sin COh,$$
$$q = OB \sin BOh, \quad q' = OD \sin DOh,$$

et l'on aura des valeurs analogues pour P, P', Q, Q'. Ainsi

OA, OB, OC, OD disparaissant, il reste

$$\frac{\sin AO h . \sin CO h}{\sin BO h . \sin DO h} = \frac{\sin AOH . \sin COH}{\sin BOH . \sin DOH},$$

ce qui établit l'involution (150).

437. Si le point O est sur la conique, Oh et OH se confondent en une seule tangente qui est un rayon double d'involution.

438. Les côtés BA, BC restant immobiles, si les côtés DA, DC se confondent, il reste un triangle ABC dans lequel le point de contact D d'un côté AC remplace le quatrième sommet d'un quadrilatère circonscrit.

Il en résulte donc un théorème facile à concevoir, sur le triangle circonscrit.

439. Si le côté BC se rabat sur BA, et DC sur DA, on voit que les sommets opposés C et A se confondent en A, tandis que les autres sommets B et D se réunissent respectivement aux points de contact a et d des tangentes parties du point A. Il en résulte donc le théorème suivant:

Deux angles O et A étant circonscrits à une conique, le sommet O de chacun d'eux est l'origine d'un faisceau d'involution qui a pour rayon double la droite OA et pour rayons conjugués, d'un côté, les tangentes issues du point O, et de l'autre les droites qui joignent ce point O avec les points de contact des autres tangentes.

440. Si deux tangentes sont parallèles, c'est-à-dire partent d'un point A situé à l'infini, le rayon double sera une parallèle menée du point O à la direction commune de ces tangentes.

III — THÉORÈME DE STEINER.

441. Voici l'énoncé général de ce théorème, démontré par M. Faure (*Nouvelles Annales*, 1855, p. 97 et suiv.):

Soient a et α, b et β, c et γ les foyers de trois coniques inscrites dans un même quadrilatère, on a

$$\frac{ca . c\alpha}{cb . c\beta} = \frac{\gamma a . \gamma\alpha}{\gamma b . \gamma\beta}.$$

Cette relation, identique avec celle de l'involution, sauf que les six points ne sont pas en ligne droite, est susceptible des mêmes modifications.

442. *Lemme d'analyse.* — Soit

$$ax^4 - bx^3 + cx^2 - dx + e = 0$$

une équation du quatrième degré; si l'on pose

$$y = \frac{1}{x^2},$$

l'équation deviendra

$$\frac{a}{y^2} + \frac{c}{y} + e = x\left(\frac{b}{y} + d\right).$$

Élevant au carré, remplaçant encore x^2 par $\frac{1}{y}$ et réduisant, on a la transformée

$$\left(ey^4 + 2ce - d^2\right)\ \bigm|\ \left(y^3 + 2ae - 2bd + c^2\right)\ \bigm|\ \left(y^2 + 2ac - b^2\right)\ \bigm|\ y + a^2 = 0.$$

Les racines de la première équation étant

$$m_1,\ m_2,\ m_3,\ m_4,$$

celles de la seconde seront

$$\frac{1}{m_1^2},\quad \frac{1}{m_2^2},\quad \frac{1}{m_3^2},\quad \frac{1}{m_4^2}.$$

Cherchons maintenant la valeur du produit symétrique

$$\left(1 + \frac{1}{m_1^2}\right)\left(1 + \frac{1}{m_2^2}\right)\left(1 + \frac{1}{m_3^2}\right)\left(1 + \frac{1}{m_4^2}\right)$$

des quatre quantités formées en ajoutant l'unité aux racines de l'équation en y. Pour cela, posons

$$z = 1 + y, \quad \text{d'où} \quad y = z - 1,$$

ce qui donnera une équation en z, dont le terme indépendant sera le produit cherché. On trouvera, pour valeur de ce produit,

$$\frac{1}{e^2}\left(a^2 + b^2 - 2ac - 2ae + 2bd - c^2 + d^2 - 2ce + e^2\right)$$

$$= \frac{(b-d)^2 + (a-c+e)^2}{e^2} = \left(1 + \frac{1}{m_1^2}\right)\left(1 + \frac{1}{m_2^2}\right)\left(1 + \frac{1}{m_3^2}\right)\left(1 + \frac{1}{m_4^2}\right).$$

Cette expression montre que le produit en question est constant, si e est constant ainsi que les différences $a - c$, $b - d$.

443. *Application du lemme précédent.* — Soit $y^2 = 2\,px$ l'équation d'une parabole inscrite à un quadrilatère dont les côtés ont, par conséquent, des équations de la forme

$$y = m_1 x + \frac{p}{2\,m_1}\,, \quad y = m_2 x + \frac{p}{2\,m_2}\,, \quad y = m_3 x + \frac{p}{2\,m_3}\,,$$

$$y = m_4 x + \frac{p}{2\,m_4}\cdot$$

Soient a et α les foyers d'une conique que nous allons bientôt assujettir à être tangente au même quadrilatère que la parabole. Du foyer a menons à la parabole des tangentes dont les coefficients angulaires seront μ_2 et μ_1; comme les équations de ces tangentes sont

$$y = \mu_1 x + \frac{p}{2\,\mu_1}\,, \quad y = \mu_2 x + \frac{p}{2\,\mu_2}\,,$$

les coordonnées du point a, obtenues par l'élimination entre ces deux équations, seront

$$x = \frac{p}{2\,\mu_1 \mu_2}\,, \quad y = \frac{p\,(\mu_1 + \mu_2)}{2\,\mu_1 \mu_2}\cdot$$

De même, soient μ_3, μ_4 les coefficients angulaires des tangentes menées du second foyer α à la parabole, les coordonnées de α sont

$$x' = \frac{p}{2\,\mu_3 \mu_4}\,, \quad y' = \frac{p\,(\mu_3 + \mu_4)}{2\,\mu_3 \mu_4}\cdot$$

Maintenant, pour établir que cette conique est tangente au côté du quadrilatère représenté par

$$y = m_1 x + \frac{p}{2\,m_1}\,,$$

il faut écrire, d'après une propriété connue des coniques, que le produit des distances de ses foyers à ce côté est une constante B^2, c'est-à-dire une quantité indépendante de la position et de la direction de ce côté.

On aura donc

$$\left(y - m_1 x - \frac{p}{2m_1}\right)\left(y' - m_1 x' - \frac{p}{2m_1}\right) = B^2(1 + m_1^2);$$

ou bien, d'après les valeurs des coordonnées,

$$\frac{p^2}{4}\left(\frac{\mu_1 + \mu_2}{\mu_1\mu_2} - \frac{m_1}{\mu_1\mu_2} - \frac{1}{m_1}\right)\left(\frac{\mu_3 + \mu_4}{\mu_3\mu_4} - \frac{m_1}{\mu_3\mu_4} - \frac{1}{m_1}\right) = B^2(1 + m_1^2).$$

Posons, pour abréger,

$$K = \frac{4\,B^2}{p^2},$$

il reste

$$[(\mu_1 + \mu_2)m_1 - m_1^2 - \mu_1\mu_2]\,[(\mu_3 + \mu_4)m_1 - m_1^2 - \mu_3\mu_4]$$
$$= K\,\mu_1\mu_2\mu_3\mu_4\,(1 + m_1^2)\,m_1^2.$$

Soit S_1 la somme des quantités μ_1, μ_2, μ_3, μ_4; S_2 la somme de leurs produits deux à deux; S_3 celle de leurs produits trois à trois, et enfin S_4 leur produit, cette équation revient à

$$(\Sigma)\quad (1 - KS_4)\,m_1^4 - S_1 m_1^3 + m_1^2(S_2 - KS_4) - S_3 m_1 + S_4 = 0.$$

On aurait trois autres équations semblables en m_2, m_3, m_4 pour indiquer que la conique est aussi tangente aux autres côtés du quadrilatère. Donc, si l'on regarde les directions de ces côtés comme les inconnues de la question, on voit que m_1, m_2, m_3, m_4 sont les racines de l'équation (Σ).

Observons ensuite que cette équation (Σ) tombe dans le cas du lemme (442). En effet,

$$a = 1 - KS_4,\quad h = S_1,\quad c = S_2 - KS_4,\quad d = S_3,\quad e = S_4;$$

alors la quantité

$$\left(1 + \frac{1}{m_1^2}\right)\left(1 + \frac{1}{m_2^2}\right)\left(1 + \frac{1}{m_3^2}\right)\left(1 + \frac{1}{m_4^2}\right) = \frac{(S_1 - S_3)^2 + (1 - S_2 + S_4)^2}{S_4^2}$$

est constante, en ce sens qu'elle ne dépend pas de K, c'est-à-dire de la valeur B^2 qui caractérise la conique dont a et α sont les foyers.

Si l'on indique par M_1 la somme des carrés μ_1^2, μ_2^2, μ_3^2, μ_4^2; par M_2 la somme de leurs produits deux à deux, par M_3 celle de leurs produits trois à trois, et par M_4 leur produit, on vérifiera facilement les relations suivantes :

$$M_1 = S_1^2 - 2S_2, \quad M_2 = S_2^2 - 2S_1S_3 + 2S_4, \quad M_3 = S_3^2 - 2S_2S_4, \quad M_4 = S_4^2.$$

D'après cela on a

$$\frac{(S_1 - S_3)^2 + (1 - S_2 + S_4)^2}{S_4^2} = \frac{1 + M_1 + M_2 + M_3 + M_4}{M_4};$$

mais aussi on a l'identité

$$\left(1 + \mu_1^2\right)\left(1 + \mu_2^2\right)\left(1 + \mu_3^2\right)\left(1 + \mu_4^2\right) = 1 + M_1 + M_2 + M_3 + M_4,$$

d'où

$$\frac{1 + M_1 + M_2 + M_3 + M_4}{M_4} = \left(1 + \frac{1}{\mu_1^2}\right)\left(1 + \frac{1}{\mu_2^2}\right)\left(1 + \frac{1}{\mu_3^2}\right)\left(1 + \frac{1}{\mu_4^2}\right),$$

et enfin

$$\left(1 + \frac{1}{m_1^2}\right)\left(1 + \frac{1}{m_2^2}\right)\left(1 + \frac{1}{m_3^2}\right)\left(1 + \frac{1}{m_4^2}\right)$$
$$= \left(1 + \frac{1}{\mu_1^2}\right)\left(1 + \frac{1}{\mu_2^2}\right)\left(1 + \frac{1}{\mu_3^2}\right)\left(1 + \frac{1}{\mu_4^2}\right),$$

relation qui existe entre les inclinaisons des côtés d'un quadrilatère circonscrit à une parabole, et celles des tangentes menées à cette parabole par les foyers d'une conique également inscrite à ce quadrilatère.

444. Lemme géométrique. — Il résulte de là que, *si une conique est inscrite dans un même quadrilatère avec une parabole, le produit des distances de ses foyers à celui de la parabole est constant,* c'est-à-dire indépendant des éléments de la conique.

En effet, nous avons vu que les coordonnées d'un foyer a de la conique étaient

$$x = \frac{p}{2\mu_1\mu_2}, \quad y = \frac{p(\mu_1 + \mu_2)}{2\mu_1\mu_2}.$$

Celles du foyer de la parabole étant

$$y = 0 \quad \text{et} \quad x = \frac{p}{2},$$

le carré de la distance de ces deux points sera

$$\frac{p^2}{4}\left[\left(\frac{1}{\mu_1\mu_2}-1\right)^2+\frac{(\mu_1+\mu_2)^2}{\mu_1^2\mu_2^2}\right]$$

$$=\frac{p^2}{4\mu_1^2\mu_2^2}\left[1-2\mu_1\mu_2+\mu_1^2\mu_2^2+(\mu_1+\mu_2)^2\right]$$

$$=\frac{p^2}{4\mu_1^2\mu_2^2}\left(1+\mu_1^2+\mu_2^2+\mu_1^2\mu_2^2\right),$$

et ce carré est encore égal à

$$\frac{p^2}{4\mu_1^2\mu_2^2}\left(1+\mu_1^2\right)\left(1+\mu_2^2\right)=\frac{p^2}{4}\left(1+\frac{1}{\mu_1^2}\right)\left(1+\frac{1}{\mu_2^2}\right).$$

Le carré analogue pour l'autre foyer α sera de même

$$\frac{p^2}{4}\left(1+\frac{1}{\mu_3^2}\right)\left(1+\frac{1}{\mu_4^2}\right),$$

ce qui montre, d'après la fin du numéro précédent, que le produit de ces carrés a pour valeur

$$\frac{p^4}{16}\left(1+\frac{1}{m_1^2}\right)\left(1-\frac{1}{m_2^2}\right)\left(1+\frac{1}{m_3^2}\right)\left(1+\frac{1}{m_4^2}\right):$$

ainsi se trouve démontré le lemme actuel.

445. *Conséquences de ce lemme.* — Soit ABCD le quadrilatère circonscrit à la parabole et à la conique; on peut considérer une diagonale AC comme une ellipse infiniment mince, dont les extrémités A et C seront les foyers : alors, le produit $\mathrm{F}a.\mathrm{F}\alpha$ étant constant, quelle que soit la conique, on aura

$$\mathrm{F}a.\mathrm{F}\alpha=\mathrm{FA}.\mathrm{FC};$$

comme on peut en dire autant pour l'autre diagonale BD, on a la relation double

$$\mathrm{F}a.\mathrm{F}\alpha=\mathrm{FA}.\mathrm{FC}=\mathrm{FB}.\mathrm{FD}.$$

On sait que quatre tangentes suffisent pour déterminer une parabole; ainsi l'égalité $\mathrm{FA}.\mathrm{FC}=\mathrm{FB}.\mathrm{FD}$ exprime la relation qui existe entre les quatre sommets d'un quadrilatère et le foyer de la parabole inscrite. Cela posé, l'égalité double montre que a et α forment avec A et C un second quadrilatère, avec B et D un troisième, dans chacun desquels sera inscrite une parabole ayant F pour sommet; seulement ces trois paraboles différeront entre elles.

D'après cela, considérons une seconde conique, inscrite dans le même quadrilatère ABCD, et ayant pour sommets b et β : on aura encore

$$F b . F \beta = FA . FC,$$

et, par suite,

$$F b . F \beta = F a . F \alpha,$$

ce qui prouve, comme nous venons de le voir, que a et α, b et β sont aussi les sommets d'un quadrilatère circonscrit à une parabole de foyer F. Enfin, considérons une troisième conique, également inscrite dans ce quadrilatère ABCD et ayant c et γ pour foyers; on aura encore

$$F c . F \gamma = FA . FC,$$

ce qui donne la relation double, analogue à la première,

$$F c . F \gamma = F a . F \alpha = F b . F \beta.$$

Il en résulte donc aussi que les points c et γ jouent avec a et α, b et β le même rôle que a et α avec A et C, B et D, c'est-à-dire que cette troisième conique est inscrite dans le quadrilatère $ab\alpha\beta$.

446. *Démonstration du théorème général.*—Par conséquent, d'après ce qu'on a vu n° 434, le rapport des produits relatifs aux sommets opposés a et α, b et β étant le même pour le foyer c et pour le foyer γ, on aura

$$\frac{ca . c\alpha}{cb . c\beta} = \frac{\gamma a . \gamma \alpha}{\gamma b . \gamma \beta} ;$$

c'est le théorème de Steiner.

On voit que les paraboles n'ont servi que de courbes auxiliaires.

447. *Conséquences de ce théorème.* — L'énoncé suivant est une conséquence évidente de la démonstration précédente.

Si trois coniques sont inscrites dans un même quadrilatère, chacune d'elles sera aussi inscrite dans le quadrilatère qui a pour sommets les foyers des deux autres.

Il est clair que cela s'étend à tant de coniques que l'on voudra, inscrites dans un même quadrilatère.

Comme cas particulier, nous remarquerons encore que si une conique ayant a et α pour foyers est inscrite dans un quadrilatère ABCD, on a la relation

$$\frac{\mathrm{A}a.\mathrm{A}\alpha}{\mathrm{AB}.\mathrm{AD}} = \frac{\mathrm{C}a.\mathrm{C}\alpha}{\mathrm{CB}.\mathrm{CD}}.$$

Cela tient à ce que les extrémités A et C, B et D des diagonales peuvent être considérées comme les foyers de deux ellipses infiniment minces, mais inscrites au même quadrilatère.

448. Ainsi, soient E et G les points où concourent les côtés opposés BC, AD et BA, CD : nous aurons, de même qu'au n° 445, F étant le foyer d'une parabole inscrite à un même quadrilatère,

$$\mathrm{F}a.\mathrm{F}\alpha = \mathrm{F}b.\mathrm{F}\beta = \mathrm{F}c.\mathrm{F}\gamma = \mathrm{FA}.\mathrm{FC} = \mathrm{FB}.\mathrm{FD} = \mathrm{FE}.\mathrm{FG}.$$

449. *Applications à la parabole.* — 1° Si la conique (c, γ) devient une parabole dont le foyer γ est à l'infini, la relation devient $ca.c\alpha = cb.c\beta$, ce qui fait retrouver le lemme du n° 444.

2° Si l'on fait passer à l'infini un foyer qui ne figure que deux fois dans la formule, tel que β, on a la relation

$$\frac{ca.c\alpha}{\gamma a.\gamma \alpha} = \frac{cb}{\gamma b}$$

entre deux coniques (a, α), (c, γ) et une parabole (b).

3° La comparaison des n°ˢ 444 et 445 donne

$$\mathrm{F}a.\mathrm{F}\alpha = \frac{p^2}{4}\sqrt{\left(1+\frac{1}{m_1^2}\right)\left(1+\frac{1}{m_2^2}\right)\left(1+\frac{1}{m_3^2}\right)\left(1+\frac{1}{m_4^2}\right)} = \mathrm{FA}.\mathrm{FC}.$$

Mais il sera facile de constater que le carré de la distance du foyer F de la parabole au point de contact de la tangente représentée par

$$y = m_1 x + \frac{p}{2m_1},$$

sera

$$\frac{p^2}{m_1^2} + \frac{p^2}{4}\left(1-\frac{1}{m_1^2}\right)^2 = \frac{p^2}{4}\left(1+\frac{1}{m_1^2}\right)^2.$$

De là on conclut le théorème suivant :

Un quadrilatère étant circonscrit à une parabole, le produit des distances du foyer à deux sommets opposés est égal à la racine carrée du produit des distances de ce foyer aux quatre points de contact.

4° On en conclut encore l'énoncé que voici :

Si l'on considère deux points fixes A et C, ainsi que des paraboles de même foyer F, et que l'on mène par les points donnés quatre tangentes à une parabole, le produit des distances de F aux points de contact est constant. En effet, il ne dépend que de FA.FC.

5° Soient donc N_1, N_2, N_3, N_4 les points de contact d'une parabole de foyer F et inscrite dans un quadrilatère ABCD, on peut écrire ce qui précède de la manière suivante :

$$\sqrt{FN_1.FN_2.FN_3.FN_4} = FA.FC = FB.FD = FE.FG.$$

Ici E et G sont les points de concours des côtés opposés BC, AD et BA, CD du quadrilatère : on conçoit que ces points puissent être considérés encore comme les foyers d'une ellipse infiniment mince et toujours tangente au quadrilatère ABCD.

450. *Application au quadrilatère complet.* — D'après cette même considération, les diagonales $a\alpha$, $b\beta$ et $c\gamma$ d'un quadrilatère complet jouant le rôle de coniques, on y appliquera toujours la formule

$$\frac{ca.c\alpha}{cb.c\beta} = \frac{\gamma a.\gamma\alpha}{\gamma b.\gamma\beta}$$

avec ses modifications.

IV. — THÉORÈME DE STEINER APPLIQUÉ AU TRIANGLE CIRCONSCRIT.

451. Si deux tangentes se confondent en une seule, les trois coniques de foyers a et α, b et β, c et γ inscrites dans un même triangle donneront toujours la relation

$$\frac{ca.c\alpha}{cb.c\beta} = \frac{\gamma a.\gamma\alpha}{\gamma b.\gamma\beta} :$$

en effet, il n'y a ici aucune raison de modifier le théorème de Steiner.

452. La formule

$$\frac{Aa \cdot A\alpha}{AB \cdot AD} = \frac{Ca \cdot C\alpha}{CB \cdot CD},$$

démontrée à la fin du n° 447, sur les foyers a et α d'une conique inscrite à un quadrilatère ABCD, sera encore vraie si les deux tangentes AD, CD se réunissent en une seule AC, ayant D pour point de contact.

453. Trois coniques (a, α), (b, β), (c, γ) étant inscrites dans un triangle ABC, soit encore F le foyer d'une parabole inscrite dans ce triangle; on aura toujours, comme au n° 448, la relation

$$Fa \cdot F\alpha = Fb \cdot F\beta = Fc \cdot F\gamma = FA \cdot FC = FB \cdot FD.$$

En effet, les tangentes AD, CD étant confondues dans le quadrilatère ABCD, le point E se réunit avec C, et G avec A : ainsi FE.FG devient identique avec FA.FC.

454. *Applications à la parabole.* — 1° En général, N_1, N_2, N_3, N_4 étant les points de contact d'une conique avec les côtés AB, BC, CD, DA d'un quadrilatère, si les tangentes AD et CD se réunissent dans une seule droite AC, le point D sera le contact du côté AC dans le triangle circonscrit ABC : ainsi D remplace N_3 et N_4.

Alors la formule déjà connue (449, 5°) devient

$$FA \cdot FC = FB \cdot FD = FD \sqrt{FN_1 \cdot FN_2}.$$

Tandis que D est le point de contact de AC, les points N_1, N_2 sont ceux où AB, CB touchent la parabole.

2° On en conclut

$$\overline{FB}^2 = FN_1 \cdot FN_2,$$

ce qui s'énonce ainsi :

La distance du foyer d'une parabole à un point extérieur est moyenne proportionnelle entre les distances de ce foyer aux points de contact des tangentes menées du point donné.

3° Outre l'équation

$$FA \cdot FC = FB \cdot FD,$$

écrite ci-dessus, on a, par symétrie,

$$FA \cdot FB = FC \cdot FN_1, \quad \text{et} \quad FC \cdot FB = FA \cdot FN_2.$$

Multipliant ces trois équations, il reste

$$FA.FB.FC = FD.FN_1.FN_2,$$

c'est-à-dire que *le produit des distances du foyer d'une parabole aux sommets d'un triangle circonscrit est égal au produit des distances de ce même foyer aux trois points de contact.*

4° Divisant

$$FA.FB = FC.FN_1 \quad \text{par} \quad FC.FB = FA.FN_2,$$

on a

$$\frac{FA}{FC} = \frac{FC}{FA} \cdot \frac{FN_1}{FN_2}, \quad \text{d'où} \quad \overline{FC}^2.FN_1 = \overline{FA}^2.FN_2,$$

ce qui s'énonce de la manière suivante :

Le carré de la distance du foyer d'une parabole à un sommet d'un triangle circonscrit, multiplié par la distance de ce foyer au point de contact du côté opposé à ce sommet, est égal aux deux autres produits analogues.

En effet, la symétrie donnera

$$\overline{FC}^2.FN_1 = \overline{FA}^2.FN_2 = \overline{FB}^2.FD.$$

CHAPITRE XVIII.

CONSTRUCTION DES CONIQUES.

I. — Faire passer une conique par cinq points donnés.

455 *Première solution.*—Soient a, b, c; d, e les cinq points donnés : nous observerons que ac, ad, ae, et bc, bd, be forment deux systèmes de trois droites dans deux faisceaux homographiques (112). On pourra donc trouver (111) le point Ω où se coupent les droites $a\Omega$, $b\Omega$, respectivement homologues de ab dans chaque système : dès lors, étant prise une droite quelconque af du premier système, on trouvera son homologue bf; ce qui donnera un sixième point f.

Si le point f se confond avec b, la droite bf sera évidemment tangente en b; c'est ce que l'on obtiendra en prenant ab au lieu de af.

456. *Seconde solution.* — Considérons le quadrilatère $abcd$ inscrit dans la conique cherchée. Par le cinquième point e on mène une sécante quelconque ef qui déterminera une involution sur le quadrilatère et sur la conique (170). Il suffira donc de chercher le point f conjugué de e dans cette involution (160): ce point f sera sur la conique.

Si l'on veut chercher la tangente en b, on regardera $acbt$ comme un quadrilatère inscrit dans lequel deux sommets b et t sont infiniment voisins, et la droite ed comme la transversale de ce quadrilatère. Cette transversale détermine six points en involution conjugués deux à deux, savoir : sur la courbe, e et d; sur les côtés opposés ab et ct ou plutôt cb du quadrilatère, les points γ et α; sur les autres côtés opposés ac et bt (c'est-à-dire la tangente), les points β et x. Ce dernier étant le seul inconnu, on le détermine comme ci-dessus, et bx est la tangente.

457. *Troisième solution, par le théorème de Pascal.* — Par le point e on mène une droite quelconque ef, et l'on forme

ainsi un hexagone circonscrit *abcdef* dont le sixième sommet *f* est inconnu. Soit α le point de rencontre de *ab* et de *de*, β celui de *bc* et de *ef*, et joignons $\alpha\beta$ qui coupe *cd* en γ : on sait (386) que *af* passe aussi en γ, ce qui donne ce côté *af*, et par suite *f*. En général, cette solution est la plus simple. Nous avons vu aussi (389) comment on peut mener une tangente à un point quelconque.

458. *Quatrième solution par les polaires.* — Soit *m* le point de concours de *ae* et de *dc*, *n* celui de *de* et de *ca*, enfin *p* celui de *ad* et de *ce* : il s'agit de trouver le point *f* où *mb* coupe la courbe. Pour cela, joignons *db* qui coupe au point *q* la droite *np*, polaire de *m* (61), et joignons enfin *cq* qui coupe *mb* en *f*.

459. On aurait encore d'autres solutions au moyen du théorème de Newton sur les segments (410), ou de celui de Carnot (422), mais ces méthodes exigeraient des calculs. Cependant le n° 410 sera appliqué utilement dans le n° 469.

II. — Construire une conique, connaissant cinq tangentes.

460. *Première solution.* — Soient A, B, C, D, E les cinq tangentes : considérons spécialement les deux tangentes A et B qui se coupent en S et qui sont coupées aux points γ', δ', ε', φ' et γ, δ, ε, φ par les trois autres tangentes C, D, E et par une nouvelle F qui est inconnue; prenons arbitrairement sur B un point φ de F, il faut trouver l'intersection φ' de F et de A.

Nous savons (115) que les quatre tangentes C, D, E, F sont coupées homographiquement par deux tangentes quelconques A et B, c'est-à-dire que ces tangentes A et B sont divisées homographiquement aux points γ', δ', ε', φ' et γ, δ, ε, φ. Donc, connaissant tous ces points, excepté φ', on trouvera ce dernier (104).

On peut encore déterminer le *point de contact* d'une des tangentes, telle que A. Observons que si le point φ, qui est sur B, se rapproche de S, le point φ' se rapprochera du point *a* où A touche la conique; alors, en effet, les tangentes A et F tendant à se confondre, la limite de leur point d'intersection est un point de contact. Donc ce point *a* sera sur A le point homologue de S, considéré comme appartenant à B. De même, le contact *b* sera sur B l'homologue de S, considéré comme appartenant à A.

461. *Deuxième solution* (*fig.* 129). — Soit ABCD un quadrilatère formé par quatre des tangentes données; sur la cinquième OH prenons un point O, nous trouverons (436) une sixième tangente O *h*, en construisant (160) un sixième rayon d'involution.

Si les tangentes DA, DC arrivent à coïncider, le point D deviendra le contact du côté AC dans le triangle circonscrit ABC. Alors nous pouvons considérer comme données les cinq tangentes BA, BC, AC, OH, O *h* qui forment toujours, avec le sommet O, un faisceau d'involution dans lequel OB sera toujours conjugué avec OD que l'on déterminera ainsi (160), ce qui donnera le contact D de AC.

462. *Troisième solution.* — La méthode la plus simple consiste à faire usage du théorème de Brianchon (394).

Connaissant cinq tangentes (*fig.* 114), FA, AB, BC, CD, DE, on demande une sixième tangente FE. Pour cela, joignons AD; prenons sur DE un point quelconque E, joignons BE qui coupe AD en S; enfin joignons CS qui coupe AF en F : la tangente cherchée est EF.

On peut encore, étant données (*fig.* 115) cinq tangentes AB, BC, CD, DE, EA, trouver le point de contact de l'une d'elles EA. Pour cela, joignons AD et BE qui se coupent en S; enfin joignons CS qui coupe AE en F (395).

III. — CONSTRUIRE UNE CONIQUE, CONNAISSANT QUATRE POINTS ET UNE TANGENTE.

463. Soient *a*, *b*, *c*, *d* les points donnés, et *e* le point de contact inconnu de la tangente donnée. On pourra appliquer le théorème de Desargues (170) à cette tangente considérée comme transversale : soient donc α et α', β et β' les points où elle rencontre les côtés opposés du quadrilatère *abcd*, ces points formeront une involution dont *e* sera le point double. On obtiendra ainsi pour ce point deux positions (159) pour chacune desquelles le problème est ramené à celui des cinq points, ce qui donne deux coniques.

IV. — CONSTRUIRE UNE CONIQUE, CONNAISSANT QUATRE TANGENTES ET UN POINT.

464. Joignons le point aux sommets du quadrilatère formé par les tangentes : il en résulte quatre rayons d'un faisceau d'involution dont la tangente au point donné sera un rayon double (437) que l'on construira en marquant le point double sur une transversale quelconque à ce faisceau. On a encore deux solutions.

V. — CONSTRUIRE UNE CONIQUE, CONNAISSANT TROIS POINTS ET DEUX TANGENTES.

465. Soient a, b, c les points donnés, et Ot, Ot' les tangentes données dont il faut déterminer les points de contact d, e. La droite de, dans laquelle chacun des points d, e représente deux points infiniment voisins, remplace les côtés opposés d'un quadrilatère inscrit dont les tangentes sont les autres côtés. Considérons donc la droite bc, transversale à ce quadrilatère, et qui coupe les tangentes aux points t et t' : le point ε où elle coupe la corde de contact de sera un point double de l'involution dans laquelle les autres points conjugués deux à deux seront b et c, t et t', d'après le théorème de Desargues (170).

Ainsi l'on aura (159) les points doubles ε et ε' de cette involution sur bc, et ab déterminera de même les points doubles φ et φ', ce qui donnera les quatre droites $\varepsilon\varphi$, $\varepsilon\varphi'$, $\varepsilon'\varphi$, $\varepsilon'.\varphi'$. Chacune de ces droites, telle que $\varepsilon\varphi$, correspondra à une solution, puisqu'elle détermine les points de contact d, e en coupant les tangentes.

466. On ne compte que quatre solutions ; cependant le côté ac du triangle abc donnera aussi deux points ψ et ψ', analogues aux précédents. Il semble donc que l'on doive obtenir huit autres solutions, dont quatre en combinant ε et ε' avec ψ et ψ', et quatre autres en combinant φ et φ' avec ψ et ψ' : en tout, il y aurait douze solutions.

Mais observons que chaque côté du triangle abc, tel que bc, est divisé harmoniquement par les points doubles ε et ε' qui se trouvent sur la direction (146). Or, nous avons vu, dans le n° 43 et dans ceux qui précèdent, que des points E et O,

E′ et O′, E″ et O″ (*fig.* 17), qui divisent harmoniquement les côtés d'un triangle ABC, sont trois à trois sur quatre droites EO″O′, E′OO″, E″OO′, et enfin EE″E′. Ici de même, trois points tels que ε, φ, ψ sont en ligne droite: il n'y a donc que quatre droites, c'est-à-dire quatre solutions.

VI. — Construire une conique, connaissant trois tangentes et deux points.

467. Soient AB, BC, CA les tangentes données, et α, β les points donnés : les tangentes en ces points se coupent en un point M qu'il faut déterminer.

On a vu (439) que BM formait un rayon double d'involution avec BA et BC, Bα et Bβ; donc BM peut être déterminé. On trouvera de même CM, dont l'intersection avec BM donnera le point M, qu'il suffira de joindre avec α et β pour avoir les deux nouvelles tangentes. Seulement, comme chacun des points B et C envoie deux rayons doubles, on a en tout quatre points tels que M, ce qui donne quatre solutions.

468. Cependant le point A donnant aussi deux rayons doubles, il semble, comme dans le problème précédent, que l'on doive avoir douze solutions; en réalité, il n'y en a encore que quatre.

En effet, la figure du problème qui nous occupe et celle du précédent sont corrélatives, et un point tel que M sera le pôle corrélatif d'une droite telle que $\varepsilon\varphi\psi$: donc, comme il n'y a que quatre droites d'un côté, il n'y a aussi que quatre points de l'autre.

VII. — Résumé.

469. Les problèmes précédents se réduisent donc toujours à celui-ci, dont les données sont plus que suffisantes.

Construire une conique, connaissant cinq tangentes et leurs points de contact. — Soit R le point où concourent les tangentes en A et B, et M le milieu de AB, on sait que le centre O sera sur MR : de même, les points B et C avec leurs tangentes donneront une seconde droite où sera le centre, ce qui déterminera ce point O.

Soit H le point où MR coupe la courbe entre M et R, et posons $OH = a$; on sait que $\overline{OH}^2 = OM.OR$, ce qui donne un demi-diamètre transverse $a' = \sqrt{OM.OR}$, et nous prendrons dans le sens opposé $OH' = OH$.

L'autre diamètre, dont la moitié est b', sera parallèle à AM; donc le théorème des segments parallèles (410) partant des points O et M donnera

$$\frac{b'^2}{a'^2} = \frac{-\overline{AM}^2}{MA.MH'},$$

ce qui donne b'; en effet,

$$MB.MA = -\overline{AM}^2.$$

Ainsi b' sera réel, si H et H' sont de côtés opposés de M, comme pour l'ellipse, et imaginaire dans le cas de l'hyperbole, où le contraire a lieu.

On peut observer que MR ne rencontre pas la courbe, si A et B sont sur deux branches d'une hyperbole. Mais sur trois points d'une hyperbole, il y en a deux sur la même branche.

Connaissant a' et b' en grandeur et en direction, il ne reste plus qu'à trouver les axes rectangulaires a et b, par un problème connu.

470. La plupart des solutions précédentes sont tirées d'un Mémoire de M. de Jonquières. Nous avons remarqué qu'elles étaient corrélatives deux à deux, mais cette corrélation n'existerait plus pour la parabole dont la courbe corrélative n'est pas nécessairement une parabole.

Plusieurs des problèmes relatifs à cette courbe peuvent se résoudre en observant qu'elle a une tangente à l'infini : mais nous allons établir quelques théorèmes qui faciliteront la solution de plusieurs questions.

VIII. — Théorèmes sur la parabole.

1° *Théorèmes sur le triangle circonscrit.*

471. *Le foyer d'une parabole se trouve sur une circonférence circonscrite à un triangle dont les côtés sont tangents à cette parabole (fig.* 130).

Soit F le foyer, ABC le triangle dont il s'agit. On sait que les pieds T, T', T" des perpendiculaires abaissées du foyer sur ces tangentes sont sur la perpendiculaire menée du sommet O à l'axe focal. Ainsi la circonférence de diamètre FA passe par T' et T" : on a donc, comme angles inscrits dans le même segment,

$$T''T'F = T''AF = \alpha.$$

De même, la circonférence décrite sur CF comme diamètre passera en T' et en T; ainsi l'angle $TCF = TT'F$: mais, comme ce dernier angle est identique avec $T''T'F$, on a

$$TCF = T''AF = \alpha.$$

Par conséquent, si l'on décrit sur BF comme diamètre un segment capable de l'angle α, cette circonférence passera aussi en C et en A.

472. Soient CM, CM' deux tangentes à une parabole de foyer F; on a

$$\frac{\overline{CM}^2}{\overline{CM'}^2} = \frac{FM}{FM'}.$$

Pour le démontrer, observons d'abord que les triangles CMF, CM'F sont semblables. En effet, on sait que, *dans une conique quelconque, la droite qui joint un foyer au point de concours de deux tangentes est bissectrice de l'angle formé par les rayons vecteurs des points de contact :* ainsi $CFM = CFM'$.

De plus, $MCF = CM'F$: pour le voir, imaginons la circonférence décrite sur CF comme diamètre, et passant en T et T', on y observe l'égalité des angles inscrits $TT'F$ et MCF. Mais $TT'F$ est le complément de $T'FO$; de même $CM'F = T'M'F$ est le complément de $T'FM'$. Or, ces angles complémentaires $T'FO$ et $T'FM'$ sont égaux comme formés par la perpendiculaire FT' à la tangente avec l'axe focal d'un côté et le rayon vecteur de l'autre. Donc aussi $MCF = CM'F$.

Cela posé, les surfaces de ces triangles sont entre elles comme les produits des côtés qui comprennent l'angle $CFM = CF'M$, et comme CF est commun, il reste

$$\frac{CMF}{CM'F} = \frac{FM}{FM'}.$$

Mais aussi, comme ces triangles sont semblables, nous aurons, en observant que les côtés CM, CM′ sont homologues comme opposés aux angles égaux en **F**, la relation

$$\frac{CMF}{CM'F} = \frac{\overline{CM}^2}{\overline{CM'}^2},$$

d'où l'on tire en effet

$$\frac{\overline{CM}^2}{\overline{CM'}^2} = \frac{FM}{FM'}.$$

La similitude de ces triangles conduit encore à la formule

$$\overline{CF}^2 = FM.FM',$$

et ramène ainsi à un théorème déjà connu (454, 2°).

Mais soit **M″** le point de contact du troisième côté AB : on aura, outre la relation déjà obtenue $\dfrac{\overline{CM}^2}{\overline{CM'}^2} = \dfrac{FM}{FM'}$, les deux autres relations

$$\frac{\overline{AM'}^2}{\overline{AM''}^2} = \frac{FM'}{FM''}, \qquad \frac{\overline{BM''}^2}{\overline{BM}^2} = \frac{FM''}{FM}.$$

Multiplions ces trois relations où le produit des seconds membres se réduit à l'unité, et extrayant la racine carrée, il reste

$$CM.AM'.BM'' = CM'.AM''.BM.$$

On voit que la relation connue (2) d'un triangle coupé par une transversale est un cas particulier de celle-ci, dans laquelle on imaginerait la parabole réduite à deux parallèles infiniment voisines.

473. Soient encore **M, M′, M″** les points de contact d'une parabole avec trois droites BC, CA, AB : on a

$$\frac{MB}{BC} = \frac{CA}{AM'} = \frac{BM''}{M''A} \ (\textit{fig. } 131).$$

En effet, soit N le milieu de MM'; on sait que CN est un diamètre de la parabole. Nous prendrons pour axe des abscisses cette droite CN qui coupe la courbe à l'origine O, et l'axe des ordonnées sera la tangente en O, laquelle sera, comme on le sait, parallèle à MM'.

En indiquant par x', y' les coordonnées du point M', celles du point M seront x' et $-y'$; le point M" sera représenté par x'', y''.

Soit AI parallèle à l'axe; on sait que ce diamètre passe au milieu I de M'M", de sorte que

$$II' = y_1 = \frac{1}{2}(y' + y'').$$

Or nous avons

$$\frac{M'A}{AC} = \frac{y' - y_1}{y_1} = \frac{y' - y''}{y' + y''} :$$

l'autre extrémité B du côté opposé à C donnera symétriquement

$$\frac{MB}{BC} = \frac{-y' - y''}{-y' + y''},$$

puisque l'on passe de M' à M, ou de A à B, en changeant le signe de y'; par conséquent,

$$\frac{MB}{BC} = \frac{AC}{M'A}.$$

Pour concevoir de même des triangles semblables où figurent M"A et M"B, menons le diamètre BP qui rencontre en P l'ordonnée de M", et en R celle de M; nous savons que M"P = MR, sauf le signe. Nous aurons donc

$$\frac{BM''}{M''A} = \frac{\frac{1}{2}(y' + y'')}{y_1 - y''},$$

car

$$M''P = y'' + N'P, \quad MR = y' - RN; \quad \text{d'où} \quad 2MR = y' + y'',$$

puisque N'P et RN sont égaux : on obtient donc

$$\frac{BM''}{M''A} = \frac{y' + y''}{y' - y''};$$

ce qui démontre le théorème.

On voit qu'il existe deux autres couples d'équations. Ce théorème est dû à Apollonius.

On peut en conclure celui que nous avons démontré à la fin du numéro précédent. En effet, les trois égalités doubles étant

$$\frac{MB}{BC} = \frac{CA}{AM'} = \frac{BM''}{M''A}, \quad \frac{MC}{CB} = \frac{BA}{AM''} = \frac{CM'}{M'A},$$

$$\frac{M'C}{CA} = \frac{AB}{BM''} = \frac{CM}{MB},$$

la première donne

$$BC = \frac{MB.M''A}{BM''},$$

et la seconde

$$CB = \frac{MC.M'A}{CM'},$$

d'où résulte encore

$$BM.CM'.AM'' = BM''.AM'.CM.$$

474. *Conséquences de l'hexagone de Brianchon.*—La parabole est la seule conique pour laquelle une tangente puisse être tout entière à l'infini : en effet, tous les points de l'ellipse sont à une distance finie, et les tangentes à l'infini de l'hyperbole sont les asymptotes.

Ainsi, dans l'hexagone circonscrit (*fig.* 114) imaginons que la tangente EF passe à l'infini, et voyons ce que devient le triangle variable SBC dont nous avons parlé à la fin du n° 394. Dans le cas général, BS passe toujours en E; mais ici ce point E étant à l'infini, BS sera parallèle à DE; de même, CS sera parallèle à AF : voici donc ce qui en résulte.

Si, dans un triangle variable SBC, les sommets sont assujettis à glisser sur trois droites fixes AD, BA, CD, et que deux de ses côtés BS et CS restent respectivement parallèles à deux droites fixes DE et AF, le troisième côté BC sera constamment tangent à une parabole qui sera aussi tangente aux droites BA, CD, DE et AF.

Cela posé, imaginons que les directions AB et AF se confondent (*fig.* 132) : le point A deviendra un point de contact.

De même, si CD et DE se confondent, le point D devient un point de contact. Par conséquent, les droites BS, CS deviennent ici respectivement parallèles à CD et à BA : mais comme elles se coupent toujours, ainsi que dans la *fig.* 114, sur la droite AD, qui devient maintenant une corde de contact, on aura le théorème suivant, dans lequel le point O est celui où concourent les tangentes AB, DC (*fig.* 132).

Si par deux sommets d'un triangle circonscrit à une parabole on mène des parallèles aux côtés opposés, elles se coupent en un point situé sur la corde de contact de ces autres côtés. Ici le triangle est OBC ; on mène BS parallèle à OG, CS parallèle à OB, et S est sur la corde AD.

475. Soit N le point où BC coupe AD. Puisque BA est parallèle à CS, on a

$$\frac{NB}{NC} = \frac{NA}{NS} ;$$

mais puisque BS est parallèle à CD, on a aussi

$$\frac{NB}{NC} = \frac{NS}{ND}, \quad \text{d'où} \quad \frac{NA}{NS} = \frac{NS}{ND}, \quad \text{et} \quad \overline{NS}^2 = NA.ND.$$

Par suite de cette égalité, on verra bientôt (481) que *le point* S *est sur le diamètre qui passe au contact c de* BC.

2° *Théorèmes sur le triangle inscrit.*

476. *Soient* P *et* P' *deux points fixes sur une parabole,* OH *un diamètre quelconque, et* C *un troisième point variable sur la courbe, d'où l'on mène* CP *et* CP' *qui coupent* OH *en* A *et* A'; *enfin soit* O *le point où* OH *coupe la courbe: le rapport* $\dfrac{OA}{OA'}$ *est indépendant de la position du point* C *sur la parabole* (*fig.* 133).

Nous prendrons pour axe des abscisses le diamètre qui passe au milieu de PP', et pour axe des ordonnées la tangente correspondante : alors, l'équation de la parabole sera de la forme

$$y^2 = 2\,px.$$

Les coordonnées du point P′ seront x', y' ; celles du point P seront donc x', $-y'$: le point C sera représenté par x'', y''. L'équation du diamètre OH sera $y = \delta$; par conséquent, l'abscisse du point O où ce diamètre coupe la courbe sera

$$IO = \frac{\delta^2}{2\,p}\cdot$$

L'équation de la droite CP′ sera

$$y - y' = \frac{y' - y''}{x' - x''}\,(x - x').$$

Pour le point A′ où cette droite rencontre le diamètre,

$$x - x' = HA',$$

en indiquant par H le point où PP′ coupe le diamètre : alors

$$HA' = \frac{(\delta - y')(x' - x'')}{y' - y''} = \frac{(\delta - y')(y' + y'')}{2\,p},$$

en observant que

$$x' = \frac{y'^2}{2\,p}, \quad x'' = \frac{y''^2}{2\,p}\cdot$$

Mais

$$OA' = HA' - HO,$$

et

$$HO = IO - IH = \frac{\delta^2}{2p} - x' = \frac{\delta^2 - y'^2}{2p}\cdot$$

Par conséquent,

$$OA' = \frac{\delta - y'}{2p}\,[y' + y'' - (\delta + y')] = \frac{\delta - y'}{2p}\,(y'' - \delta):$$

pour avoir OA, il suffira de changer le signe de y', ce qui donnera

$$OA = \frac{\delta + y'}{2p}\,(y'' - \delta);$$

par suite,

$$\frac{OA}{OA'} = \frac{\delta + y'}{\delta - y'},$$

quantité indépendante de la position du point C.

477. *Soient* P, P', M, C *quatre points sur une parabole; joignons deux d'entre eux,* P *et* P', *ainsi que les deux autres* M *et* C, *les droites* PP', MC *se coupant en* H. *Par deux points* P *et* M, *pris sur chacune de ces droites, menons des diamètres jusqu'à la rencontre de l'autre droite : la ligne* NR *qui joindra ces points de rencontre sera parallèle à la ligne* P'C *qui réunit les autres points* (*fig.* 133).

Prenons pour axes les droites PP', MC et pour origine leur intersection H; l'équation de la parabole sera

$$\frac{y^2}{\beta\beta'} + bxy + \frac{x^2}{\alpha\alpha'} - y\left(\frac{1}{\beta} + \frac{1}{\beta'}\right) - x\left(\frac{1}{\alpha} + \frac{1}{\alpha'}\right) + 1 = 0,$$

en posant

$$HM = \alpha, \quad HC = \alpha', \quad HP = \beta, \quad HP' = \beta',$$

comme on a déjà fait au n° 383.

On sait que le coefficient angulaire du diamètre d'une parabole a pour valeur le coefficient de xy divisé par le double de celui de y^2, pris en signe contraire : ici, ce coefficient sera donc

$$- \frac{b\,\beta\beta'}{2};$$

ainsi, l'équation du diamètre PN sera

$$y - \beta = - \frac{b\,\beta\beta'}{2}\, x,$$

et si, dans cette équation, on pose $y' = 0$, il reste

$$x' = NH = \frac{2}{b\,\beta'}.$$

De même, l'équation du diamètre MR sera

$$y = - \frac{b\,\beta\beta'}{2}\,(x - \alpha):$$

pour $x'' = 0$, il reste

$$y'' = RH = \frac{b\,\beta\beta'\,\alpha}{2}.$$

Alors l'équation de NR sera

$$y - y' = \frac{y' - y''}{x' - x''}\,(x - x').$$

ce qui revient à

$$y = -\frac{b^2 \beta \beta'^2 \alpha}{4}\left(x - \frac{2}{b\beta'}\right).$$

Comme la courbe est une parabole, $b^2 = \dfrac{4}{\beta\beta'\alpha\alpha'}$, et le coefficient angulaire devient $-\dfrac{\beta'}{\alpha'}$, comme celui de $P'C$: ainsi NR et $P'C$ sont parallèles.

478. Soit PK parallèle à NR et à $P'C$ jusqu'à la rencontre en K de CM. Les triangles semblables NHP, RHM donnent

$$\frac{HP}{HR} = \frac{HN}{HM};$$

de même, à cause des triangles NHR et PKH, on a

$$\frac{HP}{HR} = \frac{HK}{HN}. \quad \text{Donc} \quad \frac{HN}{HM} = \frac{HK}{HN}, \quad \text{et} \quad \overline{HN}^2 = HM.HK.$$

479. Dans la *fig.* 133, le théorème du n° 477, appliqué à d'autres sommets du quadrilatère $PP'MC$, fait aussi voir que PC, $P'M$ coupant les diamètres qui partent de M et de C, la droite qui réunit ces intersections est parallèle à PP'.

Admettons maintenant que le point P' se rapproche du point P et finisse par s'y confondre : le quadrilatère se réduit au triangle inscrit PMC, et la corde PP' devient la tangente en P. Cependant la droite NR des intersections n'en est pas moins parallèle à cette direction, et l'on a le théorème suivant (*fig.* 134) :

Un triangle étant inscrit à une parabole, la ligne qui joint les points d'intersection de deux côtés et des diamètres qui passent aux sommets opposés est parallèle à la tangente au troisième sommet.

Ainsi PM coupe CF en R, PC coupe MH en N, et NR est parallèle à TP.

480. La tangente en P coupe CM en T, et les diamètres en F et en H; nous indiquerons aussi par D le point où le diamètre en P coupe CM.

Les triangles CPF, CNR donnent

$$\frac{CP}{CN} = \frac{CF}{CR},$$

et les triangles CPD, CNM

$$\frac{CP}{CN} = \frac{CD}{CM} ;$$

donc

$$\frac{CF}{CR} = \frac{CD}{CM} ,$$

ce qui montre que RP et FD sont parallèles.

481. D'après cela, les triangles TDP, TCF et TMP, TDF donnent

$$\frac{TD}{TC} = \frac{TP}{TF} \quad \text{et} \quad \frac{TD}{TM} = \frac{TF}{TP} ;$$

multipliant, on trouve

$$\overline{TD}^2 = TC.TM,$$

ce qui s'énonce par le théorème suivant :

Si, d'un point T, *pris sur une tangente à la parabole, on mène une transversale qui coupe la courbe en* M *et* C, *le segment compris entre le point* T *et le point* D, *où cette transversale coupe le diamètre du point de contact, sera moyen proportionnel entre les deux segments* TM *et* TC.

Ainsi se trouve démontré le théorème du n° 475, où l'on a trouvé $\overline{NS}^2 = NA.ND$ (*fig.* 132). Ici N est un point de la droite NBC tangente en *c*, et la transversale qui passe en N coupe la courbe en A et D : donc le point S ainsi déterminé est sur le diamètre qui passe en *c*.

IX. — Construction de la parabole.

482. *Construire une parabole, connaissant quatre points.*

Soient P, P', M, C (*fig.* 133) quatre points d'une parabole ; menons PK parallèle à P'C jusqu'à la rencontre de CM, et PP' qui coupe CM en H. Sur cette même droite CM portons

$$HN = \sqrt{HM.HK} :$$

la ligne PN sera un diamètre (478). Mais, à cause du double signe du radical, il y a *deux solutions*.

Le problème est donc ramené à celui-ci : *Construire la tangente en un point donné d'une parabole, dans laquelle on connaît deux autres points et la direction des diamètres.*

Soit P (*fig.* 134) le point d'où il faut mener la tangente, M et C les deux autres points ; menons PC qui coupe en N le diamètre MN, et PM qui coupe en R le diamètre CR : la droite RN sera parallèle à la tangente en P, que l'on pourra maintenant tracer (479).

Connaissant donc en P un système de diamètres conjugués de la parabole, avec un point de cette courbe, cela suffit pour en avoir tous les éléments.

483. *Construire une parabole, connaissant quatre tangentes.*

On commencera par déterminer, d'après le théorème de Newton sur le quadrilatère circonscrit (413), la direction des diamètres ; ce sera celle de la ligne qui joint les milieux des diagonales du quadrilatère donné.

Cela posé, soit OBC le triangle formé par trois de ces tangentes (*fig.* 132) : menons BS parallèle à OC et CS parallèle à OB ; la parallèle menée du point S à la direction des diamètres coupera BC à son point de contact *c* (475). On construira de même les points de contact A et D des deux autres côtés ; comme vérification, AD passera en S (474).

On a ainsi plus qu'il n'en faut pour connaître, comme au numéro précédent, un système de diamètres conjugués et un point extérieur : mais ici, il n'y a qu'*une solution.*

On pourrait déterminer directement le foyer : c'est le point commun aux circonférences qui passent par trois des sommets du quadrilatère donné (471). De là résulte même ce théorème indépendant de la parabole : *Étant données quatre droites* A, B, C, D, *si l'on circonscrit des circonférences aux triangles formés par ces droites considérées trois à trois, savoir :* A, B *et* C ; A, B *et* D ; A, C *et* D ; B, C *et* D, *ces quatre circonférences auront un point commun.*

Cela tient à ce que nous avons vu par la première méthode que le problème actuel n'avait qu'une solution.

Enfin, les pieds des perpendiculaires abaissées du foyer sur deux tangentes sont sur la tangente au sommet, ce qui achève de résoudre le problème.

484. *Construire la parabole, connaissant trois points et une tangente.*

Nous pouvons appliquer à ce problème la méthode qui a été suivie (465) pour construire une conique, connaissant trois points et deux tangentes. Ici l'une des tangentes Ot' étant tout entière à l'infini (474), le point t' où elle coupe la corde des points donnés b et c sera aussi à l'infini. Donc le point t, où la tangente donnée coupe cette corde, est le *point central* de l'involution (130). Ainsi la formule

$$\overline{t\varepsilon}^2 = tb . tc$$

donnera les points doubles ε et ε' : on achèvera comme au n° 465, et l'on trouvera de même *quatre solutions*.

Autre méthode. — Pour ramener le problème aux précédents, il suffit de trouver le point de contact c de la tangente donnée CB (*fig.* 132). Soient D et A deux des points donnés, et N le point où AD coupe BC ; on sait que si l'on pose

$$\overline{NS}^2 = NA . ND,$$

les points S et S' ainsi déterminés sur AD, de part et d'autre du point N, sont sur le diamètre qui passe par un contact c de BC (475).

De même, le troisième point donné D_1, combiné avec A, donnera deux points analogues S_1 et S'_1 : on aura donc quatre droites SS_1, $S'S_1$, SS'_1, $S'S'_1$ qui seront des diamètres de chacune des quatre solutions et détermineront sur la tangente donnée les points de contact correspondants.

Comme il n'y a que quatre solutions, on retombera encore sur ces points en combinant D avec D_1. D'ailleurs, on peut vérifier par l'analyse que le problème est du quatrième degré.

485. *Construire la parabole, connaissant trois tangentes et un point* (*fig.* 132).

Soit OBC le triangle circonscrit et H le point donné ; nous commencerons par trouver un second point de la courbe. Pour cela, menons BS parallèle à OC et CS à OB, puis joignons SH : cette droite coupe BC en T, et soit I le second point où elle rencontre la courbe, on a

$$TI = \frac{\overline{TS}^2}{TH} \ (481) :$$

ainsi ce second point I est connu.

Maintenant, soit V le point où cette sécante coupe l'une des autres tangentes OC, et M celui où elle coupe le diamètre qui passe par le point de contact D de cette tangente : le même théorème donne

$$VM = \pm \sqrt{VI.VH},$$

ce qui donne deux positions M et M' de ce point. Enfin, soit OK parallèle à BC et coupant en K la droite CS parallèle à OB : on remarque, en combinant les n°s 474 et 475, que ce point K est sur le diamètre qui passe au contact D de OC, troisième côté du triangle OBC. Ainsi KM sera ce diamètre et coupera OC au point D : ensuite S*c*, parallèle à KM, coupe BC à son contact *c*, et DS coupe OB à son contact A ; le problème est donc ramené aux précédents.

On en ferait autant avec le point M'. Il y a donc *deux solutions*, à moins que le point donné H ne soit le contact D, auquel cas il est clair qu'il n'y en a qu'une.

486. *Construire la parabole, connaissant deux points et deux tangentes* (*fig.* 132).

Soient OC, OB les tangentes et I, H les points donnés : la sécante IH coupe OC en V, et l'on déterminera, comme dans le numéro précédent, les points M et M' ; on construira aussi, sur cette même sécante IH et relativement à l'autre tangente OB, deux points analogues P et P'. Comme on peut les combiner de différentes manières, M et P, M et P', M' et P, M' et P', il y a *quatre solutions*.

Pour achever la première, par exemple, soit R le milieu de MP, je dis que OR sera un diamètre : en effet, imaginons du point R la droite LQ parallèle à la corde de contact DA et comprise entre les diamètres AP et DM. Puisque RM = RP, les triangles semblables RMQ, RLP sont égaux et RL = RQ : donc, soit RG parallèle à ces diamètres, il est clair que G sera le milieu de AD. Mais comme le diamètre GR, passant au milieu de la corde AD, passe aussi au point de concours O des tangentes en A et en D, on voit que OR est un diamètre. Ainsi, la direction des diamètres étant connue, on mènera PA et MD parallèles à OR, ce qui déterminera les contacts A et D et ramènera le problème aux précédents.

Si l'un des points donnés I ou H est sur une tangente, il n'y a que deux solutions. Enfin, si chaque point est sur l'une des tangentes données, il n'y a plus qu'une solution.

Autre méthode. — Ce problème se ramène à celui du n° 467, en admettant qu'une BC des trois tangentes données passe à l'infini. Alors les droites du faisceau B ont toutes la direction AB : une transversale quelconque coupera αB, βB en a et b et AB en ω, qui sera le point central de l'involution puisque AB est conjugué de BC; on déterminera donc sur cette transversale le point double x où elle coupe Bx parallèle à AB. On aura de même y sur le faisceau C; or, Bx et Cy se coupent au point M, de sorte que Mα et Mβ seront les nouvelles tangentes cherchées.

Il y a quatre solutions, parce que l'on a deux points x et deux points y.

La plupart des solutions et des théorèmes que nous venons d'obtenir relativement à la parabole sont dus à M. Page.

CHAPITRE XIX.

ROTATION DES FIGURES.

I. — Centre instantané de rotation.

487. Une courbe peut souvent être engendrée par un point pris fixement sur une ligne mobile d'après certaines conditions. Quand cette ligne passe d'une position quelconque à la position immédiatement voisine, on conçoit qu'elle tourne autour d'un point fixe pendant un temps infiniment court : ce point s'appelle *centre instantané de rotation.*

Dans quelques circonstances, la position de ce point est évidente. Considérons, par exemple, la *cycloïde,* c'est-à-dire la courbe engendrée par un point fixe d'une circonférence qui roule elle-même sur une droite donnée. Il est clair que le centre instantané de rotation sera, à chaque instant, le point de contact entre la circonférence mobile et la droite fixe.

De même, dans l'*épicycloïde,* courbe engendrée par un point fixe d'une circonférence roulant elle-même, encore sans glisser, sur une seconde circonférence fixe, le centre instantané de rotation est, à un moment donné, le point de contact des deux circonférences.

488. Cette définition s'étend au cas où le point générateur ne fait pas partie de la courbe mobile, mais s'y trouve invariablement fixé, de manière à en suivre le mouvement. En effet, on comprend toujours qu'un mouvement infinitésimal ait lieu autour d'un certain centre.

Par exemple, concevons les cycloïdes et les épicycloïdes *allongées* ou *raccourcies,* courbes pour lesquelles le point générateur est sur un rayon fixe de la circonférence mobile, mais au delà ou en deçà de cette circonférence. Il est clair que le centre instantané de rotation sera toujours au contact de la circonférence mobile avec la droite ou la circonférence fixe. En général, quand le point générateur est fixé invariablement à une courbe qui roule sans glisser sur une autre courbe, le centre instantané de rotation est au contact des deux courbes.

489. Il est aussi un cas dans lequel on peut fixer, à chaque instant, la position du centre de rotation : c'est celui où le point générateur est lié invariablement à une droite de longueur constante, dont les extrémités sont assujetties à se mouvoir sur deux lignes fixes, droites ou courbes.

Considérons les éléments de ces lignes que décrit la droite constante dans un instant très-court : chacun de ces éléments sera considéré comme un élément circulaire ayant pour centre le centre instantané de rotation; donc, si l'on mène à chacun de ces éléments les normales respectives aux lignes dont ils font partie, ces normales se couperont à ce centre de rotation.

Ainsi, l'on sait que si une droite de longueur constante s'appuie sur deux droites fixes, un point invariable sur cette droite mobile décrit une ellipse. Du reste, nous reviendrons sur ce sujet.

490. Si la direction mobile est assujettie à passer par un point fixe, il est clair que la perpendiculaire menée par ce point fixe à cette direction variable contiendra le centre instantané de rotation. En même temps, il ne restera plus qu'une seule extrémité de la longueur constante qui sera assujettie à s'appuyer sur une ligne directrice; mais la normale à cette ligne contenant toujours le centre de rotation, ce centre sera déterminé.

C'est ce qu'on observe pour les *conchoïdes* décrites par une droite qui passe par un point fixe, et sur laquelle on porte, à partir d'une ligne fixe, une longueur constante.

491. *Construction de la tangente.* — Pendant un temps infiniment petit, le point mobile décrit un élément de circonférence qui a pour centre le centre instantané de rotation. Si donc on joint ces deux points, on aura la direction de la normale à la courbe au point actuel, et par suite celle de la tangente.

492. *Construction des enveloppes.* — On peut quelquefois,

par cette considération, trouver les points et les tangentes des courbes appelées *enveloppes*, lieux géométriques des intersections consécutives de lignes mobiles.

Supposons le centre instantané de rotation déterminé pour une position quelconque de la ligne génératrice. On sait que cette génératrice est toujours tangente à l'enveloppe; elle l'est aussi à la circonférence qui a pour centre le centre de rotation, et qui passe au point de contact commun. Ainsi, ces trois courbes auront en ce point la même normale. Si donc on mène par le centre de rotation une normale à la position actuelle de la génératrice, on a ainsi le point de l'enveloppe et la tangente correspondante.

Par exemple, considérons l'enveloppe d'une droite AB de longueur constante s'appuyant toujours sur les côtés d'un angle donné AOB. On sait (489) que le centre instantané de rotation se trouve à l'intersection des droites AC, BC, respectivement perpendiculaires à OA, OB. Donc, BA étant la tangente à l'enveloppe au point cherché M, ainsi qu'à la circonférence de centre C, il suffira d'abaisser CM perpendiculaire sur AB, ce qui donne le point M de l'enveloppe.

493. *Maxima ou minima.* —Certaines questions de limites se ramènent à la considération du centre instantané de rotation. On sait, en effet, qu'aux environs d'un minimum ou d'un maximum la quantité qui arrive à cette limite varie très-peu. Si donc il s'agit d'une ligne mobile, on peut admettre que tout se passe alors comme si cette valeur limite était constante.

Considérons, comme dans la question précédente, une droite AB mobile dans l'angle AOB ; ici seulement nous supposerons que cette droite est assujettie à passer par un point fixe M, et que nous cherchons la position où elle sera minimum. Puisque tout doit se passer, aux environs de cette position, comme dans la question précédente, les perpendiculaires AC, BC, MC aux trois côtés du triangle OAB devront concourir en un même point C qui sera le centre instantané de rotation.

En appliquant le calcul à cette méthode, on résoudra le problème ainsi énoncé :

Dans un angle donné AOB *faire passer par un point donné* M *une droite* AB *de longueur minimum.*

L'inclinaison de **AB** se trouvera par une équation du troisième degré que l'on pourra déterminer d'après ce qui précède.

On trouvera encore dans les *Nouvelles Annales de Mathématiques* (1852, p. 123 et suiv.) l'application de cette méthode à la question suivante.

Soit AOB un angle fixe circonscrit à une ellipse, et MN une tangente à cette courbe, telle que la portion interceptée MN entre les côtés de l'angle soit un minimum. Les deux points M, N sont à égale distance du centre de l'ellipse.

494. En général, il ne faut pas confondre le centre instantané de rotation avec le centre de courbure. Ainsi, dans la cycloïde, le centre instantané de rotation est au milieu du rayon de courbure.

II. — THÉORÈME DE LA HIRE.

495. Nous commencerons par rappeler deux théorèmes élémentaires et connus dont nous aurons besoin.

Soit **M** un point donné sur une règle AB, de manière que $MA = b$, $MB = a$; si cette règle tourne dans un angle droit $x O y$, de manière que A s'appuie sur $O x$ et B sur $O y$, le point M décrit une ellipse dont les axes des abscisses et des ordonnées sont $2a$ et $2b$.

En effet, si le point M est dans l'intérieur de l'angle $x O y$, on a

$$\frac{x^2}{a^2} = \frac{\overline{OA}^2}{(a+b)^2}, \quad \frac{y^2}{b^2} = \frac{\overline{OB}^2}{(a+b)^2}.$$

Si le point M est en dehors de l'angle, on remplace $(a+b)^2$ par $(a-b)^2$; dans les deux cas, comme l'angle est droit, il reste

$$\frac{x^2}{a^2} + \frac{y^2}{b^2} = 1.$$

Ensuite, soient AC perpendiculaire à OA et BC à OB: on sait (489) que CM sera la normale en M à l'ellipse.

On aura encore une ellipse, si l'angle donné est quelconque (503).

496. *Un point pris sur une circonférence qui roule sans* *glisser à l'intérieur d'une circonférence de rayon double décrit un diamètre de cette seconde circonférence (fig. 135).*

Soit donc C le milieu du rayon OA, et considérons la circonférence de centre C et de rayon $CO = CA$, mobile sur la circonférence OA. Faisons commencer le mouvement à l'instant où le point A, pris comme appartenant à la circonférence mobile, est en ligne droite avec O et C. Quand C est venu en C' en tournant d'un angle $COC' = \alpha$, le point A est arrivé en un point A'. Soit alors B le point de contact, l'arc BA' aura sur le cercle mobile une longueur égale à celle de l'arc BA du cercle fixe, puisque le premier roule *sans glisser*. Donc, comme $OA = 2CA$, on aura par compensation l'angle $BC'A' = 2\alpha$. Ainsi, joignons C'A'; le triangle OC'A' sera isocèle, puisque OA' est un rayon du petit cercle; par conséquent, l'angle $C'OA' = \alpha$, comme moitié de l'angle BC'A'. Il en résulte que OA' passe au point C; donc A' est toujours sur le diamètre OCA.

497. *Si le point fixé sur le rayon du cercle mobile est en dedans ou en dehors de ce cercle, ce point décrit une ellipse.*

Soit M la position initiale du point en question. Quand le centre mobile C sera venu en C', comme nous l'avons dit, le point M viendra en M', de sorte que $C'M' = CM$. Mais soit OD perpendiculaire sur OC, cette droite coupe de nouveau en D la circonférence C'; le triangle C'OD étant isocèle, l'angle $C'DO = C'OD = 90° - \alpha$; donc le troisième angle $DC'O = 2\alpha$; par conséquent, C'D est le prolongement de C'A' et $DA' = 2OC = OA$. De plus, puisque $C'M' = CM$, on voit que

$$DM' = OM \quad \text{et} \quad M'A' = MA.$$

Par conséquent, les droites OC, OD étant à angle droit, le lieu du point M' est une ellipse de centre O, et dont les axes sont : OM dirigé suivant OC, et MA dirigé suivant OD (495).

C'est en cela que consiste le théorème de La Hire.

498. On a vu en même temps que, pour avoir la normale en M', il suffisait de joindre à M' le point où concouraient les perpendiculaires élevées en A' sur OC, et en D sur OD. Mais ici les triangles OC'D, A'C'B' sont égaux comme étant isocèles et ayant les angles en C' opposés au sommet. Donc, la figure ODB′A′ est un rectangle; ainsi *la normale* BM′ *s'ob-tiendra en joignant le point mobile* M′ *au contact actuel* B *des deux cercles.*

499. *La perpendiculaire abaissée du point mobile* M′ *sur la direction initiale* OCM *coupe la position actuelle* OC′B *du rayon mobile en un point* H *de la circonférence qui a* O *pour centre et* OM *pour rayon* (*fig.* 135).

Soit P le pied de cette perpendiculaire, et K le point où elle coupe la circonférence OM, du côté opposé à C′. Puisque OK = OM = DM′ est le demi-axe de l'ellipse, dans la direction de OA, et que A′M′ est le demi-axe dans la direction de OD, le théorème connu sur les ordonnées correspondantes de l'ellipse et d'un cercle concentrique ayant pour rayon l'un des demi-axes donnera

$$\frac{PK}{PM'} = \frac{OK}{A'M'}.$$

Par conséquent, les triangles OPK, PM′A′ sont semblables, et l'angle POK = PA′M′ = α. Ainsi, le point H, symétrique de K, sera sur OB.

500. *Le secteur elliptique* MOM′ *est proportionnel à l'angle* α *que décrit le centre du cercle mobile.*

En effet, comparons ce secteur MOM′ au secteur MOH du cercle OM, qui lui correspond d'après ce qu'on vient de voir. Ces secteurs sont respectivement composés des triangles POM′, POH, qui sont entre eux dans le rapport $\frac{PM'}{PH} = \frac{MA}{OM}$, et des demi-segments PMM′, PMII, qui sont entre eux dans le même rapport, d'après la mesure connue de la surface de l'ellipse. Donc le secteur elliptique est égal au secteur circulaire multiplié par un rapport constant, et, comme ce secteur circulaire est évidemment proportionnel à l'angle α, le théorème est démontré.

III. — THÉORÈME DE SCHOOTEN.

501. *Quand deux sommets d'un triangle donné s'appuient sur deux droites fixes, le troisième sommet décrit une ellipse* (*fig.* 136).

Soient AB, AC les droites fixes, et BCM une des positions du triangle donné, le point M étant celui dont on cherche le lieu géométrique. Soit O le centre du cercle circonscrit au triangle ABC; son rayon sera égal à $\dfrac{BC}{2\sin A}$ (253); donc son centre O sera toujours sur une circonférence décrite du centre A avec ce rayon. Si donc nous décrivons du centre A une circonférence ayant pour rayon le diamètre AOH de ce cercle circonscrit, tout se ramènera à la figure précédente.

Ainsi, joignons MO qui coupe la circonférence circonscrite à ABC aux extrémités N et P d'un de ses diamètres. Nous savons (496) que le point N décrira un diamètre de la circonférence de rayon AH, celui qui est dirigé suivant AN; de même, P décrira la direction AP; mais ces directions, qui sont par conséquent constantes pendant le mouvement, sont à angle droit, car NP est un diamètre de la circonférence de centre O. Il en résulte (495) que le point M décrit une ellipse dont les axes ont pour directions constantes AN et AP, et dont les demi-axes ont pour valeurs MN et MP.

502. Nous rappellerons deux cas particuliers.

Si le point mobile est en N sur la circonférence de centre O, on sait (496) que le lieu est une droite passant en A. Cela se reconnaît lorsque le quadrilatère CMBA, ou plutôt CNBA, est *inscriptible*.

Ensuite, si le point mobile est le centre O d'un pareil quadrilatère, il est clair que le lieu est un cercle de centre A et de rayon AO.

503. Il est clair que le théorème subsiste si le point M est sur la direction de CB, auquel cas le triangle se réduit à une droite. On trouve ainsi une extension du n° 495, car l'angle BAC n'a pas besoin d'être droit.

504. Dans le cas général du triangle, on trouvera encore la normale par le centre instantané de rotation (489), en menant aux points B et C des perpendiculaires sur AB et AC. Mais si l'on joint ces points B et C à l'extrémité H du diamètre AOH, il est clair, puisque c'est un diamètre, que les angles en B et en C seront droits : ainsi le point H est le point de concours de ces perpendiculaires, c'est-à-dire le centre instantané de rotation. Par conséquent (491) HM sera la normale cherchée.

505. Soit **AK** perpendiculaire sur **MH** jusqu'à la rencontre de cette normale en **K** : le rayon de courbure au point **M** de l'ellipse a pour valeur $\dfrac{\overline{MH}^2}{MK}$. D'ailleurs, **K** est sur la circonférence **O**, puisque **AOH** est diamètre. Pour démontrer ce résultat, nous renverrons à la théorie des développées qui se trouve dans beaucoup d'ouvrages, même élémentaires.

506. Comme réciproque du théorème de Schooten, nous observerons que, si un angle donné de grandeur **BAC**, mais dont le plan est mobile, se meut de sorte que déux de ses côtés glissent sur les sommets d'un triangle fixe **BCM**, le troisième sommet **M** de ce triangle tracera une ellipse sur le plan mobile.

Cette remarque est attribuée à Léonard de Vinci.

IV. — MOUVEMENT CONTINU.

507. Nous avons établi sur le mouvement *instantané*, c'est-à-dire sur celui qui a lieu pendant un temps infiniment court, des principes qui s'étendent au mouvement prolongé pendant un temps fini.

Commençons par poser le lemme suivant :

Si une droite de longueur donnée **AB** *est transportée dans une position quelconque* **A′B′** *de son plan, on peut toujours imaginer que ce mouvement ait eu lieu autour d'un centre immobile* (*fig.* 137).

En effet, sur les milieux de **AA′** et de **BB′** élevons à ces droites des perpendiculaires qui se coupent en **O** : les triangles **OAB**, **OA′B′** ont les trois côtés respectivement égaux, donc leurs angles sont aussi égaux de part et d'autre. Ainsi, quand le point **A** sera venu en **A′**, la droite **OB** prendra la direction **OB′** et le point **B** tombera en **B′**.

508. Par conséquent, *il sera toujours possible de faire passer une figure d'une position donnée à une autre position également donnée, dans le même plan, par une rotation autour d'un point fixe.*

En effet, puisque la position d'une figure plane est déterminée quand on donne celle de deux de ses points, il suffira de considérer, comme nous venons de le faire, une droite AB de la figure mobile.

509. Après s'être assuré ainsi que le transport d'une figure dans son plan dépend toujours d'un mouvement de rotation, on s'explique le théorème suivant, dû à M. Chasles :

Le mouvement d'une figure dans son plan peut toujours être produit par une courbe qui roule sur une autre courbe.

Cela tient à ce que la série des centres instantanés de rotation (c'est-à-dire des points tels que O (507), mais pris dans les positions consécutives de la droite mobile) forme une courbe qui peut être considérée de deux manières : d'abord comme fixe, dans sa position absolue ; ensuite comme entraînée par le mouvement de la figure. On aura donc ainsi deux courbes, l'une fixe, l'autre mobile, et qui seront tangentes dans chaque position de la figure.

510. De là résulte aussi la proposition suivante, énoncée par Descartes .

Lorsqu'une courbe roule sur une autre, un point fixé invariablement à la courbe mobile décrit une ligne dont la normale en chaque point passe au contact des deux courbes (488).

FIN.

d'un Exposé élémentaire du *Lever des Plans* et de l'*Arpentage*. In-18 sur jésus, avec 154 figures dans le texte; 1865.............. 2 fr. 50 c.
Cet ouvrage, rédigé surtout en vue des applications à l'industrie, fait partie du Cours complet d'Enseignement industriel publié sous la direction de M. Marguerin, directeur de l'École municipale Turgot, à Paris.

PELLETIER (A.), Conducteur des chemins de fer de Paris à Lyon et à la Méditerranée. — **Carnet des Agents secondaires** des travaux de chemins de fer; *Guide pratique* à l'usage des personnes débutant dans cette partie. Ouvrage présentant l'examen pratique des connaissances les plus usuelles pour les opérations de terrain et de cabinet, suivi de la table des ordonnées pour le tracé des courbes de raccordement et de plusieurs autres. In-18, avec de nombreuses planches et épures de ponts et biais; 1864........................ 5 fr. 50 c.

PONCELET, Membre de l'Institut. — **Traité des Propriétés projectives des figures.** Ouvrage utile à ceux qui s'occupent des applications de la Géométrie descriptive et d'opérations géométriques sur le terrain. 2ᵉ édition, 1865. 2 beaux volumes in-4 d'environ 400 pages chacun, imprimés sur carré fin satiné, avec de nombreuses planches gravées sur cuivre.. 40 fr.
Le Iᵉʳ volume vient de paraître; il contient non-seulement toute la matière du volume unique de la 1ʳᵉ édition, mais encore des Annotations nouvelles dont l'étendue et le nombre sont justifiés par leur importance au point de vue historique et à celui des doctrines.
Le IIᵉ volume, qui est sous presse, paraîtra dans le courant de l'année. Il contiendra, entre autres : Théorie générale des centres de moyennes harmoniques. — Théorie générale des polaires réciproques, Principe de réciprocité polaire et Applications diverses des relations métriques ou descriptives. — Analyse des transversales et Applications.
Le Iᵉʳ volume ne se vend pas séparément; toutefois on peut se le procurer dès à présent au prix de 20 fr., à la condition de s'engager à prendre le IIᵉ volume, au même prix de 20 fr., dès qu'il paraîtra.
Le IIᵉ volume pourra être vendu séparément aux personnes qui ont déjà le volume unique de la 1ʳᵉ édition.

ROUCHÉ (Eugène), Professeur au Lycée Charlemagne, Répétiteur à l'École impériale Polytechnique, et **DE COMBEROUSSE** (Charles), Professeur au Collége Chaptal, Répétiteur à l'École Centrale. — **Traité de Géométrie élémentaire**, conforme aux Programmes officiels, renfermant un très-grand nombre d'exercices et plusieurs appendices consacrés à l'exposition des principales méthodes de la Géométrie moderne. In-8, avec figures dans le texte; 1864. PREMIÈRE PARTIE (*Géométrie plane*). 4 fr.
Chaque Partie se vend séparément.
En se bornant aux parties imprimées en caractères ordinaires, le lecteur aura à sa disposition un Traité entièrement conforme aux *Programmes officiels.* Les Candidats aux Écoles spéciales trouveront dans les parties en petit caractère d'utiles développements. Enfin, les *Appendices* qui terminent les différents Livres sont consacrés à l'exposition des nouvelles méthodes géométriques.
Nous avons indiqué, pour les Élèves studieux, un très-grand nombre d'*Exercices* classés par paragraphes.
La seconde Partie de ce Traité (*Géométrie de l'espace et Courbes usuelles*) paraîtra prochainement.

RUCHONNET (Ch.), Professeur Agrégé à l'École Polytechnique suisse. — **Exposition géométrique des propriétés générales des Courbes.** In-8 avec 2 planches; 1864................................. 3 fr. 50 c.

IMPRIMERIE DE GAUTHIER-VILLARS, successeur de MALLET-BACHELIER. Paris, rue de Seine-Saint-Germain, 10, près l'Institut.

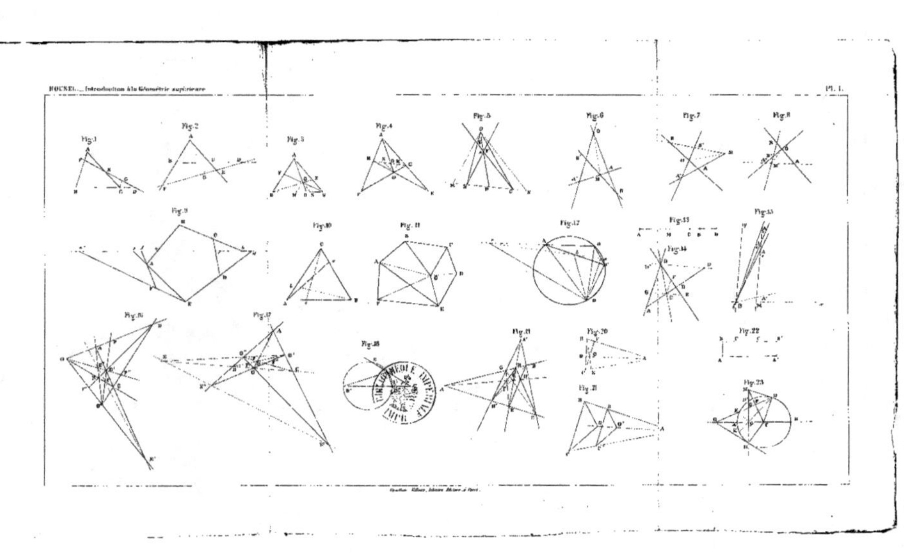

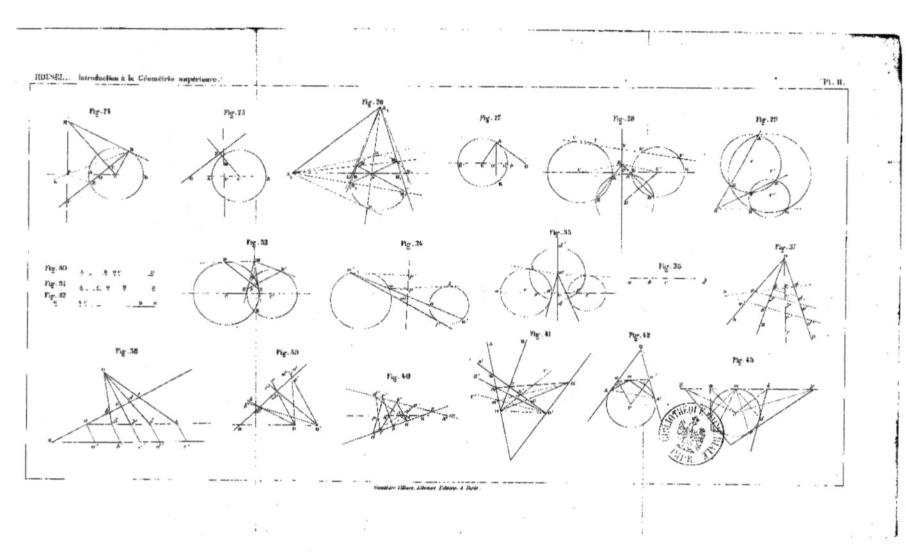

Fig. 24
Fig. 25
Fig. 26
Fig. 27
Fig. 28
Fig. 29
Fig. 30
Fig. 31
Fig. 32
Fig. 33
Fig. 34
Fig. 35
Fig. 36
Fig. 37
Fig. 38
Fig. 39
Fig. 40
Fig. 41
Fig. 42
Fig. 43

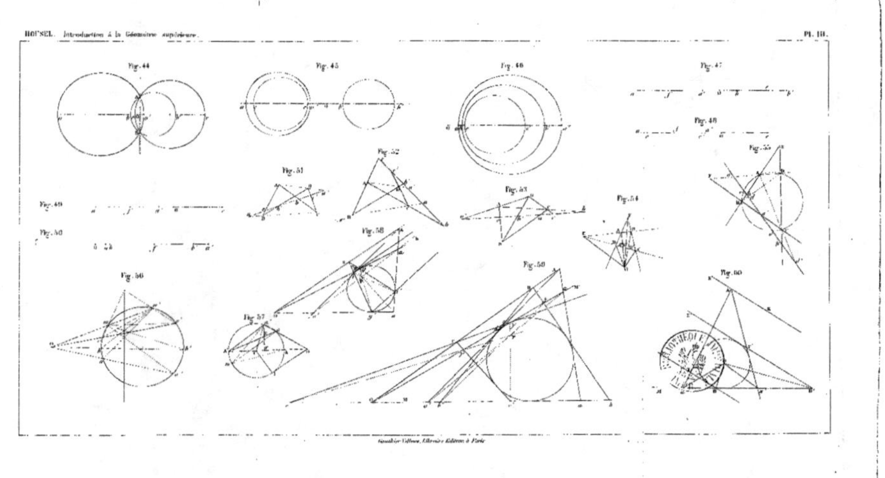

Gauthier-Villars, Libraire-Éditeur à Paris

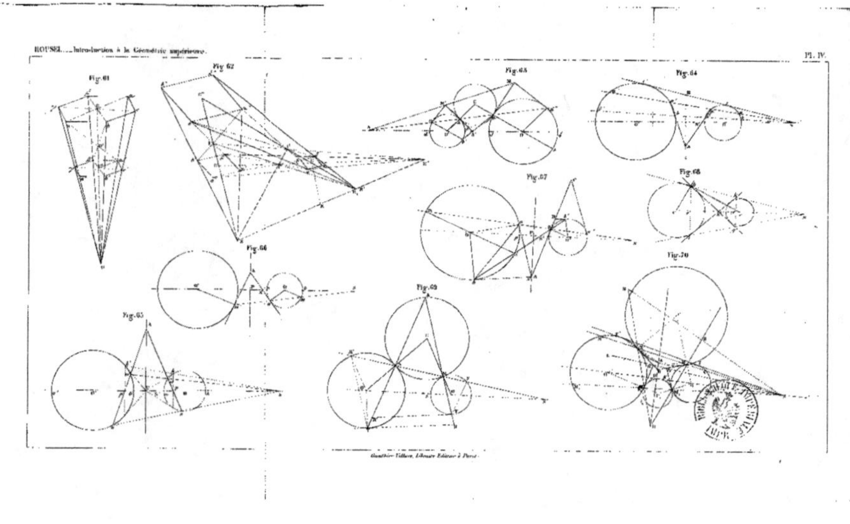
Fig. 61
Fig. 62
Fig. 63
Fig. 64
Fig. 66
Fig. 67
Fig. 68
Fig. 70
Fig. 65
Fig. 69

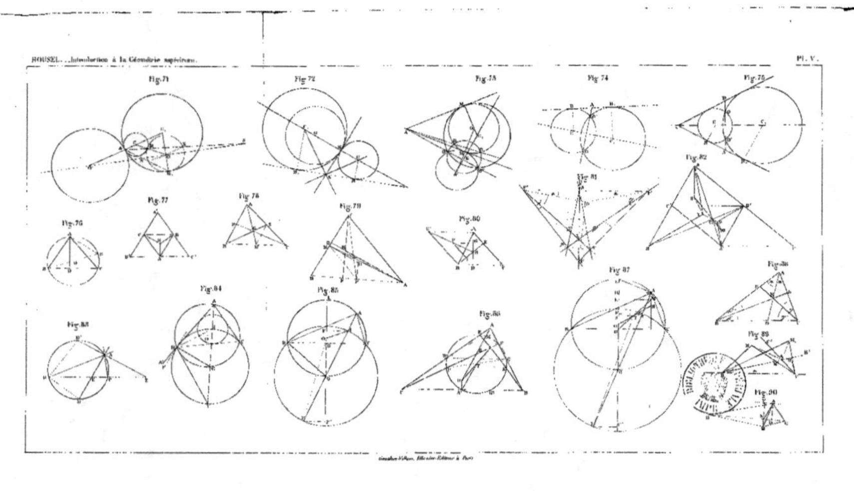

Gauthier-Villars, Imprimeur-Éditeur à Paris.

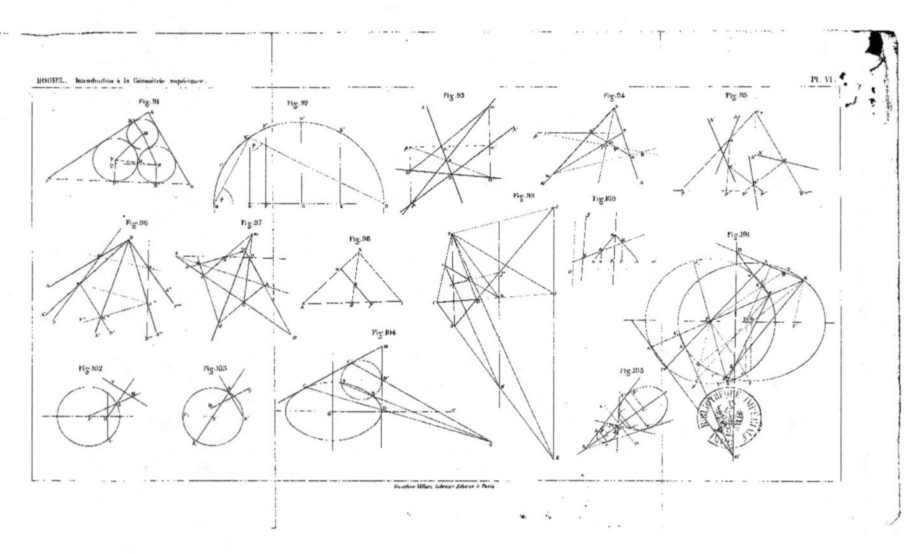

Gauthier-Villars, Libraire Éditeur à Paris

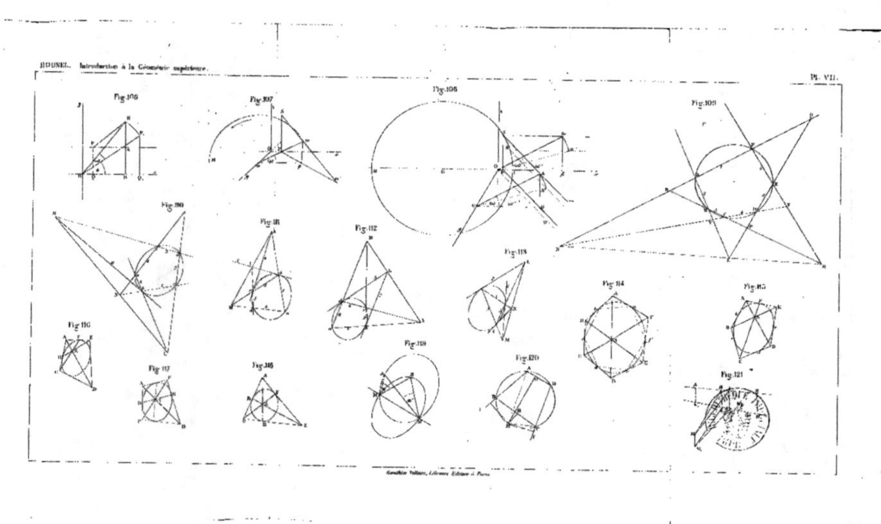

Gauthier-Villars, Libraire, Éditeur à Paris.

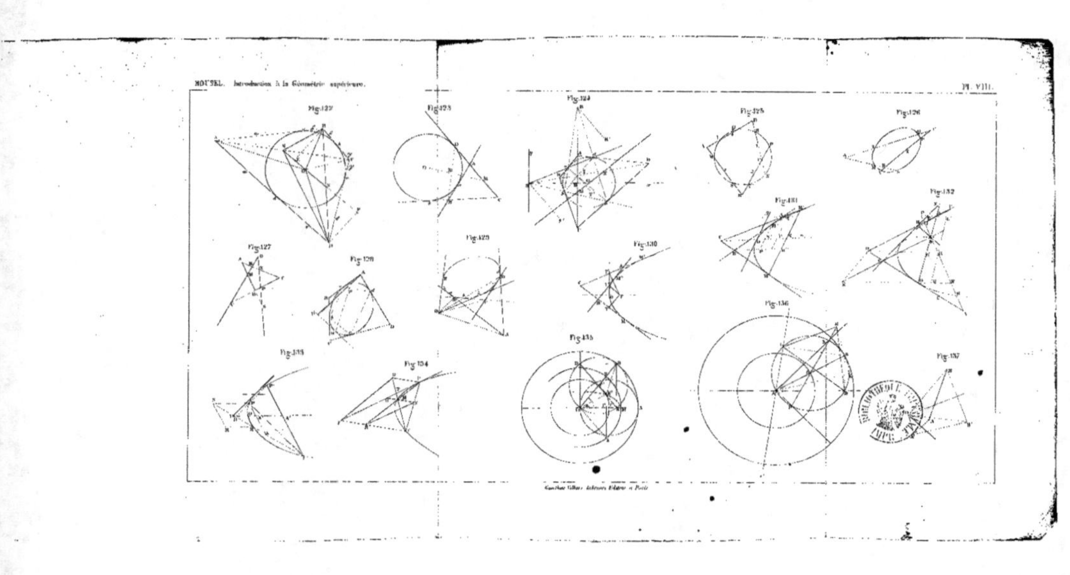

Gauthier-Villars, Imprimeur-Éditeur à Paris